要落泪了，真想念北平呀！

——老舍

文化城市研究论丛

旧城谋划

冯斐菲/著

中国建筑工业出版社

图书在版编目（CIP）数据

旧城谋划／冯斐菲著.—北京：中国建筑工业出版社，2014.12
（文化城市研究论丛）
ISBN 978-7-112-17349-5

Ⅰ.①旧… Ⅱ.①冯… Ⅲ.①旧城保护—研究 Ⅳ.①TU984.11

中国版本图书馆CIP数据核字（2014）第232190号

责任编辑：李东禧 唐 旭 吴 佳 陈仁杰
责任校对：张 颖 刘 钰

文化城市研究论丛
旧城谋划
冯斐菲 著
*
中国建筑工业出版社出版、发行（北京西郊百万庄）
各地新华书店、建筑书店经销
北京美光制版有限公司制版
北京顺诚彩色印刷有限公司印刷
*
开本：787×1092毫米 1/16 印张：19½ 字数：392千字
2014年12月第一版 2015年2月第二次印刷
定价：138.00元
ISBN 978-7-112-17349-5
（26121）

序一

改革开放以来，中国开始进入一个越发快速的城镇化历程当中，尤其是从20世纪90年代中后期到现在的十几年，中国的城镇化速度和成果令世界瞩目，中国成了最大的建筑工地，大城市迅速扩大，中小城市迅速增多，城市人口也以史无前例的速度迅速增长——近十几年来，中国的城镇化过程，已然成为一个让全球建筑行业都在热议和赞叹的奇迹。毫无疑问，中国如此高速度的城镇化，为经济发展和大国崛起，发挥了巨大的作用。城镇化的过程与中国的现代化、国际化是一个事物的两面，二者紧密结合在一起，共同呈现出如今这种让世界刮目相看的“中国奇观”。但我们也应该注意到，就在中国城镇化取得巨大成效的同时，中国社会也在积累由此所带来的某些负面效应和不尽人意的状况，并且随着经济不断发展，城市不断扩张，这些状况在不断加重，由此引起了社会各界，尤其是文化人的讨论和批评。

作为一名连任三届的全国政协老委员，我发现几乎每次开会，大家都会讨论和批评高速城镇化与城市建设中所积累的负面问题，而受议最集中的便是当今中国城市“千城一面”的问题，即：城市形象雷同，文化特征丧失的现象。作为一个文化人和艺术工作者，一位美术学院的管理者，我更是会在众多场合持续听到不同社会阶层对这类问题的批评和抱怨。这样的批评、抱怨和议论，客观地反映出当今文化界、知识界对于快速城镇化中“千城一面”和城市文化特征丧失现象的忧虑。这也促使我深入思考一个问题：文化人和社会各界的牢骚和批评是必要的，但仅此亦远远不够，重要的是大家行动起来，想出切实可行的办法改善城镇化的过程、改善机制、提出好的建议、想出好的办法，使“千城一面”的弊病得到缓解和纠正。

正是从这样的思考出发，我在2005年与时任北京市规划委员会主任的陈刚同志一起探讨克服和缓解“千城一面”弊端的办法。我当时的建议是：把各大城市规划部门工作一线的中层技术骨干集中起来进行专业的艺术熏陶和审美方面的培训，充分发挥他们的一线实践经验，同时依托中央美术学院高度国际化和浓郁的艺术氛围，以“实践结合审美”的原则，来共同探讨问题解决的思路和可能。由此，不仅可以使城市规划建设一线的年轻骨干扩展眼界，提高艺术修养，增强理论水平，还能联合师生共同研究和探索出能够言之成理、行之有效的解决方法和措施。这个建议马上得到陈刚同志的赞同与支持，因为他在长期的规划工作中也不断听到各方的批评、抱怨，深知“千城一面”已成为中国城镇化发展过程中一个突出且必须应对的问题，但该问题的出现并非是仅靠个别领导或某个政府部门改变观念与行政方式就能解决的简单问题。多年的一线工作经验使他清醒地认识到：这个问题的解决必将是一个复杂且难度极高的系统工程。但他认为对这个问题的研究具有极高的学术价值和现实意义，所以即便再难也值得花力气去做。所以，在陈刚同志的赞同与支持下，中央美术学院成立了“文化城市研究中心”，并于 2005 年秋天正式开始招收第一届“建筑与城市设计”博士班，并聘请陈刚同志担任客座教授和校外博士生导师。第一届博士班学员，主要是北京市规划系统的几位年轻骨干（随后每年都有新生招入）。正因为我与陈刚同志有着共同的想法，因此这个博士班一开始就有着明确的研究方向与针对性——思考、探索和研究如何克服“千城一面”的难题——该班恐怕也是国内第一个直接针对“千城一面”问题展开深入研究的学术机构。

因此，可以说中央美术学院“文化城市研究中心”博士班是由问题引发、以问题为导向的学术研究机构，其设立本身就可以看做是一个为了解决“千城一面”问题而采取的切实办法，因此，无论是该机构的理论研究还是设计实践，都与现实的城市问题紧密相连。博士班集中了两个方面的优势：第一，博士研究人员大多是来自城市规划系统的中层干部和业务骨干，这必然使我们不会停留在从理论到理论、空对空不切实际的研究状态中，而是能够以一线实际工作经验为基础，让学术研究接地气；第二，中央美术学院作为一个全学科的、国际一流的美术学院，也是具有最好艺术氛围和创造性思维的国际化平台，这使得我们的研究氛围完全有别于其他政府性或私营性研究机构——这里既有传承深厚的中国画、油画、版画、雕塑、壁画等造型艺术学科，又有近十年蓬勃发展起来的现代设计和现代建筑学科，且这两类学科均在世界范围获得了同行的高度认可，高质量的师资、高质量的学生和特别宽松活跃的学术氛围，使中央美术学院成为一个最具创意思维的实验场地。

我认为，充分发挥好这两个优势，将有利于改变以往的思维模式和工作方法，也必将有助于思考、探索和解决“千城一面”的难题。进一步地，为了增强“文化城市研究中心”博士班的师资力量，我们于 2010 年又聘请了原杭州市委书记王国平同志担任客座教授和校外博士生导师。王国平同志与陈刚同志一样，都是对城镇化建设、城市发展、城市问题研究有着巨大热情和丰富实际管理操作经验的领导者和管理专家，都对中国城市化进展贡献巨大（陈刚同志长期领导并主持北京市的规划工作，在古城保护和新城建设两个方面都是主管领导，善于并敢于处理协调复杂的城市发展问题；王国平同志则在其长达十年的杭州市委书记任期当中，对杭州西湖的整治和发展，以及整个钱江新城的建设和开拓，取得了世人瞩目的成绩）。由此，北京和杭州成为我国在城市规划、城市建设方面具有典范意义，分别代表着南北方的两个城市。因此，使得“文化城市研究中心”能够聘请到他们两位为博导，对于研究工作非常有利。

在从 2005 年到 2014 年近十年的教学和研究工作中，我们从零开始不断拓展与深化关于中国城市化进程中问题的探索，现在回顾起来，主要做了三个方面的工作，并取得了一些有意义的阶段性成果：

第一，从一个新的角度来重新认识大家所看到的城市现状。博士班成员有着相当丰富的一线工作经验，对当下中国城市，尤其是北京、杭州这样典型城市的实际问题和状况有着非常切身的了解。因此，如何来看待城市历史及其形成的过程，是我们学习、探讨问题的重要前提。对此，经过反复讨论与研究，我们形成一个全新而鲜明的观点——城市应被视为是人类积累性创作的结果，其主要包涵两方面内容：一方面是“积累性”，城市风貌的形成源于其历史演进过程中的积累性遗存，城市随历史经历着不断的“建构——破坏——重构”的交替过程，期间各历史时期的城市风貌和建筑，总会有一部分留存下来并得以积累，进而形成这个城市最基本的物质存在；另一方面是“创作性”，城市风貌的形成是创造性思维的结果，不论该城市是在短期内大规模建设还是在长时间中缓慢成长，其中都必然包含有巨大而丰富的创造性思维，这对于城市发展而言，至关重要。我们往往大多只看“积累性”的一面，并没有看到这种积累本身也是一种创造——在积累过程中充满了创造，而创造又必须构建在既有的以往累积之上，这两方面的作用综合起来，共同构成了城市现在的主导性风貌。我们只有把这两方面辩证地加以看待，才能充分认识到城市发展所具备的“积累性”与“创作性”之两面。

第二，我们特别要求每个在读博士的论文撰写必须具体且有针对性地涉及当下城市化进程中所遇见的各种问题。每篇博士论文对于当前城市规划、城市建设的机制和过程所取得的巨大成就与存在的各种问题都有专题式、直接真切的观察、判断、梳理和思考。我们的博士学员很多在规划管理一线，时刻都亲身经历与处理中国城市发展及规划中纷繁复杂的实际问题，他们将对情况切实的把握与在中央美术学院学习所获得的艺术审美知识相结合，使自己在考量城市实际状况时既能总结成功经验，又能从学术及审美高度发现其中不足之处与教训。这种非常有特点的研究与思考，不仅使我们获得了直面现实的勇气，还使得这种勇气牢牢建立在对客观条件的充分理解与把握之上。

第三，在前述的基础之上，我们深入研究、探索、讨论，逐步总结形成了一套关于城市发展，尤其是如何克服“千城一面”弊端的全新理念和理论体系，并精炼总结出能够全面集中体现这套新理念的关键词。

具体来看，这套新理念主要集中于“城市设计”这个范畴当中。众所周知，“城市设计”是介乎城市总体规划与详细规划之间的中间环节，以往这个中间环节虽然在大城市的规划文本中也占有部分篇幅，但内容往往显得十分简略、抽象，不如总规、控规般的执行约束力，难以得到推行。所以，在城市发展的实际操作层面上，“城市设计”环节可以说是缺失的。我们觉得，目前若想扭转中国城市发展中“千城一面”的现状和文化特征不断丧失的现实，强化并加大“城市设计”环节在城市规划、城市建设和城市化进程中的比重势在必行。这是这套新理念的基本点，也正好与当前习总书记“要重视城市设计”的明确指示不谋而合。

“城市设计”环节之所以在以往的规划管理流程中基本缺失或空白，其根本原因还是因其所涉及的城市审美品位和创造性思维这两个范畴最难以表述。也正是由于这种困难，使得“城市设计”虽然在近年被一些专家重视，但却很难将其中艺术化、审美化的部分真正地语言量化，所以很难进入具体的规划文本及规划控制策略之中。在这方面，“文化城市研究中心”博士班通过研究，创造性地提出了一些表述方法，简要可以概括为城市设计的“四项原则”与“八项策略”。

所谓“四项原则”即：“积累性创作的成果”、“大创意与修补匠”、“大分小统”、“差异互补”四方面“城市设计”应坚持的基本原则。前面所述的城市是人类“积累性创作的成果”是第一项认识性原则。

在对城市有了“积累性创作的成果”这一全新认识的基础上，我们针对目前中国城市化的现状提出：对于新区建设和老区保护要采用完全不同的思维方式，新区如一张“白纸”，大片地块的建设从头开始，因此需运用“大创意”的思维方式，对其新特色加以全新的建构；而老区要使其历史风貌能够得到保护，并变得更加纯粹、更加浓烈、更有艺术性，具有更吸引人的文化特色，因此需采取“修补匠”的思维方式。如此两种思维方式和城市建设方法，在不同城市、不同区块中，可以不同比例来实施，这便是第二项“大创意与修补匠”的原则。

针对北京、上海、东京等特大型城市，发展到目前如何进一步美化与提升，我们在研究中逐步意识到：要在如此巨大的城市范围中寻找和强化统一的特色，在目前的中国城市中客观上已经不可能，因此我们提出了第三项“大分小统”的原则，即：将其在“城市设计”层面加以切分，分别对待、分别研究、分别设计，形成风貌各不相同的区块，并对其进行分而治之（不同思路和创意进行不同的改造和建设），最后形成不同风貌和特色的区块。例如，我们尝试以北京为例，把其大致分成三大类风貌区块：第一类是特色风貌区块（具有特色人文风貌、特色建筑风貌、特色自然风貌的区块，要进一步统一特色、强化特色）；第二类是一般功能区块（杂乱无序、也无明显特色的区块，强化功能合理性，用修补匠手法，提升方便实用、美观宜人的审美层级）；第三类是未来待建新区（要特别重视宏观思路、概念规划、整体布局中“大创意”，这是新型城镇化的核心价值所在）。这三类不同的区块，应采取不同的方法来对待，分而治之，但是最终又要达到和而不同又丰富多彩的格局。

“差异互补”是我们提出的第四项基本原则。意指区块之间形成差异互补关系，既有不同，又有共性，和而不同。例如市政管线、交通要道、水电气暖的网络等功能性部分，是必须整个城市统一起来的；但对于各不同区块的不同功能、不同历史积淀、不同建筑年代，则分别加以风貌上的差异性处理，这就能形成不同与多变的城市风貌。

综上，正是针对中国城市化进程已经取得了高速度发展和巨大成就的全新历史条件下，我们主张按照“四项原则”指导新的城市发展。即：先将城市发展理解为“积累性创作的成果”，再进行具体的“区块划分”，进行“大分小统”，并因地制宜地开展“大创意”和“修补匠”的工作，最终达到“差异互补”。

在“四项原则”中，“大分小统”是一个关键性的操作，我们就这一操作的实施，又进一步提出了“八项策略”。这八项策略具体包括：

1.“小异大同”：强化区块内部的风貌统一性、协调性、特色性；

2.“满视野”：在一至数平方公里大小的区块内，为了强化区块特色，理想的状态是在区块内部中心区，人视野 360° 范围内，实现建筑风貌的一致性。这种满视野的风貌一致性是视觉审美感染力的基本保证，即使建筑样式并不令人满意，若能达到满视野的风貌一致性，也能给观者以强烈的感染力；

3.“风格强度”：指区块内在一定的审美取向上风格倾向的鲜明度、纯粹度、浓郁度。不同的区块可根据不同功能要求和审美需求来确定希望达到的“风格强度”；

4.“风貌主点”：在区块内根据总体风貌的设计可安排一至数个“风貌主点”，集中体现区块风貌特色，成为区块景观中心。风貌主点常由公共建筑、标志性商贸楼或艺术建筑来凸显，使得区块内的文化形象得以凝聚提升，并形成一种视觉上的向心力，往往成为游客拍照观览的主点；

5.“游观视角”：在区块内根据总体策划设计和交通流线，有组织地安排景观面、景观带、景观廊等最佳观光视角；

6.“型式比重”：指建筑形式风格的不同类型（如中国中原民居、南方干栏式、欧陆风格、现代主义建筑、后现代拼接等）和不同式样（如古罗马式样或其他细分式样），在一个区块风貌中所占的不同比重；

7.“文脉故事”：既是建筑风格形式的传承延续，更是历史长河中留传下来的各种故事的积累和演义。故事对于一个城市的文化形象和魅力起着巨大的建构作用。故事在城市和建筑内上演，城市遗迹是故事的佐证。旧城保护和历史遗迹发掘的重大意义即在于此。传承和阐扬文脉故事是区块设计的重要方面，也是独特创意的灵感来源；

8.“功能＋审美”：各种社会的、经济的、文化的宜居功能的满足是区块设计的基本前提。成熟的大型现代化城市在宜居功能的实现上已积累了大量经验，也有共识可循。但在城市风貌和文化风指的构建上在当下中国还很不尽人意。如何实现“功能＋审美”的互动提升，以增加艺术性与审美性来提升舒适度，再创文化价值与经济价值，是“区块城市”理念的根本宗旨。

总而言之，我们总结提出的这八项新策略，都是针对在一个区块内部如何达到统一性，并力求使整个城市在总体风貌上呈现出不同以往的丰富性与多样性。可以说，“四项原则”与“八项策略”是我们近十年来自身探索研究的一个全新的总结与理论建构。

这四项原则和八项策略，也突出而具体地阐释了“大分小统”这样一个城市设计的方法论。这个比较独特的城市设计基本方法论也可以归结为一种新的对于城市的理解，也就是“区块城市”。就是把大城市分成区块来分别加以对待，而非以往的规划高度统一而实施相对杂乱，因此，“大分小统”既是一个城市设计新的理念，更是一个新的方法论。这个“新”的方法论创立过程，是经历了我们博士班同学的辛勤工作与探索的，其创新的过程源自两个方面：一方面是理论梳理，即我们对19世纪到20世纪以来世界城市规划、城市理论演进过程中的大量资料进行了学习与梳理，同时也来源于近十几年来我们所掌握的对于北京和杭州这类大型城市的第一手资料，两者相互比照的研究使我们对“区块城市”的概念逐渐形成。另一方面则是源于实践的检验：在“区块城市”概念逐步形成并且在博士班获得共识以后，我们就尝试性地将其应用于一些具体案例，这些具体城市设计项目的实际操作使我们的理论认识与实践水平得到了同步的提高，而对新概念的梳理、使用和推出慢慢形成了一个环环相扣的系列性成果，这与我们关于城市设计的理念和思考、梳理、总结密不可分，而又使得博士生们能通过自己的博士论文写作，进一步达到紧密互动、相得益彰的学习效果，对自身的成长与发展都助益显著。

回顾过去，我们一方面通过以博士班集体为核心的学术群体，建构并推出一套全新的“城市设计”理念；另一方面，在此理念下，每个博士生又能就自己特别关心的具体问题，从不同的角度深入研究。如此一来，对于切实提高中国当代城市设计水平和克服“千城一面”弊端是大有助益的。这样一种学习和研究的方式，实际上也是构建了一种新的博士生培养方法，大家都在教学过程中获得很多的启发和提升。

当然，我们所做的这些，其实还很初步，因为城市问题太复杂，即使有了近十年的探索，依然还是刚刚起步。按照钱学森同志所说：“城市是一个巨系统，城市问题是一个特别复杂的模糊的数学的运作过程，实际上城市问题要比我们所想的，或所涉及的情况，还要复杂得多。”这是对于城市问题的一个清晰认识。因此，我们所做的努力和得出的小小心得体会，只是最初的一步。因为我们坚信这个事情对国家和子孙后代的重大意义，所以一定会进一步坚持做下去的。在此，我们也由衷希望有更多的同行、专家来加以批评、帮助和指正。

有鉴于此，我们与中国建筑工业出版社沟通、协商之后，得到了社长和编辑部的大力支持，在此把我们博士班的论文经过修改，逐步出版，形成系列丛书。这套系列丛书的推出和博士班所提出的“城市设计”新理念是结合在一起的，也是与中国当下的城市发展实践紧密相连，能够成为相得益彰的两套成果。我希望这些微小的成果有助于在一定程度上克服和改进中国目前“千城一面”与城市文化特色丧失的弊端，也希望“城市设计”这一以往相对缺乏的环节，在习近平总书记的大力倡导下，能够成为解决中国各种“城市病”的一个重要的抓手。

我期待着中国的新型城镇化建设之路能够走得更健康，能够得到老百姓更大地拥护，给全国人民创造更加好的生存环境和城市风貌，也期待着在未来，更多各具特色的美丽城市能够展现在全国人民面前。

二〇一四年深秋

序二

我们生活的城市，是人类不断寻求丰富、高级和复杂的生活逐步走向成熟的标志，是人类社会的重要组成部分，是人类文明程度的体现。每座城市，都留下了人类成长的足迹，交相辉映着历史与现代的光芒。城镇化水平在一定程度上反映了一个国家或地区的现代化水平，而城镇化则是现代化的必由之路和自然历史过程。

在这个过程中，我们取得了举世瞩目的成绩，可以说创造了很多奇迹。与此同时，却丢掉了一些重要的东西，对传统文化照顾不周，对现代文化的发掘和创新力度不够，在城市里面破坏了很多历史遗存，却新建了不少平庸的建筑。究其原因，就是在城市快速发展进程中，城市的管理者对城市文化重视程度不够，对城市的形成和历史了解不透。

城市的可持续发展要求我们不仅仅重视物质文明的建设，更要丰富我们城市的精神文明。城市文化是经过长期的历史过程，不断积淀和发展形成的，忠实地反映了城市的发展脉络。一座城市能否健康发展，取决于城市文化的传承和延续。快速推进的城镇化，使城市文化缺少足够的时间进行积淀，城市生长与城市文化的失衡，导致了城市文化危机的出现。所以每一个城市都应该善待自己的历史文化资源，对其进行综合研究，挖掘内涵，探索实现城市文化复兴之路，解决“千城一面”的问题，这是我们新型城镇化发展的当务之急。

城市不仅是功能性的，也是精神性的，从某种程度而言，精神的凝聚性更加重要。北京城最早建都时就非常有精神内涵，古人遵循“天人合一”的规划思想，追求人与自然的和谐发展，都反映到了城市物质形态上。可是现在我们的城市建设究竟体现着什么样的精神内涵，既能支配着我们的发展，又能反过来用我们建设的城市环境影响着后人？

习近平总书记在中央城镇化工作会议上强调：“让城市融入大自然，让居民望得见山、看得见水、记得住乡愁。”城镇化是一个大课题，城市不仅仅是经济的、社会的、政治的产物，同时它也带着历史的、文化的、生态的信息，更重要的，城市是每个人都可以感知和体验的实体，也是每个人赖以生存的空间。希望城市管理者，能够不断学习，在城市化的快速发展中，不断总结经验，提升能力，把我们的城市建得更加人性化、更加美丽。

当初，中央美术学院和北京市规划委员会面向城市管理者开办的建筑与城市文化研究博士班，学员都是具有深厚实践经验的、一线的规划管理人士。通过一批又一批博士班的学习，培养了更多的城市管理者，很高兴看到他们不仅提升了对城市的美感，还大大加深了对城市文化的理解。通过他们的思考、研究，可以将他们学习和掌握的延续和保护城市历史文化等方面的职业技能不断运用到工作实践之中，实属城市之幸、时代之幸。我认为，这次把头两批毕业的部分博士班学员的博士论文编辑出版成辑是开了一个好头，并且，今后陆续出版其他博士班学员的论文也会是一件非常有意义的事情。

陈刚

二〇一四年十月

序三

城市是人类文明的摇篮、文化进步的载体、经济增长的发动机、农村发展的引领者，也是人类追求美好生活的阶梯。人类发展的文明史就是一部城市发展史，古希腊著名哲学家亚里士多德曾说："人们来到城市是为了生活，人们在城市居住是为了生活得更好。"2000多年后的今天，"城市，让生活更美好"，已成为2010年中国上海世博会的主题。

中国的新型城镇化，挑战与机遇并存。现代化从某种意义上讲就是城市化，这是颠扑不破的真理，已经为西方发达国家的发展历史所证明。正如诺贝尔经济学奖获得者、美国经济学家斯蒂格利茨所说："中国的城市化和以美国为首的新技术革命是影响21世纪人类进程的两大关键性因素。"2011年是中国城市化具有标志性的一年，中国城市化率首次突破50%，城市人口首次超过农村人口。此后20年，预计中国城市化率仍将每年提高1个百分点，这就意味着每年将有1000多万农村人口转化为城市人口。至2030年，中国的城市化水平将有可能达到今天发达国家的水平，城市人口占总人口的比重将达到70%。也就是说，中国有可能只花50年的时间，就走完了西方发达国家200年才走完的城市化之路。

中国的新型城镇化，呼唤专家型的城市管理干部。早在1949年，毛泽东主席在党的七届二中全会上指出："党的工作重心由乡村移到了城市必须用极大的努力去学会管理城市和建设城市。"在推进中国新型城镇化这一世界上规模最大、速度最快、具有变革意义的历史进程中，要清醒地认识到，城镇化是把双刃剑。城镇化既能极大地改善城市面貌和人民生活品质，也有可能引发历史文化遗产破坏、城市个性与特色消亡、"千城一面"、中国式"贫民窟"显现、环境污染和交通拥堵等"城市病"。对此，中央城镇化会议明确提出要"培养一批专家型的城市管理干部，用科学态度、先进理念、专业知识建设和管理城市"。专家型的城市管理干部需要在实践中始终遵循城市发展规律，使城镇化真正成为中国最大内需之所在、最大潜力之所在。

培养专家型的城市管理干部，需彰显城市之美。习近平总书记强调，“要传承文化，发展有历史记忆、地域特色、民族特点的美丽城镇”，“要保护和弘扬传统优秀文化，延续城市历史文脉”，“让城市融入大自然，让居民望得见山、看得见水、记得住乡愁”。中国城市学的倡导者钱学森先生认为“山水城市是城市建设的最高境界、最高目标”。要实现这些目标，关键在于提升专家型的城市管理干部对美的理解和认识水平，必须让城市管理干部有正确的审美观，让他们真正懂得发现和塑造城市之美。城市之美不仅仅是指建筑之美、环境之美，还包括城市的文化之美、风度之美，更应彰显城市的品质之美、和谐之美。因此，城市发展要坚持党的工作重心与工作重点相结合，推进农民工市民化、城乡一体化；要坚持以城市发展方式转变带动经济发展方式转变，推进城镇化与工业化、信息化和农业现代化的同步发展；要坚持“边治理、边发展”理念，寓城市发展于“城市病”治理之中；要坚持城市建设的“高起点规划、高标准建设、高强度投入、高效能管理”方针，推进质量型城镇化；要坚持以城市群为主体形态，推进城市网络化发展；要坚持打造“智慧城市”，推进城市智能化发展；要坚持“保老城、建新城”，推进城市个性化发展；要坚持土地征用、储备、招标、使用“四改联动”，推进城市土地管理制度改革；要坚持生态优先，推进生态型城镇化发展；要坚持农民工市民化导向，有序推进农民工“同城同待遇”；要坚持“城市公共治理”理念，推进城市管理向城市治理转变；要坚持城市研究先行，高质量推进城市规划、建设、保护、管理和经营。

21 世纪是城市的世纪，21 世纪的竞争是城市的竞争。中央美术学院面向城市管理干部设立建筑与城市文化研究博士班，开展系统、专业的培训，在培养专家型城市管理干部方面成效斐然、影响深远。相信各位学员能学以致用，在城市管理的岗位上，围绕“美丽建筑”、“美丽区块”、“美丽城镇”等开展前瞻性研究、创造性工作，为推动“美丽中国”建设作出突出贡献。

最后，对建筑与城市文化研究博士班研究成果集结出版表示热烈祝贺！

是为序。

二〇一四年十月

目 录

导 论

1. 本书背景

本书改自笔者2011年的博士论文。其实，当导师希望我们这些学生能将论文出版时，笔者是很犹豫的，因为回头再看三年前的论文已经感到很不满意了（其实当年也很勉强）：其一，当时的匆忙使得论文显得有些材料堆砌、文字枯燥、前后重复，应进行整合；其二，每个主题都过于泛泛，点到即止，更像是自己的各类官方场合汇报稿或演讲稿的汇总，或者反过来说，是给自己制作各种汇报稿、演讲稿用的一个材料库（其实它也确实起到了这样的作用）；其三，虽然是论文，但并未摆脱工作中的表达方式，即很多观点显得有些暧昧，主要是在名城保护领域这么多年，挫败感大于成就感，但个中原因又说不清道不明的；其四，虽说仅过了三年，个人的认知也还是有了很多变化，因此论文中的一些观点显然已成为过去时，而且论述的对象——北京旧城自身也发生了很多变化，所举的案例事件有些也失去了代表性。

但由于今年的工作格外忙碌，修改的时间也短，所以来不及补充新内容并进行大调整和细化完善，故只能在章节前后加些转折词和说明词了。

最终确定出版，笔者是这样说服自己的：其一，虽说像个汇报稿集成，但里面的内容或许也不是人人都知道或有心去梳理汇总，所以它可以帮助读者从不同角度短平快地了解北京旧城的保护工作；其二，关于北京旧城的书籍确实很多，但以笔者这样写的也只有笔者吧；其三，定期梳理总结一下工作将其作为一个时期的事件、观点的记录，应该也是比较有意义的事情，也许笔者以后还可以继续叙述思路与实践的历程，前后对比之后会更为有趣。

基于以上几点，笔者建议读者这样使用本书：其一，把它看作简明资料参考或者闲暇读物；其二，从规划角度了解一下旧城保护，看看这些总是被谴责的规划师们都干了些什么或想干些什么；其三，对比思考一下自己关于保护的观点（北京读者应最有感触），就某些兴趣点开展深入研究，当然最好能与我一起探讨。

2. 主题选择

记得导师潘先生解释他为什么想招规划、建筑类的学生，是因为在政协，委员们常常感叹全球化引发的“千城一面”现象，而北京作为一座具有3000多年历史的城市也没能在这个大潮中幸免，实在令人痛心，所以，总想尽点力量。鉴于此，潘先生设想，如果艺术人与工程人能够亲密合作，或许能够碰撞出火花，点亮些途径。故此，作为艺术人的他与我们的另一位导师陈刚先生展开了合作。彼时陈先生是主管城建的副市长，之前为北京市规划委员会主任，可以说是个地道的工程人。两位领域不同的导师联手，让笔者觉得很有趣。

同事、朋友常有些疑惑：潘先生不是画家么？我说，正因为他是画家，我才更有兴趣。因为我认为规划具有社会学科的属性，规划师就应该涉猎多种学科，汲取营养，而去一个非工程类的院校读书，一定会有不一样的感悟和收获。并且我认为导师的视野比专业更为重要。另外，还有个小因素，即中央美术学院从王府井搬至望京的花家地，选址规划是我做的，对其有感情！

在我抱着拓展思路的想法考入中央美术学院后，潘、陈二位导师的初衷和引领方向使我选择了将北京旧城风貌保护作为论文的主题。因我认为，“千城一面”的危机，与北京风貌特色的确立与其核心旧城的风貌保存与更新、文化传承与创新是密不可分的。

旧城一直是北京城市发展的核心与精神象征，是世界公认的城市规划与设计的杰作，有关它的赞誉多不胜数。如丹麦学者罗斯缪森（S.E.Rasmussen）：“北京城乃是世界的奇观之一，它的布局匀称而明朗，是一个卓越的纪念物，一个伟大文明的顶峰。”美国建筑学家贝肯（E.N.Bacon）：“在地球表面上，人类最伟大的个体工程，可能就是北京城了。”1982年，北京城被列为第一批历史文化名城之首，尽管它拥有着众多的历史文化遗产，但旧城一直是其保护的重点。

虽说几十年的风风雨雨让旧城发生了巨大的变化：高大厚重的城墙被车流滚滚的快速环城路取代，严整有序的街巷肌理被数十条宽阔的马路剖开，平缓开阔的空间形态被无数的高楼所打破，规整幽静的四合院大多变成嘈杂的大杂院，从中孕育的一脉相承的传统文化也在消失淡去。但它的魅力仍在，核心地位没变，依旧是北京这座历史文化名城星光闪耀的基石。

王军先生的《城记》无疑非常成功地唤起了公众对北京旧城保护的关注，他历经十几年，查阅了大量的史料，访谈了众多当事人，以一份沉甸甸的纪实性书稿详述了北京旧城在时代巨变的过程中经受的洗礼，字里行间饱含着对民族文化传统的热爱，款款深情令人感动。

经历了痛苦的失去过程，人们开始意识到尊重历史古迹、尊重文化传统是一个民族文明程度的体现；保存本土的文化遗产，使其发扬光大是获得世界尊重的根本，也是竞争力的来源。

鉴于此，本书则侧重描述巨变之后，旧城保护工作的理论发展与方法实践。尽管这两项工作自始至终都处于各种观点的漩涡之中，但笔者认为既然有幸参与其中，尽量做些客观记录与梳理总结，交由大家来评判也是好的。同时，有助于提供一些思考线索：如何珍惜现有的历史资源，深入挖掘其文化内涵，并在此基础上传承、弘扬；同时该怎样增强其吸收融合多元文化、创造新文化的能力，让我们引以为傲的古城焕发活力。

这是北京城魅力展现的关键！

任何一个城市的老城要做到有效保护和健康发展都是一个非常错综复杂的难题。国际社会亦不断探索前进，从 1933 年的《雅典宪章》到 2005 年的《西安宣言》，相关理论与实践众多。伴随国际的潮流，针对北京旧城保护与发展的研究和实践探索也一直都没有停歇过——从梁思成和陈占祥的“整体保护旧城，在外另建新城”到现在吴良镛先生的“积极保护，整体创造”；从“文物保护”走向“历史文化街区保护”，再走向“旧城整体保护”，再到今天的“文化遗产保护”；从仅关注“物质空间保护”到注重“文化内涵挖掘”；从技术手段改进到政策措施制定等。

不同的理论思潮又带来不同的实践方式，如基于吴良镛教授“类四合院”的理论，有了菊儿胡同的改造；基于“微循环”理论，有了院落的修缮和原翻原建。尽管每种理论与实践及其产生的结果都会引发争议，但不争的事实是：随着社会的发展进步，保护的理念已经得到广泛的共识，保护的理论体系和实践机制已经日趋完善，总体的趋势是明确的，即“坚持旧城整体保护，积极促进旧城复兴，重现北京历史文化名城的光彩，获取世界的尊重与喝彩”。

本书并不想展现一个庞大的研究体系，而是更多地结合自己从事旧城保护工作的实践，从这些研究体系和实践中剖析影响旧城保护进程和阻碍文化发展、彰显特色的主要问题和关键因素，并以问题为导向，探寻解决答案。

另外，结合新的发展形势，参照那些与北京有相似性的古城的目标设想和策略，畅想描绘旧城整体保护与整体提升后的蓝图，并为实现愿景提出具有积极意义和促进作用的策略。

在问题总结和策略建议上，充分利用自己在一线工作的优势，运用大量亲身经历的实例来剖析和说明观点。同时注重所列的方法能够结合现阶段城市发展的进程，在实际中得到应用。对于一些核心难点，即便近期不能解决，本书也提出来供大家参考，引发思考和开展推进工作。

3. 分章概要

为了使各位读者能够迅速了解本书，在此将每一章的内容进行一个概括。

第 1 章：北京的历史变迁与旧城风貌特征简述

本章的目的是为了给读者展现一个历史悠久、充满人文魅力的古代都城，让读者迅速把握北京旧城的风貌特征及其演变的脉络。

1）梳理了旧城随着朝代更迭而变迁的历史；

2）展现旧城作为一个古代都城规划设计杰作在明、清顶峰时期所展现出来的风貌特征；

3）描述近现代伴随西方思想的进入、国势的兴衰、政治的动荡、经济的发展给旧城风貌格局、功能布局等带来的变化。

第 2 章：旧城风貌演变的若干阶段与内在动因

旧城形态的演变是社会演变的结果，其原因错综复杂。本章依据政治思潮、社会改革、经济发展等的变动，以重大事件为节点，将 1949 年至今分为若干阶段，分析了在不同阶段旧城演变的内在动因。包括：

1）1949 年至 1958 年——因不同的保护理念以及急迫的房屋需求，北京弃置了“梁陈方案”[梁思成与陈占祥在 1950 年提出“旧城整体保护，在西侧三里河一带另建新城”的建议。]，丧失了整体保护旧城的机会。

2)1958 年至 1978 年——1958 年“大跃进”、“文化大革命”、“破四旧”运动，让众多历史文化资源遭到浩劫，比物质文明消失更为可怕的是民族文化传统遭到毁灭性打击。

3）1978 年至 1990 年——“文化大革命”之后保护意识复苏，但经历了近 30 年的破坏和失修，以及人口大量聚集，市政基础设施差等问题，旧城处在了保护风貌和改善居民生活条件的困境之中。

4）1990 年至 2003 年——尽管随着经济的复苏，人们的保护意识在提升，保护工作也得到全面的推进。但是对经济利益的疯狂追求，使得政府、开发商共同从旧城攫取土地资源，给旧城带来了比“文化大革命”更为严重的破坏。

5）2003 年至 2009 年——为了让奥运成功举办，为了在世界面前彰显北京的历史文化，《北京城市总体规划》（2004—2020 年）正式提出了“旧城整体保护”，相关的实践更为丰富。

6）2009 年至 2014 年——借奥运成功举办之势，北京确定了向世界城市迈进的目标。之后，国家新一届领导班子上任，提出了借鉴世界城市之理念和方法，旧城的保护力度被提到了前所未有的高度，且更加关注文化内涵的挖掘、传承与弘扬。

第 3 章：旧城保护体系和实践演进的四个阶段

本章在第 2 章的基础上，总结了近几十年，北京历史文化名城保护工作理论体系的演变和具体的实践过程。大体可分为四个类型和四个阶段：

1）文物保护——梳理了旧城内丰富的文物类型与规模，以及对于有价值建筑的认识逐步深入的过程，即在文物认定的基础上，增加了挂牌四合院、优秀近现代建筑等。从原来的只注重保护到后来的促进文物合理利用以达到广泛宣传、文化传承的目的。

2）历史文化街区的保护——梳理了从只关注建筑、城市格局的保护到关注承载居民生活的历史文化街区保护的历程。包括抢救性地划定保护范围，到编制保护规划，以及不断探索街区保护与更新的方式。

3）旧城整体保护与复兴——论述了旧城空间格局要素的保护与重构，以及制定促进旧城整体复兴策略的过程。描述了 2006 版《北京中心城控制性详细规划》（01 片区—旧城）对《北京城市总体规划》（2004—2020 年）“旧城整体保护”原则的具体落实。

4）文化遗产保护——简述了文化遗产概念的兴起，以及对名城保护体系的完善作用。促进了“内涵挖掘、外延扩展”的工作原则，从原来的关注静态遗产、古代遗产、王府、文物本体等方面的保护，到也关注活态遗产、近现代遗产、民居、历史环境等方面的保护。

5）以前门大栅栏地区为例，看保护规划体系演变对历史文化街区规划建设的影响。

第 4 章：制约旧城有效保护与特色彰显的问题

本章从六个方面对制约旧城有效保护与特色彰显的核心问题进行了论述。

1）对于保护与利用方式的认识不同，导致具体的实践和效果千差万别。譬如坚持原貌保护的实践以"微循环"改造为主，而主张风貌保护的则认为成片改造不失为好的方式；交通市政方面坚持要有较宽的道路，但保护第一的坚持者则认为应保持原有的胡同肌理格局；有人认为旧城人口低端影响风貌，故应该置换，反对者则认为原住民才是风貌保护的对象；另外，对历史文化街区地下空间利用、文物迁建的态度等均有不同的观点。

2）政策缺失、乏力、多变且导向不明，导致很多工作无法从根本上开展推进。譬如交通政策长期不明了，没有相关的限制措施，带来了旧城交通拥堵、停车困难等；房屋产权政策长期得不到解决，导致四合院得不到有效的维护，平房区人口难以疏解等。

3）法律法规与实施保障机制不健全，导致很多政策无法有效推行。如行政辖区之间的竞争与不协作；各个部门之间缺乏统筹；缺乏良好的公众参与和监督制度；缺乏良好的投融资平台等。

4）规划指标不当及行业规范标准支撑不足，导致实践工作缺乏有效的指导。如各行业的标准规范日久不变，且新城旧城一个样，缺乏针对性给旧城的建设管理带来困境。

5）规划设计与管理的体系层级不精细，无法切实将保护理念、措施予以落实。

6）管理过于粗放，不适应旧城的精细化保护与发展的要求。

第 5 章：对旧城保护与发展目标的分析和思考

本章表达的是对旧城未来的一个畅想，即一个充满人文关怀，有着独特风貌，充满活力与文化氛围，便利舒适、环境优美的城区。结合中国现在的发展状况、面临的国际形势，以及思想认识程度来思考并描述作为一个影响力日益上升的大国首都、历史文化名城应该如何确立自己的发展目标，而旧城作为首都的核心与精神象征，以及名城保护的重点，其职能定位与目标应该是最高的体现。期间分析借鉴了国际名城的目标及老城在其中发挥的作用。

第 6 章：促进旧城有效保护和特色彰显的策略

旧城的保护与发展是个错综复杂的难题，本章特别针对促进旧城有效保护和特色彰显提出了六个策略。以"保护为要、文化引领"及"加强保障、整体提升"这两个方面为重点，其中更加关注的是当前掣肘与紧迫的难题。一是对第 5 章梳理的核心问题有了回答，二是针对旧城的发展目标，有了进一步的建议。

1）保护为要、文化引领——加强旧城整体保护与传统文化内涵的挖掘，促进民族文化的传承与弘扬，展现古都魅力；推动文化事业与文化产业发展，增强城市融合吸收多元文化、创造新文化的能力，增强首都文化的开放性和时代性。

2）加强保障、整体提升——推进公共政策的研究与制定，形成全方位的支撑体系；健全法规条例，完善体制机制，为严格保护和可持续发展提供保障；创新规划设计方法，细化旧城内的规范指标；加强公共空间精细化设计与管理，提升环境宜居水平，展现旧城魅力。

第 7 章：结语——提升全市域保护工作力度

北京作为历史文化名城，保护的重点和焦点一直都集中在旧城，对市域范围内历史文化遗产保护尚显重视不足。导致市域大量的历史文化资源缺乏有效的保护和内涵价值的挖掘，缺乏系统的保护与利用思路；区县与乡镇的保护意识、经验与力度与核心城区相比亦有差距。为使旧城保护的理念、方法更广更深地延展，使名城保护体系更趋完善，本章提出了建议：包括向全市域拓展保护内容；提升区县的保护意识；并联合津冀，在区域协同发展的视角下开展历史文化名城保护工作。

第 1 章

北京的历史变迁与旧城风貌特征简述

第 1 章 北京的历史变迁与旧城风貌特征简述

北京位于华北大平原的北端，用“左环沧海，右拥太行，北枕居庸，南襟河济”来形容最为贴切。山川形势雄伟壮丽，形成了城市与山水相互映衬的独特地理景观（图 1-1、图 1-2）。

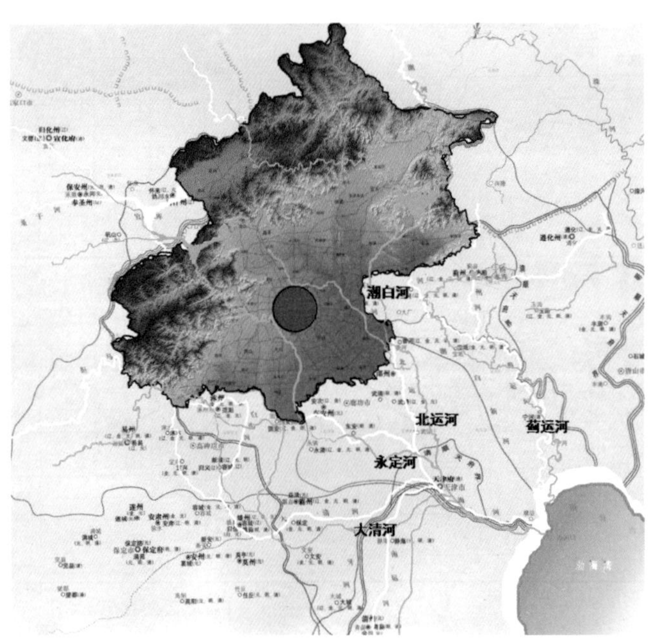

图 1—1　北京及周边地图

图 1—2　北京山水意象图

尽管北京的建城史是 3000 多年，建都史是 850 多年，但因朝代更替、自然地质水文条件变化等原因，其城址总是不断地变迁，对城市的大修大改也永不停息，目前的北京是以明清留下的旧城为核心向外扩展而成。

大家对北京旧城的特征及其演变的历史有目共睹，相关的考证书籍和资料也很多，所以本书仅简要概述，以便读者把握脉络，更多则关注近几十年影响旧城整体格局改变的因素。

1.1　北京城历史变迁概述

1）1962 年，在房山琉璃河董家林村发现了商末周初所建的古燕国城址（公元前 1045 年），推算迄今已有约 3 千年。

2）公元前 1046 年，周武王灭纣，分封蓟城。《老北京城》的作者王同祯通过《日下旧闻考》等资料分析简要说明燕与蓟的关系：燕、蓟位于幽地，后燕强灭蓟，并立都于蓟。作者还认为蓟城位置可参照郦道元的《水经注》大致确定位于以广安门稍南为中心的方圆数公里之内。

3）自西周至唐代的一千七百多年间，经历了十三个朝代，蓟城的隶属关系与名称多次变更，曾被称为广阳郡、燕郡、幽州、涿郡、范阳郡、燕京等，但其城址基本没有大的变动，一直是军事和政治的重镇，且主要由汉人统治。

4）公元 938 年，辽代将其升为南京作为陪都。

5）金灭辽后，海陵王完颜亮于公元 1153 年（1151 年宣布）正式迁都至此，改称金中都，至今约 861 年。当时北方的金朝与南部的宋朝对峙，中都是中国北方的政治中心。

6）1292 年（1267 年始建），元朝（蒙古忽必烈可汗）在金中都的东北郊创立新的都城——元大都，北京第一次成为整个中国的政治、文化中心。

7）明朝朱元璋时期，将大都改称北平府，燕王朱棣称帝后于 1421 年正式迁都于此，改称北京，距今 593 年。明代期间，北京城有过较大的调整：公元 1368 年，徐达攻克大都时，为了防御，将大都北部空旷地带舍弃而向南缩五里，在今德胜门、安定门一线重新筑城；1419 年，朱棣为扩建宫室，将南墙南移一里多，即从长安街南侧移至今崇文门、宣武门一线；1553 年，嘉靖期间，为防御而修筑外城，后因经济拮据未按计划完成，而直接与内城西南角和东南角相接，形成现在的“凸”字形轮廓。

8）1644 年，清军入关并将首都从沈阳迁至北京，基本延续了明朝时期的北京城格局。

9）1912 年，中华民国成立，改称北平。

10）1949 年，中华人民共和国成立，改称北京，之后在北京旧城（明清北京城范围，现二环路以内范围）的基础上扩展建设。

11）1982 年，北京成为国务院公布的第一批国家级历史文化名城。其范围是指北京市行政管辖区域，总面积 16410km^2。其中，旧城为保护的重点区域，总占地面积约 62.5km^2。

1.2 旧城的传统风貌特征

自公元 1406 年明朝在元大都基础上修建宫殿、城池始，明清北京城距今已有 608 年的历史。现在的旧城基本是明清的格局，占地 62.5km²，是中国历史上遗存下来的最大、最为完整的帝王都城，格局规整，形态丰富，功能完备。

读过《北京城市总体规划》（2004 ～ 2020 年）的朋友，会在第七章“历史文化名城保护”的 61 条“旧城整体保护”里读到旧城需保护的十个方面，但我想没事儿抱着总体规划研读的人毕竟不多，所以我在这里将其略有整合并稍作拓展解读（未含“保护传统地名和古树名木”部分）。

1.2.1　清晰的城郭、宏大的宫殿群

1.“凸”字形的都城（内外城）：北京标志性的城郭特征

元大都是依据周朝《周礼 · 考工记》确立的王城规划制度并结合地理形态建设的 ：“九经九纬，经涂九轨，前朝后市，左祖右社”，由大城、皇城和宫城三部分组成。大都全城面积 51.4km²，市区布局端正，城内的大街宽 24 步，小街宽 12 步，整座城市如棋盘一样，整齐壮观。

明朝将大都城墙调整后，明清时的北京城分别由外城、内城、皇城、紫禁城（宫城）组成，可谓界面清晰、等级分明、管理有序、构成有别。

2. 皇城（明）

皇城是以紫禁城为核心，以皇家宫殿、衙署、坛庙建筑群、皇家园林为主体，以满足皇家工作、生活、娱乐为主要功能。始建于元代，主要发展于明清时期。虽然新中国成立后，皇城内的功能、建筑等有了很大的调整，但基本还保有一定的格局。其范围：东为东黄（皇）城根，西为西黄（皇）城根、灵镜胡同、府右街，北至平安大街，南至东、西长安街，总计 6.8km²。

在《北京皇城保护规划》里，总结有以下特性 ：①

1）唯一性 ：是我国现存的唯一保存较好的封建皇城，拥有我国现存唯一的、规模最大的、最完整的皇家宫殿建筑群。

2）完整性 ：以紫禁城为核心，以明晰的中轴线为纽带，城市有序分布着皇家宫殿苑囿、御用坛庙、衙署库坊等设施，呈现出为封建帝王服务的完整理念和功能布局。

3）真实性 ：紫禁城、筒子河、三海、太庙、社稷坛和部分

---

① 参见《北京皇城保护规划》，由中国建筑工业出版社出版

御用坛庙、衙署库坊、四合院等传统建筑群至今保存完好，真实地反映了古代皇家生活、工作、娱乐的历史信息。

4）艺术性：在规划布局、建筑形态、建造技术、色彩运用等方面具有极高的艺术性，反映了历史上皇权至高无上的等级观念。

3. 皇城内的紫禁城

明永乐五年，朱棣颁诏兴建紫禁城，永乐十八年（1420 年）完工后，朱棣下令迁都至北京。之后紫禁城为明清历代帝王生活工作的场所，也是中国的政治权力中心。其总占地 720000m^2（不含护城河），是世界上保留最完整、规模最大的帝王宫殿。

紫禁城建筑规模宏大，布局以南北轴线严格对称，色彩以皇家专用的明黄色为主，外围有护城河与皇家园林环绕，辉煌亮丽，可以说这是封建社会皇权至高无上、唯我独尊思想及封建社会等级制度在城市规划上的集中表现。

明代崇祯十七年（1644 年），李自成攻入北京致明朝亡，在撤离时将紫禁城大部分烧毁。同年清顺治帝至北京。此后历时 14 年，将中路建筑基本修复。而整个修复工程直至乾隆时期还在进行，故较明代时有了较大规模的改建和增建。

明时修建紫禁城的主设计师为江苏人蒯祥，工匠多来自苏州，将南方的精巧和北方的雄浑完美地融为一体，所以紫禁城也展现了中华民族精良的建设技术与辉煌的艺术体系（图 1-3）。

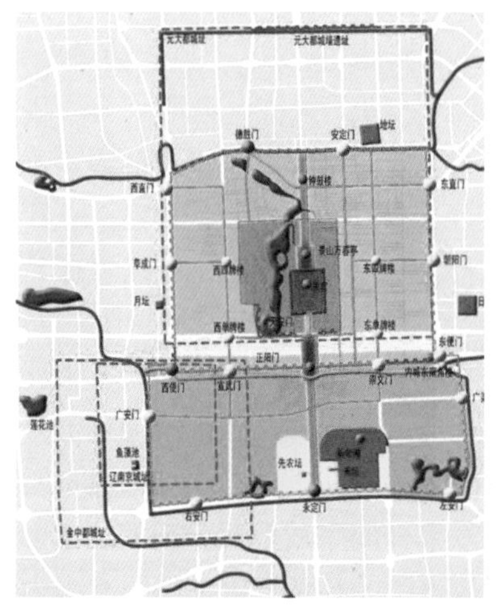

图 1–3　北京都城的城池变迁及明清旧城边界清晰的城郭和规模宏大的宫殿群

1.2.2 对称布局、贯穿南北的轴线

古都北京的中轴线是以故宫为中心，南自永定门，北至钟鼓楼，全长 7.8km。在轴线上及两侧以对称格局布置了天坛、先农坛、前门、天安门、太庙、社稷坛、皇家宫殿及园囿等封建王朝最重要的建筑群，其规整及丰富性可谓全国乃至世界之最。

城市中轴线的形成可以说源于我国的传统思想，一是孔子的中庸之道，不偏不倚，另一应该是以帝王为中心，四方拱卫。故确定了帝王之所后（以太和殿为代表），皇权坐北朝南，一条南北轴线就此确立了。

《魅力北京中轴线》一书的作者李建平认为南北轴线是由于北方气候寒冷而需要好的朝向以获取大量日照所致。而在辽代，北京的建筑多是坐东朝西的，以满足契丹人追逐太阳的习俗。①

测定显示，元大都奠定的轴线与子午线之间有偏角，略微向西北向偏移，而又有人发现，顺着轴线向北正好到达 270km 之外的开平古城，也是元朝的故都，因此提出应该是有意为之。此说虽有待考证，但若真是如此，其用意令人感动，明清时期延续了这条轴线的走向。

严格来讲，元大都的宫殿在轴线上并未完全对称布局，位于轴线的是皇帝议事的场所，而皇后、太子生活的宫殿都位于三海之西，也就是说国事位于城市轴线，家事在宫城内另建副轴，并与灵动的河湖相谐成趣，反映了游牧民族自由奔放的思维。另外，元轴线北端建筑仅结束于城中的位置，并未贯穿全城。当然也有人说它的终点应该是北城墙，正是基于风水的考虑，北面只有两个城门，正中无门，以免散了龙气。自明代起，因城墙向南移动，使得轴线北端的钟鼓楼靠近北城墙，轴线基本贯穿了全城。同时宫殿群集中布设于轴线上，前朝后寝，且严格对称，使得整条轴线更加强烈，将中原汉民族的特点发挥到了极致。

轴线上及两侧的建筑布局也与各朝代的信奉紧密相关。因元代喇嘛教较为兴盛，其轴线终点为皇家喇嘛庙，称为大天寿万宁寺，现今钟楼位置。即轴线从南面雄伟的丽正门经辉煌的皇家宫殿向北穿过喧闹的街市终结于一片肃穆的宗教场所。明朝的皇帝多信奉道教，轴线两侧有许多道教建筑，如紫禁城内供奉玄天大帝的钦安殿、景山西侧的皇家道观大高玄殿等。清朝因政治考量对藏传佛教十分推崇，乾隆年间在景山五方亭上设有五方佛以为

---

① 李建平《魅力北京中轴线》，文化艺术出版社，2008。

护国佛像。其实沿轴线布局的坛庙无一不是因宗教、习俗、节气等而设定的，如按“天南地北”设置的天坛、地坛，按“日东月西”设置的日坛月坛。

以上种种都显示着中轴线是北京的骨架和灵魂，但我们对其内涵的了解还差得很远，需深入研究探寻（图 1-4）。

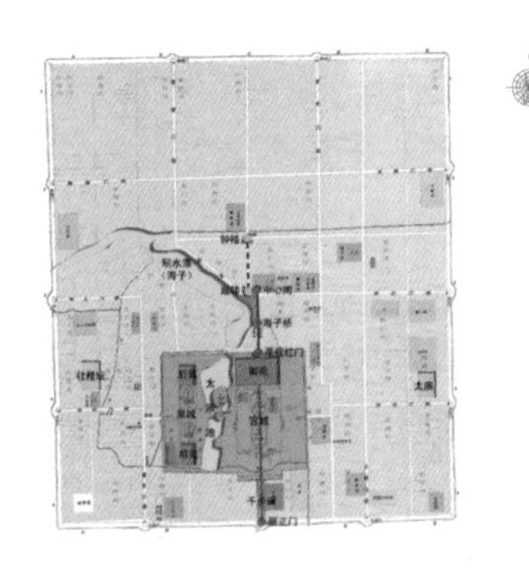

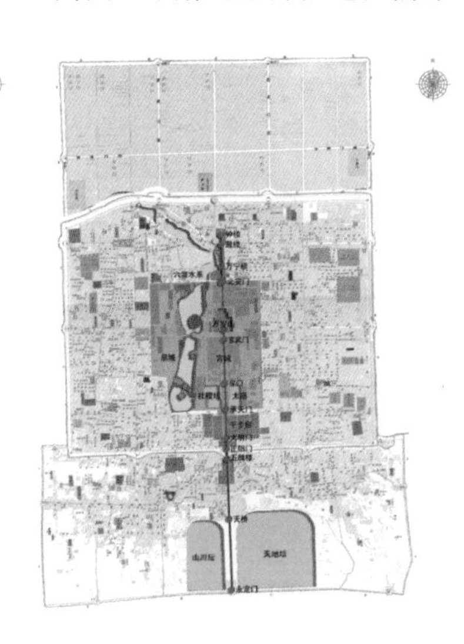

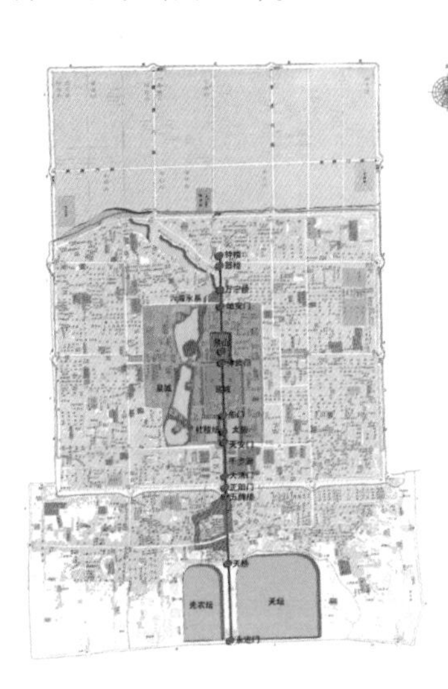

图 1–4　元代的中轴线（左）明代的中轴线（中）清代的中轴线（右）

1.2.3　功能完整、有机活泼的水系

水是生命之源，故江河湖泊是城市生长的必要条件。在满足生存需求之外，它们也给城市的形态和生活带来了一份灵动，而北京城也是在几条河流的庇护下成长的。

北京位于华北大平原的北端，西临太行山余脉西山，北靠燕山余脉军都山，东南面向低缓广阔的华北平原，东侧为渤海湾，形成背山面水的“风水宝地”。平原上水网密集，分布着永定河、潮白河、北运河、拒马河和泃河五大水系，还有在北京历史中具有重要意义的长河、高粱河、金水河、通惠河、莲花河。为了保证供水、防洪、灌溉、漕运等功能，历朝历代一直在进行河道疏浚、引导、筑坝等工程，同时开凿了许多人工河道，最为著名的就是隋唐大运河及在其基础上调整形成的京杭大运河。京杭大运河的建成将海河、黄河、淮河、长江和钱塘江五大水系连成统一的水运网，为北京加强统治，建设城市提供了极大的便利，同时也促进了南北的文化交往，形成了丰富的文化遗产。

这些山脉、平原、湖泊与河流，造就了北京城的演变，也形成了城市与山水相互映衬的独特地理景观。

自蓟城到金中都是仰赖于西湖水系（金莲花池一带）。现在旧城内的三海水系曾为金中都的行宫——大宁宫的景观水体，水源引进高粱河水系。元大都的设计者刘秉忠则考虑高粱河水量充沛，则以此地为中心建立大都城，形成了一条贯穿城市中心的景观和生态廊道，而活泼的水系也给严谨的中轴及规整布局的建筑群体带来一丝生动。同时，积水潭作为京杭大运河的终点，商船经通惠河进入，一片热闹景象："金沟河上始通流，海子桥边系客舟。此去江南春水涨，拍天波浪泛清鸥。"（《日下旧闻考》杨载诗）

明清旧城基本沿袭了该水系格局，但一些改动还是造成了影响。如明代因选昌平为陵寝，故废了白浮引水，导致积水潭萎缩，同时又将通惠河纳入皇城，导致漕运不能进城，将水运终点移至东便门的大通桥，并逐渐退至通州等。但总体看来，旧城的筒子河、六海等水系很好地承担了防护、运输、排水的功能，也给城市增添了美丽的景观。

另外，北京的湖被称为"海子"也是极为特殊之例。如旧城内的三海：什刹海、北海、中南海；南苑则有南海子。据考证"'海子'之名起于唐朝，因游牧民族逐水而居，视其为生命，珍视喜爱之极，'凡水之积者辄目为海'（见《永归录》），以示湖泊之大也。"[①] 但现在看来，都城之水以海命名也显得别有一番气度和情趣（图 1-5）。

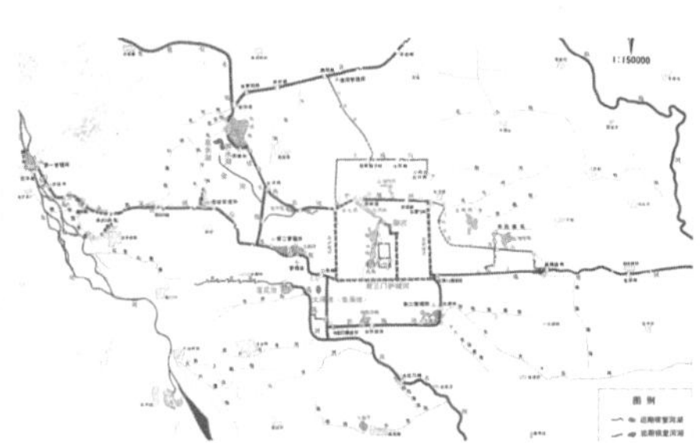

图 1—5　北海（左）北京水系图（中）长河（右）

1.2.4　平直整齐、宽窄有序的路网

"胡同"之名的来源有多种说法，笔者比较认同是其来自蒙古语"忽动格"，即水井之意。建城必须有水，元大都依傍"海子"确立皇宫，而民居也应有水，故打井成巷。大户人家可将井置于院中，小户人家则在胡同头尾或中间。旧城胡同名里带"井"字的约 80 条左右，占当时胡同数量的 3%。[②]

元大都时，城内道路按东西南北走向规划建设，十分规整。

---

① 胡玉远主编．北京旧闻丛书——《燕都说故》李丙鑫文章："南海子名称由来"．北京燕山出版社。

② 数据引自《北京旧城胡同实录》，由中国建筑工业出版社出版。

大街宽二十四步（约合 36.96m），小街宽十二步（约合 18.48m），胡同宽六步（约合 9.24m），胡同之间净距是四十四步（约合 67.76m），基本上是三进大四合院的进深。只有城外南部地区（现前门地区）因元大都丽正门与西南被废弃的金中都之间有人员往来，逐渐形成了现今的大栅栏、杨梅竹斜街等几条西南走向的斜街①。前门大街以东则沿着古三里河及其分汊建房，有了大江胡同、草厂头条至十条等东南走向的胡同。

明代期间，路网格局与街巷尺度的规划建设思路没有大的变化，但因为朱棣迁都带来了大量的移民进驻，元代较为宽敞的胡同内增建了房屋，导致局部地区胡同变窄或增出许多小胡同，有了“著名的胡同三千六，没名的胡同赛牛毛”之说。清代至民国基本延续了明代的形态并未有更大的变化，因此胡同路网成为北京城的重要特征之一。

另外，胡同之于旧城，除了具有交通功能之外，另一个最具特点的就是具有公共活动场所的作用。在过去独门独院的时代，邻里间在胡同里碰见了会拉个家常聊会儿天。到后来，四合院成了几家共用的大杂院，空间狭小了，人们更愿意花更多的时间到胡同里歇息，所以树下乘凉的老人、追逐打闹的孩童、三五成群的棋友以及流动叫卖的摊贩都让胡同景象格外生动迷人（图 1-6）。

图 1–6　旧城胡同肌理图（左）传统街道尺度（右上）传统胡同尺度（右下）

1.2.5　“胡同——四合院”居住形态

庭院建筑是中国大多数地区传统建筑的共同特点，因为中国人的家族观念极强，合院的形制很好地满足了家族共居的生活方

① 数据引自《北京旧城胡同实录》，由中国建筑工业出版社出版。

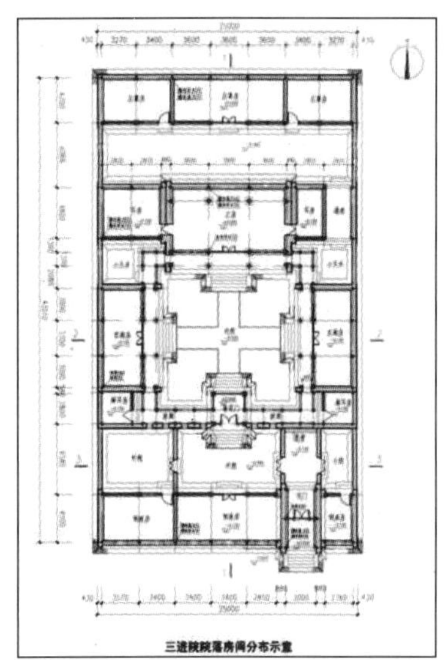

图 1–7　三进四合院
（图片来源：马炳坚“北京四合院知识讲座”）

式。只是各个地域的气候、材料等因素让合院具有了丰富的类型，如江南的“四水归堂”、西南的“一颗印”、福建的土楼、西北的“地坑院”等，而且合院建筑的特点也遍及其他各类建筑，如宫殿、寺庙、衙署等。

北京的四合院既可以说是北方居住建筑的代表，也可以说是中国传统住宅形式的代表。因为北京位置相对居中，气候没有北方那么寒冷，也没有南方那么湿热，人口规模适度，所以建筑的尺度宜人，院落大小适中，有充足的阳光和活动场地，非常适合一家人不受干扰、其乐融融地关门过日子。同时，北京作为都城已经有了 850 多年的历史，各地来的居民或多或少会将家乡的特点融入其中，京城之外的人们也愿意吸收其中的优点，使其具有了一定的辐射力。

北京旧城的四合院最早始于元，受到元大都规划的制约，其占地大小、形制、高度等都已基本确定，明清期间对街巷院落的管理十分严格，故整体格局延续 800 多年没有本质变化。初看四平八稳、中规中矩的四合院其实内涵极为丰富（图 1-7）。

简单归纳为以下几点：

1）院落及建筑空间依家族的宗法制度和风水要求布局，且与家庭的各种需求十分契合。四合院大多沿南北轴线对称布局，依家庭人口多少和权力、财力大小，分为几进院和几跨院。首先，体现了“长幼有序、上下有分、内外有别、凶吉各处”。家长位于居中的正房，前为客，后为眷；左为长、右为次；大门、厨房在东部的吉位，厕所位于西南的凶位。其次，各式的房屋、长长的游廊、开敞的庭院等给一家人提供了丰富的活动空间，特别是被称为起居室的庭院更是让人在封闭安静的氛围中享受亲近自然的乐趣，观花赏月，酣聊嬉戏，就连猫狗等宠物也有自己的一片安全的天地。最好地描述还是北京的俗语：“天棚、鱼缸、石榴树，先生、肥狗、胖丫头”。

2）建筑制式、色彩、材料及装饰等都与住户的身份相称，等级差别明显。封建社会的礼制严格，在建筑上多有体现。首先在胡同里行走，仅通过大门、院墙、影壁、屋瓦、脊饰即可判定主人身份的高低。进入院内，建筑的开间、房高等也受到身份的制约，不可逾越。

3）视觉感受收放有序，层层递进。从长长的胡同迈进大门，先入眼帘的是精雕细琢的影壁，转而进入浅浅平淡的前院，再穿过造型华丽的垂花门，就见方正开阔的主院，进而登堂入室。而庭院与房屋之间有檐廊过渡，即可短时地避雨雪，也可悠哉其中乘凉赏景。

4）设计规范标准，工程技艺独特。四合院中的每栋建筑、构筑物依据其位置和功能，均有相应的尺寸。如正房间数为奇数，且开间、进深、高度、装修等均为全院之首，普通人家，多为三开间。东间为上，故略大于西间。另外，磨砖对缝、裱糊顶棚、砖雕木刻等也显示了匠人的精湛技艺。

5）色彩灰而不脏，艳而不俗，是北京城的底色。四合院的屋顶、地面、墙壁均为灰色，仅垂花门及一些装饰较为艳丽，而这一切又都掩映于浓密的树荫之中，成为皇宫、寺庙等建筑朴素而优美的背景。

1.2.6　开阔的空间、起伏的天际线

作为一个平原城市，北京难得有理想的观看城市天际线的地点。倒是从笔者位于旧城西侧的 21 层办公室，向东可望见似乎经过了设计的 CBD 天际线，但那是因为中间隔着的是被控制了高度的旧城。

北京确有一个最佳观景处，即在也是人造的景山之上，四处眺望，虽已是有些杂乱，但依旧可感受当年真正经过设计的城市空间景象。

除了想象，通过以下几组数据可以看出明清时期旧城的空间形态是怎样的，即在广大的平房四合院民居衬托下，以故宫为中心，以景山万春亭、钟鼓楼、正阳门等建筑为控制点，并由旧城墙和各城楼拱卫，形成平缓开阔的整体空间形态和起伏有致的城市天际线（图 1-8）。

1）明清时期旧城外城墙高约 7.8m，内城墙高约 10 ～ 11m，皇城墙高约 6m；

2）城楼从低的外城城楼 26m（如永定门）到内城最高的 42m（正阳门）；

3）沿南北中轴线以景山万春亭 62m 为最高，沿线的城楼、大殿、钟鼓楼等几组重要建筑以北部钟楼最高 46.96m，南部永定门城楼最低 26m；

4）城内尚有几个重要的高点：北海白塔 67m、妙应寺白塔 52.37m、天坛祈年殿 42.16m；

5）中等高度的，为立于街口的牌楼，如西四、东四、西单、东单牌楼高度均为 13m。另一些王府的大殿也有十几米高；

6）高度最低的，即是最为众多的民居四合院，通常正房脊高 6.5m 左右。

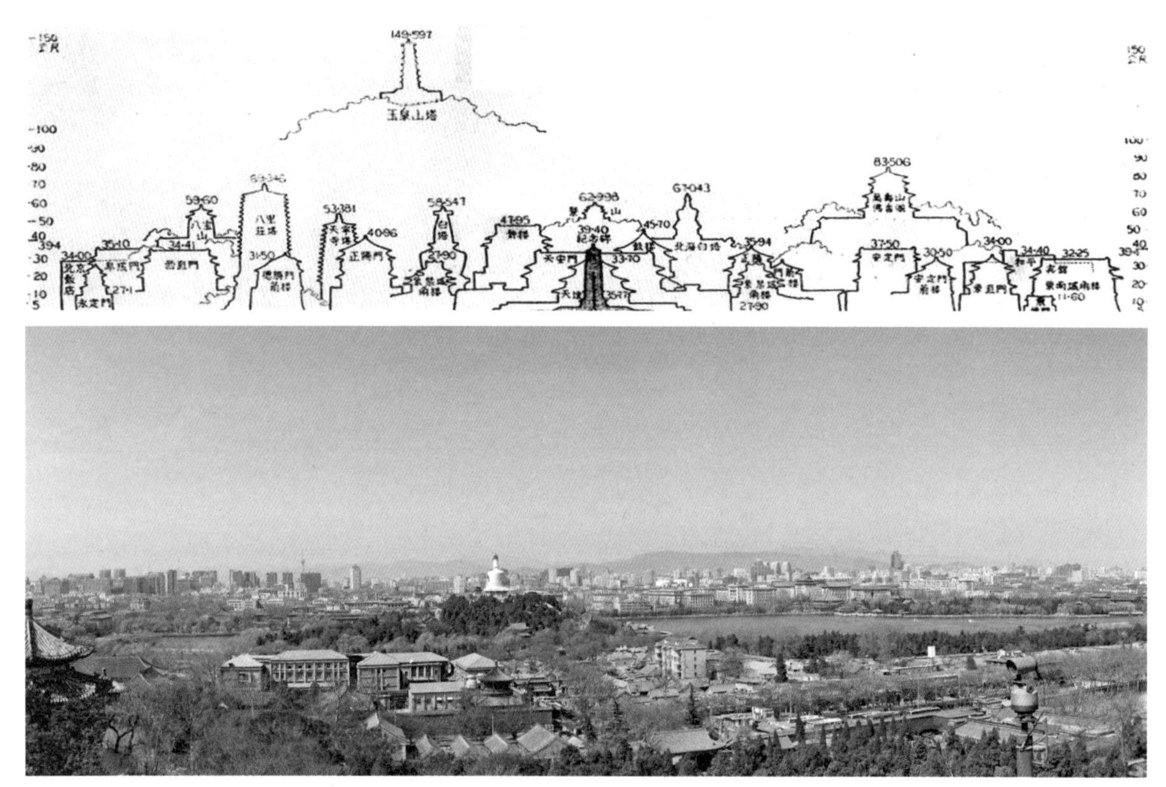

图 1–8　1949 年北京城的天际线示意图（上）2014 年景山上观望（下）

1.2.7　丰富的街道对景和视线走廊

北京城中的各种城楼、宫殿、坛庙、亭塔等建筑不但构成了起伏有致的天际线，还同西山等自然景观一道构成丰富而优美的视线走廊与街道对景。如著名的银锭观山；从景山万春亭眺望中轴线和北海白塔；站在天坛高高的圜丘台上，可望见众多遥相呼应的寺塔；即便走在街巷胡同，不经意间也可望见远处体量雄伟的城楼或街口的牌楼，这是一个到处都有标志点、地域感的城市（图 1-9）。

1.2.8　主次分明、对比强烈的色彩

中国的礼制不仅体现在城市的规划布局，建筑的体量、高度、装饰等上面，色彩也是非常重要的元素，不同的色彩具有不同的象征意义。如地坛的五色土，白、绿、黑、红、黄对应着五行中的金、木、水、火、土。

而建筑的色彩也是有其意义所在。中国自古即为农业国，重土地，虽土有各色，但以黄色为正，方位中央，有社稷之象，故

以其最为尊贵，只皇宫和部分寺庙的屋顶覆以黄琉璃瓦，其他皆不准用。王府可用绿色琉璃瓦，彩绘上可点金，而民间则更为严格，不许随意饰色彩，以灰黑为主。

如此一来，以大片青灰色民屋和绿树为基调，烘托出红墙黄瓦的皇家建筑及寺庙群，以及绿、蓝琉璃瓦的王府，形成既统一又重点突出的城市色彩（图 1-10）。

图 1–9　银锭观山（左）中轴线视廊（中）北海大桥东望故宫西北角楼（右）

图 1–10　辉煌的紫禁城与朴素的四合院

1.2.9　特色鲜明的非物质文化遗产

除去空间形态的特征，北京几千年的城市发展史，还形成大量的非物质文化遗产，蕴涵着独特的传统文化和习俗。如始于明嘉靖年间、生长于吴地、丰富于京城的被称为“百戏之祖”的昆曲；已有 200 多年历史、由江南传入京城的京剧；众多由几代人传承上百年的老商号，如瑞蚨祥布店、内联升鞋店、全聚德烤鸭店等，这些遗产有相当一部分是因着都城而丰富成长的。

譬如，京剧即是清乾隆皇帝为给自己祝寿，先招扬州的“三庆”徽班入京，此后又有其他徽班相继进京，其中以三庆、四喜、和春、春台四家名声最盛，有“四大徽班”之称。彼时，北京已有一些地方戏流行，如高腔（时称京腔）、秦腔等，徽班则吸收了各地方戏种的特色，特别是京、秦二腔，以充实自己，不单在民间广受欢迎，更是受到宫廷的赏识。上下的追捧使得京剧人才辈出，逐渐被推向国剧的地位。再譬如，鞋店内联升，是以制作朝靴起家，不仅质量过硬，更是服务精细，对来店做鞋的文武官员的靴鞋尺寸、式样等都逐一登记在册，如再次买鞋，只要派人告知，店家便可根据资料按要求做好送去。而“内联升”的名字寓意，即在大内宫廷官运亨通，连升三级。老北京有句口头禅：“头顶马聚源，脚踩内联升，身穿八大祥，腰缠四大恒”，道出了几家商号的辉煌。还有都一处烧麦馆，更是因乾隆皇帝到访并题名而享誉全国。

由此可见，北京的众多传统文化形成与其作为都城的地位是密不可分的。目前北京已经建立了市区两级非遗名录体系，拥有国家级项目 76 项、分三批公布了市级项目 212 项，分民间文学、传统音乐、传统舞蹈、曲艺、传统美术、传统技艺、传统医药等 10 类（图 1-11）。

图 1–11　京剧（左）智化寺音乐（右）

1.3　近现代空间形态演变

对比上一节展现的风貌特征，如今的旧城已产生了巨大的变化，本节对几个重要的空间要素进行一下对比描述，看看今天的现实与当初的规划产生了怎样的差距（图 1-12）。

1.3.1　宽阔的马路贯通穿行

现在有些人似乎更喜欢指责 1949 年以来的政府，认为他们拆了过多的东西。其实，随着火车、汽车等现代化交通形式的出现，以及水电热气等市政管线的铺设需求，人们早就按捺不住要对老城只适合人与马车尺度的路网加以改造。因此，旧城格局的大变似乎是不可避免的。早在清末民初，政府开始对北京城进行局部改造，特别是民国北平政府朱启钤任内务总长期间，开始有组织有计划地引进西方城市规划的理论和建设经验，在北京开展试点，如香厂新市区的规划设计与改造等，并进行了若干对后期北京城发展有较大影响的交通市政基础设施改造工程。

以下几组数据可看到变化：

1）1901 年，为通火车，拆除了崇文门的瓮城；

2）1915 年，为通有轨电车，改善前门地区交通，拆除了正阳门瓮城，改造了箭楼。为修环四城铁路，拆除了朝阳门、东直门、安定门、德胜门的瓮城。德胜门城楼因年久失修于 1921 年拆除；

3）1917 年，长安街成为 15m 宽的柏油马路；

4）1923 年，拆除皇城东、北、西三面城墙及南面大部分，新辟四条道路；

5）1926 年，段祺瑞批准在和平门处开口以通道路；

6）1927 年，拆除宣武门与东直门箭楼；

7）1935 年，拆除阜成门箭楼；

8）1940 年，日寇占领时期，伪北平市政府打开建国门和复兴门以通道路；

9）1949 年前后，先后在西直门北侧、新街口、雍和宫、东四十条等处开城墙豁口；东、西长安牌楼被拆除（1948 年）；

10）1956 年，拆除故宫神武门北面的北上西门和景山东西墙南端，成为景山前街，北上门成为故宫北门；后又拆除北上门将

图 1–12　拓宽的平安大街（左上）污染的长河（左下）四合院变成了大杂院（右）

景山前街拓宽 18m，如今神武门为故宫北门；在 20 世纪 50 年代，陆续拆除东单与西单牌楼、历代帝王庙前左右的景德街牌坊。据记载，北京有牌楼一百多座，如今仅剩国子监成贤街的四座牌坊；

11）1958 年，配合天安门广场改造和新中国建国十周年庆典，长安街拓宽至 80m。之后逐渐拓宽，直至建国 60 年大庆的 2009 年，完成了 120m 的红线；

12）20 世纪 60 年代，陆续拆除了右安门、永定门、东便门、广安门、朝阳门、阜成门、安定门、西直门、崇文门等；前门五牌楼和东交民巷各自的牌楼在此时被拆除；

13）20 世纪 60 年代末至 70 年代初，为修环城地铁，拆除内城城墙，仅在东南角楼西侧和西便门附近留有残迹。二环路也在 1975 年全部完成；

14）1999 年，在原 9 ～ 21m 宽的北皇城根大街的基础上修建了宽 40m（规划红线 70）、横贯东西、长约 7km 的平安大街，作为建国 50 周年的献礼；

15）2001 年，修建了长 8km、横贯东西的 70m 宽的两广路，与长安街、平安大街共同构成了贯穿旧城的东西大道。之后又陆续拓建了 70m 宽的东单、西单大街（位于长安街以南部分）。

传统街巷的空间尺度——胡同：宽 3 ～ 9m；大街：宽约 20 ～ 40m。两侧的民房高 3 ～ 6m，建筑与街巷的比例约 1:1 ～ 1:2。1949 年有胡同 3073 条。

现状部分街道空间尺度——主干：40 ～ 70m；次干：30 ～ 40m；支路：15 ～ 25m。部分街道与建筑的比例约 3.5:1 ～ 12:1。2005 年有胡同仅 1353 条。

对旧城格局影响最大的应该是四条东西向道路：平安大街、长安街、前三门大街和两广路。之所以如此是因为以往由于皇城的阻隔，东西交往太过困难，所以一经改造就较为彻底。

1.3.2 河湖水道逐渐消失了

历数那些知名的文化古都，都有一条与城市齐名，和城市紧密相连的河流，如伦敦的泰晤士河、巴黎的塞纳河，当人们徜徉在河畔或行进在河中，可欣赏两岸美景，感受城市流动的气息。两相比较，北京的缺憾在此表露无遗。尽管北京拥有蓟运河、潮白河、北运河、永定河、清河五大水系，自三千年之前的建城之始，就开始设闸疏渠，防洪引水，修建了著名的京杭大运河、环卫城市的护城河，以及湖光潋滟的园林苑囿。但遗憾的是时至今日，这些河流与这座城市却渐行渐远，失去了亲密的关系。那些曾穿城绕墙给北京带来繁华景象的河湖如今已经萎缩得像盆水一般被人们捧于掌心，这点大家可以从什刹海的人声鼎沸中有所体会，而断断续续的护城河则被机动车交通环路所围而不易靠近。我想这其中重要的原因就是近几十年，我们仅把河流湖泊看成水源、交通、防御之用，将古人所做的一切都视为水利工程，而忽视了水和人之间那种天然的精神联系和相互依偎的情感。所以当水的交通、防御之用丧失之时，我们除了水源的保障，就不再关心它们的形态，一条暗沟就成了它们在城市里的归宿。

下面的几组数据可看出旧城水系的变化：

元大都建城时，人工挖掘外护城河宽约 30 ～ 50m，窄处也十几米；皇城周边则由自然水系环绕，东侧有通惠河，西侧有金水河，承天门（天安门）前有金水河。明代将大都城郭调整后，依然保持有各个城郭的护城河，紫禁城护城河宽约 52m，河深 4.1m[①]。

其中，护城河数百年间都是舟楫往来，十分热闹。在瑞典人奥斯伍尔德・喜仁龙的游记《北京的城门与城墙》中，对 20 世纪初的前三门护城河是这样描述的：“运河般宽阔的护城河，是这幅风景画的主体，岸坡下有幼童在芦苇中像青蛙一样玩耍，水面上浮游着群群白鸭，溅着水花，发出嘎嘎的声音回答着主人的呼唤。提着洋铁桶到岸边打水的人往往要蹲上一会儿，静静地欣赏这幅田园般的景致……”

据新中国成立初的测算，北京护城河的总长度约 40km。

1947 年，“北平都市计划纲要”里还提出要保持六海及护城河，加以疏浚，通行游船，从西郊至通县，并在沿岸开辟园林道路。1950 年，也曾对河道进行全面的治理，除了考虑防洪排水功能外，也考虑了城市的美化功能。1953 年水系规划的前三门河道一度达到 100m 宽，区内河道达 107km，但因那时西山水源已经不那么丰富而被否。1958 年版的水系总体规划在苏联专家的协助下依然是突出了护城河的美化与游览功能。之后至 1963 年，北京对河道都持一种积极的治理态度。

出现转折的是在 1965 年。针对当时国际上的反华浪潮，依据《关于北京修建地下铁道问题的报告》，为了适应军事的需要，兼顾城市交通需求，拟利用城墙及护城河，因为这样做，既符合军事需要，又可避免大量拆房；既不妨碍城市正常交通，又方便施工，降低造价。由此，随着一期工程，前三门护城河率先改为了暗沟。[②]

---

① 王同帧 .《老北京城》，北京燕山出版社，1997.

② 参见《北京规划建设》2000 年第 5 期文立道文章“北京护城河规划改造述往”。

其余被改造的还有：1957年，整修通惠河故道，改为暗沟；1971年，在修二期地铁时，西护城河改为暗沟；1976年，积水潭西部的太平湖被填平盖上了地铁厂房；1984年，随着二环路完工，东护城河彻底埋入地下。

即便我们现在还留有一些河段，也紧邻宽阔的马路，人们难以靠近，缺乏与城市的亲近关系。

1.3.3 四合院变成了大杂院

一提起四合院变成大杂院，人们通常会想到这是新中国成立后的事情。其实，早在清末随着王朝的衰落就已经开始出现杂院了。

辛亥革命后，满人失去俸禄，为生活所迫就将房屋出租、典当抵押，甚至出售后自己再去租房。之后的民国时期、日伪时期、解放战争时期，生活更加动荡，人口不断增加，房屋买卖出售的情况更加频繁，导致了更多的杂院出现。

新中国成立后，北京人口急剧增长，伴随着社会主义公有制改造带来了经租房（具体见2.2.2小节），大批私人四合院被强行挤入了多户人家。至“文革”时期进一步对私产挤占，让独门独院的四合院成为稀有之物。直至唐山大地震后留下的大批地震棚让本已拥挤的杂院更加混乱，并直接导致后来胡同、院内的违章建设泛滥，直至今日仍无法收拾。

元大都面积约为50.9km^2，最高峰时人口约95.2万（1351年），人口密度18703.34人/km^2；明旧城面积约62.5 km^2，天启元年（1621年）人口最高，约117万左右，人口密度18720人/km^2；清道光年间（1825年）为人口鼎盛时期，约135万左右，人口密度21600人/km^2；1948年，约190万左右，人口密度30400人/km^2。可以说，元明清期间，城市的发展主要集中在旧城内，所以显示的人口数也基本算旧城人口。同时，在那个年代，旧城的居住用地比例较高，所以人们的居住环境相对宽松。清末民初期间虽然旧城仍然是核心，但已向外略有发展，故190万人口可能会有部分在关厢一带，旧城内人口密度应该在25000～30000人/km^{2}之间。①

新中国成立后，随着北京向外扩展发展，没有专门的旧城数据统计，在2005年《编制北京中心城控制性详细规划》时估算当时旧城户籍人口约167.65万，人口密度为27300/km^2，实际

① 参见天涯网边城玫女文章《北京人口变迁》。

居住人口 138.58 万，人口密度为 22200/km^2，这是自 20 世纪 80 年代以来，中心区人口不断向外疏解之后的结果①。2011 年 9 月 8 日，按人口普查资料，1982~1990 年，北京中心区的人口数量减少了 3.38%，1990~2000 年，又减少了 9.5%。人口密度从 1982 年的 26000 人 /km^2，降到 2000 年的 22888 人，2005 年的 22210 人。但是，我们要注意，在这几十年，旧城内的各项功能集聚，居住用地减少，多高层住宅大量增加，这就意味着，在平房区的人口密度非常大，像大栅栏地区已经达到了约 40000 人 /km^2。

因为成了人口众多的杂院，所以空间形态完全改变。譬如大门、垂花门、檐廊等都改成了房间，院子消失，成了夹道，渐渐地，人们对四合院的认知基本丧失。最为可悲的是，伴随着四合院原有形态的消失，传承上千年的民俗民风也随之消失。原本四合院因其空间宽松，各种节庆礼仪和祭拜活动都会在院中进行。如正月十五的元宵节在院中挂灯赏灯，七月初七牛郎织女相会的日子，女孩子在院中做“乞巧”等，种种活动都因承载空间的变化而被舍弃。

1.3.4 多、高层建筑无序浸入

在 1.2.6 小节，我们看到了明清时期旧城有着平缓开阔的整体空间形态和起伏有致的城市天际线。八国联军的入侵打开了国门，西方思想渐入，至民族资本、现代交通的兴起，在城市规划与建筑设计上都有所体现。出现了东交民巷使馆群、前门火车站、前门劝业场等西洋风格的建筑。但总体而言，这些建筑虽然风格与中国传统建筑迥异，但因其功能需求不太大，故高度、体量等尚不属过于突兀，依旧融在胡同格局里。但这几十年，因功能需求的增加，建筑的体量、高度伴着道路的拓展突飞猛进，并大面积渗透至整个旧城（图 1-13）。

图 1–13 东长安街北侧高近 80m 的东方广场

1）目前旧城最高点均为商务办公楼。西二环金融街标志建筑 110m，而占地 1.17 km^2 的金融街内多为 45 ～ 80m 的建筑；东二环商务区也是 60 ～ 80m 左右；长安街沿线以 45m 为主，最高

① 摘自百度文库：北京人口分布 首都经贸大学黄荣清。

的利山大厦为 100m。

2）其次为商业设施，西单、王府井、宣武门、崇文门均升至 45 ～ 60m。

3）2006 年，旧城内 9m 以下（含 9m）区域占总面积的 31%；12 ～ 18m 的占 19%；24 ～ 36m 的占 7%；45 ～ 100m 的占 8%。另外还有道路、水域、绿化为 35%。[①]

可以说，这些多层、高层建筑主要就是沿着二环快速路、长安街、前三门大街、两广路、东单大街、西单大街等被拓宽的城市主次干道逐渐渗入的，东西两侧基本进到了东单大街、西单大街，还有一些插建在平房区中的楼房。

曾经雄伟的城楼、白塔如今都淹没在一片高楼之中；曾经的视线走廊、街道对景也不复存在；建筑的风格更是五花八门，色彩缤纷。

同时，我们还可以简单算个账：如果旧城的 62.5km^2，除去 35% 的道路、绿地、水面，余 40.62 km^2，如按 9m 以下计算以容积率 0.65 计算，建筑面积约 2640 万 m^2。2006 年时，初步统计旧城内建筑面积为 5190 万 m^2，增加了一倍，2014 年统计时发现又增加了 600 万 m^2 左右。

1.3.5　轴线从封闭走向开放

前文说过北京旧城的中轴线形成于元代，完善于明朝，距今近 750 年。其中最大的改动就是 20 世纪 50 年代，在这条传统轴线的中部开辟了极为开敞的天安门广场，并建成了东西轴线长安街，打破了原轴线的封闭性，消除了城市东西的阻隔。之后又相继在轴线上或两侧拆毁了一些古建筑，新建了一些建筑，并在 1990 年亚运会期间将轴线向北延伸，在 2008 年奥运会期间于北部以一龙形水系和一座人造小山收尾，形成了统领全北京城的整体格局。未来还将向南延展，轴线将得到进一步加强。

其实，对于轴线的这些改动，也是褒贬不一的。2011 年，北京市提出要将传统中轴线申请世界遗产（简称申遗），我们在做中轴线保护规划时，就遇到专家与公众的质疑：都改成这样了，怎么申遗啊！对此，我们也有思考：作为一条活的城市轴线，它一定会为了满足不同时代的需求而发展变化，天安门广场的改造使得它从一个皇城的轴线节点，走向中华人民共和国都城的轴线

---

① 参见 2006 版《北京中心城控制性详细规划》（01 片区分册－旧城）文本及说明，北京市城市规划设计研究院。

节点，从封闭走向了开放，同时，在改造的过程中，依然是秉承了中轴对称的指导思想进行了广场的规划和周边建筑的设计，在这点上还是值得肯定的。但是，广场的尺度实在是过于庞大，与长安街一样，给全国的城市做了一个坏榜样，搞得县城都要 8 车道的路、几十公顷的混凝土广场。

1. 天安门广场的改造①

天安门广场的改造既是一个政治需要，也是实际的交通需要。因为天安门一直是皇帝颁诏的地方，是皇权的象征。而且，原来的皇城是不允许百姓进入的禁地，其南门（现天安门）向外的千步廊（大致位于现国旗至毛主席纪念堂处）也不许百姓踏足，其两侧布置衙署。也就是说整座城市的东西向联系被阻隔，老百姓穿越东西城必须北绕地安门，南绕大明门（后改名大清门、中华门）。

因此，在推翻了清王朝之后就对这一地区进行了初步的改造。

1）1912 年拆除长安左、右门的石门槛，1913 年长安街通行，初步改善了东西往来的条件；1914 年又拆除了千步廊，彻底开放了广场；1924 年开始通行有轨电车；1940 年打开内城墙东西两侧的建国门与复兴门，形成了现代长安街的雏形。

2）1958 年之前对天安门广场的改动一直没有停止，包括 1949 年建设观礼台，对金水河南岸的石狮、华表等进行移位，以及 1952 年拆除长安左门和右门等。为了给建国十周年献礼，1958 年始开始对广场进行进一步的规划改造。1958 年 5 月，人民英雄纪念碑落成；1959 年十一前，人民大会堂、国家博物馆落成，当时改建后的广场约 292700m^2；1977 年 8 月，毛主席纪念堂落成；后来又在 1983 年、1999 年分别进行了铺装、绿地等改造。至今，天安门广场南北长约 880m，东西宽 500m，总占地约 440000m^2，成为世界上最大的广场。

天安门广场的改造将城市原来以故宫为核心的格局改变为现在以天安门广场为核心，将原有封闭的形态转成开放。其象征意义在于，一个以王权为核心的城市转变为以大众为核心。

2. 故宫及皇家祭祀场所、皇家公园等先后开放为博物馆与公园

清王朝被推翻后，原来由皇家、官吏独享的场所逐渐辟为博物馆、公园，对公众开放。如：1914 年太庙改为和丰公园（后为

---

① 参见北京旅游网“天安门前千步廊”。

故宫博物院分院、现为劳动人民文化宫），社稷坛改为中央公园（1928 年更名为中山公园）；1915 年天坛对外开放，1918 年正式辟为天坛公园；1915 年地坛改为京兆公园（后改为市民公园，现为地坛公园）；1916 年先农坛被辟为城南公园，1936 年在原址东南角建起北平公共体育场；1925 年 8 月，北海公园对外开放；同年 10 月，故宫博物院成立，对外开放；1928 年景山公园开放。

3. 轴线上其余（曾经）被拆除和新增的建筑[①]

在某些场所进行合理改造和对公众开放的同时，我们也不应否认，有很多占用是不合理的，是基于被破坏后的无奈。不单使建筑、格局受到影响，也让中轴线蕴含的文化内涵受到损毁。

1）轴线南端点永定门：始建于明代嘉靖年间，1564 年，为加强防卫又兴建了瓮城。1950 年，为打通环城铁路，拆除了瓮城，1957 年，为扩充通向永定门外的交通大道，将城楼与箭楼一并拆除。2004 年，因筹办 2008 年北京奥运会，又在原址对城楼进行了复建，并于南北各形成了绿地广场。但由于周边环境大变，总是有些似是而非的感觉，故常有人问我：永定门城楼是不是被等比例缩小了？

2）先农坛：1926 年，段祺瑞执政府开始拆除先农坛外坛墙，并对外坛墙内的土地进行拍卖；到 1929 年，外坛墙全部拆毁；现建有北京古代建筑博物馆；1949 年，华北育才小学迁入北京，进驻先农坛，太岁殿被占用；具服殿被中国医学科学院药物研究所占用。直至 2000 年，这些殿才收归文物部门。但外坛墙的损毁，体育场的存在也是一个隐痛。2013 年 9 月，北京市文物建筑保护设计所开始编制《先农坛文物保护规划》。

3）天坛：1900 年，八国联军在斋宫内设立司令部，在圜丘上架炮，掠夺了一些文物；新中国成立后，在外坛墙内建起了天坛医院、口腔医院、宿舍楼、办公楼、部队电台等，总计 30 多个单位，对天坛的完整、城市景观都有影响。如今天坛医院外迁至丰台花乡已成定局，其余单位的外迁也提上日程，依据《天坛公园文物保护规划（2011—2025 年）》，迁走后的区域大部分会恢复成绿地，并建有祭天陈列馆、牺牲所遗址展示区、城市紧急避难场所、服务区、游客中心、广场、停车场等。

4）天桥：明代永乐年间（1420 年）在轴线上建立的一座非常高的汉白玉单孔拱桥（也有记载元时即有）。清代光绪年间（1906

---

① 参见李建平.《魅力北京中轴线》，文化艺术出版社，2008-06。

年）为适应马车和汽车的需要改为矮桥。1929 年为了通行有轨电车，改为平桥。1934 年为展宽永定门至正阳门的道路将其拆除。天桥两侧曾立着两块碑，一块是“正阳桥疏渠记碑”，1984 年被列为市级文物，现存身于大杂院内；另一块是“乾隆御制碑”，有乾隆的手书《皇都篇》、《帝都篇》，2004 年经雷达探测寻得，罩上玻璃罩子后立于首都博物馆的广场作为其镇馆之宝。2013 年 12 月，在原天桥位置偏南 40m 复建了一座桥，遗址原位以“印记”方式标示。桥的复建依据是两张模糊的照片和一些文字记载。两块老碑并未迁至此处，取代的是两块仿制的石碑。

5）正阳门牌楼：建于明代正统年间，是当时北京城最大的一座，为五间、六柱、五楼的建筑样式。因是木质结构，遭遇过几次火灾，有损毁。后前门大街通行有轨电车，对其也产生威胁，故 1935 年，北平市推行“故都文物整理实施计划”，将牌楼整体拆除后于原址重建，牌楼屋顶以下的结构全部改为钢筋混凝土。1955 年牌楼还是因为影响交通被拆除了。1996 年，在原牌楼位置以南，新建了一座跨街的“五牌楼”。但为了不影响交通，牌楼中间的四根柱子没落地，做了悬空的“垂柱”处理。琉璃瓦顶由绿瓦改为黄瓦，正中的额题也由“正阳桥”改为“前门大街”。2006 年，随着前门大街被改为步行街，又对牌楼按民国样式在原址进行了重建。

6）北上门：位于故宫北门神武门与现景山南门之间，轴线上最古老的建筑，1956 年为展宽景山前街而拆除。

7）地安门：皇城的北门，1955 年为改善交通被拆除，近几年一直有复建的呼吁，但其原址已经是交通繁忙的十字路口，并未获得各方认可，但是在其南部两侧的雁翅楼于 2013 年 7 月复建开工。

总体来看，中轴线的变化体现了社会发展的需求，融入了更多的城市功能。大部分地区还是保持了风貌、职能的延续，承担着统领城市格局的作用（图 1-14）。

图 1–14　近现代对中轴线的改造（打通道路，加强中轴线东西两侧的沟通；故宫、景山、北海、天坛等对公众开放；建成世界上最大的城市中心广场天安门广场；永定门拆而复建对中轴线尽端景观再塑造；前门地区、什刹海、南锣鼓巷等地区产业升级。）

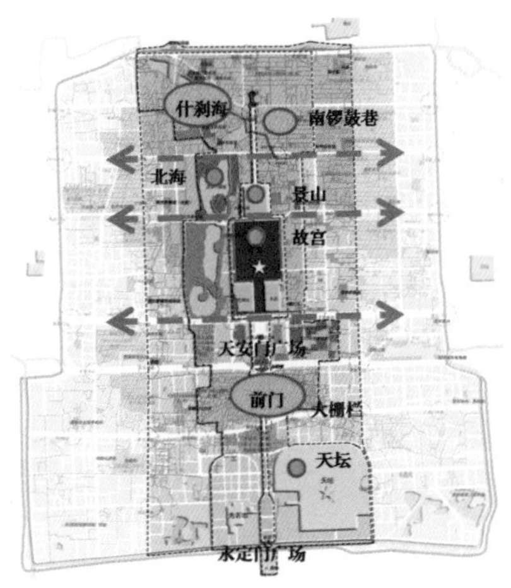

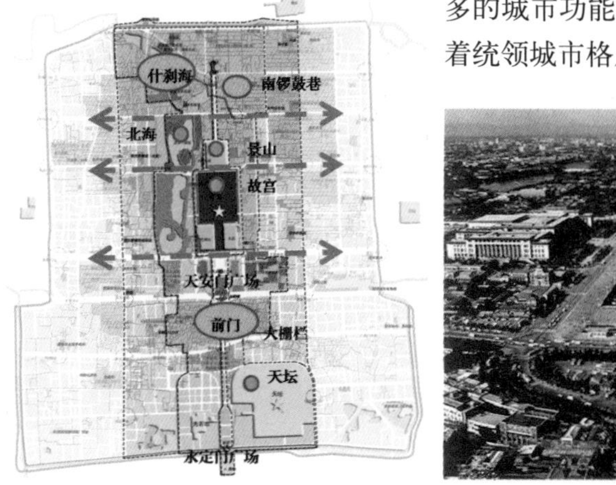

第2章

旧城风貌演变的若干阶段与内在动因

第 2 章 旧城风貌演变的若干阶段与内在动因①

1945 年 9 月，抗日战争取得胜利之后，1946 年编制的《北平都市计划大纲》，把城市性质定为“将来中国之首都，独有之观光城市”。但自 1949 年至今，“保护旧城”与“拆旧建新”两种观点一直争论不休。保护与发展两者如何协调成了难题。我们一直将“现代化与传统风貌交相辉映”作为追求的目标，不断思考、探索，从理论到实践都在不断演变。但几十年下来，深感困难重重，简而言之就是——“保”与“拆”的反复交锋。

可以说，旧城的每一个变化都是政治、经济、社会发展的反映，因素极其复杂，难以单一论述。王军先生的《城记》是对北京旧城演变因素进行深入研究的著作，引发了社会广泛的关注，并掀起了讨论反思的热潮。本书将从另一个角度进行一些补充：依据政治格局、经济发展、社会认识的发展变化以及重大事件的出现，将这几十年大体分为 5 个阶段进行剖析，从政策导向、规划编制、实践措施的变化，感受利益之争、理念变化、制度建设等多方面的内在动因。

2.1 1949年至1958年——整体保护旧城的机会丧失②

2.1.1 “梁陈方案”的败退

时至今日，对旧城整体保护也不是人人都理解赞同。我经常听到有人质疑：我们把文物保护好了不就行了吗？那些破房子有什么可保的呢？回答这个问题可用梁思成先生的话来说：“北京古城的价值不仅在于个别建筑类型和个别艺术杰作，最重要的还在于各个建筑物的全部配合，它们与北京的全盘计划、整个布局的关系，在于这些建筑的位置和街道系统的相辅相成，在于全部部署的庄严秩序，在于形成了宏壮而又美丽的整体环境。”

1948 年，中国人民解放军南下解放全中国前夕，请清华大

① 本章资料部分来自北京市城市规划设计研究院的研究课题：“北京旧城历史文化保护区保护与改造实施对策”

② 参见《梁陈方案与北京》梁思成 / 陈占祥著，王瑞智编，辽宁教育出版社，2005.

学梁思成先生主编了《全国重要性文物简目》，并附“古建筑保护须知”，其中第一条就是“北平城全部”。1949年1月16日，解放北京时，中央给前线司令部发出指示：“此次攻城必须做出精密计划，力求避免破坏故宫、大学及其他著名而有重大价值的文化古迹”。

新中国成立后，以梁思成和陈占祥为代表的一部分学者建议完整保护旧城。为此他们于1950年2月提出了很著名的新旧分离方案,即在西郊三里河一带建设新的行政中心区。但也有人（包括援助的苏联专家团）认为应以旧城为中心发展建设，充分利用其现有的设施进行改造，可节约资金并快速满足各方的需求。

尽管梁思成先生通过初步的计算指出，以旧城为中心建设并不比在外建新城便宜，可能耗费资金更大，同时会带来后患无穷。如：“无数政府行政大厦列成蛇形蜿蜒长线，或夹道而立，或绕极大广场之外周，使各单位沿着同一干道长线排列，不但流量很不合理的增加，停车的不便也会很严重。”“再加上无数自行车穿杂其间，其紊乱将不堪设想。”“且工作者为要接近工作，大部会在附近住区拥挤着而直接加增人口密度。”即便是住在城外，也会“需时约四十至四十五分钟，在严冬酷暑，都是极其辛劳之事。”“这首次决定将为扰乱北京市体形秩序的祸根。”“在一个现代化城市中，纠正建筑上的错误与区域分配上的错误，都是耗费而极端困难的。”

现在看来字字珠玑，但那时这种思想被看成了是“与苏联专家分庭抗礼”，“小资产阶级的不合实际的幻想”，最终上升到阶级感情问题，要“抛弃旧城”，“否定天安门作为全国向往的政治中心”（图2-1）。

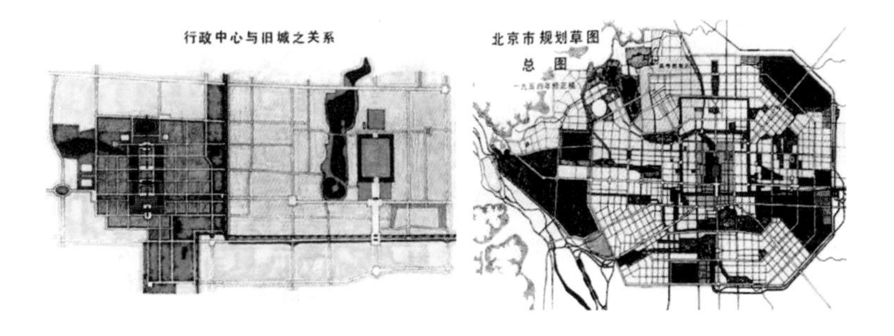

图2–1　梁陈方案示意图与后期采用的总体规划图

2.1.2 《规划草案》定命运

1953年《改建与扩建北京市规划草案》确定“首都性质不仅是政治、文化中心，同时还必须是大工业城。”同时明确了“必须以全市的中心地区作为中央首脑机关的所在地”，“在改建和扩建首都时，应当从历史形成的城市基础出发，既要保留和发展合乎人民需要的风格和优点，又要打破旧的格局所给予我们的限制和束缚，改造和拆除那些妨碍城市发展和不适于人民需要的部分。”由此，一些传统建筑或设施被拆除、改造或占用。

但这个阶段更多的是挖掘旧城的空地资源。对文物的保护还算重视，出台了若干文件、条例。

新中国成立后，很快就颁布了《文物保护管理暂行条例》，对文物保护提出了四个基本要求：保护范围；标志说明；专门管理；科学档案。这也是文物保护的第一个专项法规。同时，针对战争造成的文物损坏及流失，设置了中央和地方的管理机构、考古研究所等，初步形成了文化遗产保护体系。

1950 年政务院颁布了《古文化遗址及古墓葬调查挖掘之暂行办法》，1953 年政务院颁布了《关于在基本建设工程中保护历史及革命文物的指示》，1956 年国务院又颁布了《关于在农业生产建设中保护文物的通知》，北京市正是遵照这些指示、通知等，针对建设与保护之间的矛盾提出了具体的措施，保护了大批优秀的文物，为后来的文化遗产保护政策制定带了好头。1957 年各省级政府（亦包括北京市）在其原则指导下，开始了第一次全国文物大普查，北京市人民政府公布第一批市级文物保护单位（36 项）。[①]

2.2 1958年至1978年——“文化大革命”形成众多后患[②]

2.2.1 双文明受冲击

这期间经历了“大跃进”和“文化大革命”，保护工作受到了很大的冲击。1958 年完成的《北京城市总体规划》将北京的城市性质定义为：“北京是我国的政治中心和文化教育中心，还要把它迅速地建设成一个现代化的工业基地和科学技术中心”。方案提出，要对北京旧城进行“根本性的改造”，“坚决打破旧城市对我们的限制和束缚”。同时，又掀起了“大炼钢铁运动”，为解燃料不足问题，人们拆除庙宇、砸毁塑像，就此许多遗产遭到损毁。

尽管如此，北京的古迹保护工作并未完全中断，1958 年北京

① 顾军、苑利．文化遗产报告世界文化遗产保护运动的理论与实践 [M]. 北京：社会科学文献出版社，2005。

② 顾军、苑利．文化遗产报告世界文化遗产保护运动的理论与实践 [M]. 北京：社会科学文献出版社，2005。

市进行第一次文物建筑普查，1961年国务院颁布了《文物保护暂行管理条例》，发出了《关于进一步加强文物工作的指示》。

1966年，“文革”开始，“破四旧”又使许多历史建筑、珍贵古迹遭受灭顶之灾。为此，1967年，中共中央、国务院、中央军委联合发出《关于保护国家财产，节约闹革命的通知》，对文物保护起到一定的作用。20世纪70年代“文革”后期，文保工作开始逐渐恢复。1973年，国家文物事业管理局发出《关于进一步加强考古发掘工作的管理的通知》，1974年国务院颁布《关于加强文物保护工作的通知》。

但总体而言，至打倒“四人帮”之前，北京与全国一样，文物保护工作的状态是很不好的。而比物质文明消失更为可怕的是民族文化传统遭到了毁灭性打击。

2.2.2　经租房埋后患

此外，在这个阶段还给后来的旧城保护带来了一个巨大的后患，即经租房问题。在这里有必要叙述其产生的背景和现况。[①]

20世纪50年代初，私营企业大部分完成了国有化，经济建设的需要导致大量人口涌进北京带来住房紧张的局面。1955年，中央出台《关于目前城市私有房产基本情况及进行社会主义改造的意见》，认为少量的私有房产主占据了大量的房产，而劳动人民居住拥挤，其现象极不合理，且房屋出租不规范，纠纷多，故需进行管理。原则是参照对私营企业改造的方式，采取国家经租、公私合营等形式。即确定一个改造起点，对于超出的部分，交由国家统一管理经营并修缮维护，租金由国家定价，提供给住房困难者。改造的起点大城市一般为150m^2（约10间），中等城市100m^2（约6间），小城市（镇）一般50～100m^2（约3～6间），国家付给房主租金的20%～40%。

1958年6月，依据中央精神，北京市私房改造领导小组开始在北京进行改造，之后推广至全国（北京的起征点是出租房屋超过15间或225m^2）。有资料显示，最初，北京有经租房23万余间，共380万m^2，涉及私房主6000户。其中有部分房主连15间以内的房屋也被强行经租，全家人只能挤住几间房。可以看出，经租房的对象就是那些较为富裕的人家。

1966年“文化大革命”开始后，为了打倒剥削阶级，连房租

---

① 参考资料：新浪二手房网/北京经租房调查：被非产权人出售的私房。法制早报，2006-10-23。

都不再给房主了，并且强迫房主上缴房契，否则会遭到红卫兵的惩罚。因为恐惧，出现了私房主排队上缴房契的景象，而部分房主的自住房也被经租或接管，自己则被赶离了家园。这类房屋叫“文革产”。另外，一些原来没有被经租的小房主也被要求将出租房屋交予国家统一管理出租，这叫“标准租户”。

1976 年，唐山大地震，政府发材料让大家建地震棚，而地震后，四合院内的地震棚大多没有拆除，使得本来就拥挤的院落真正成了大杂院，而正是这些大杂院留下的难题至今难以解决。

2.3　1978年至1990年——住房需求引发了就地改造

2.3.1　保护意识渐复苏

1978 年十一届三中全会之后，保护工作逐渐复苏。1982 年，国务院又公布了第二批全国重点文物保护单位 62 处，其中北京 6 项。批准公布了第一批历史文化名城 24 座（北京名列第一）。

在 1980 年之前，北京市基本参照国家的各项法规及通知、指示进行保护工作，自 1980 年起，在国家政策指导下逐步结合自身特点制定了北京市的规章条例。

1981 年，北京市设立文物古迹保护管理委员会，公布《北京市文物保护管理办法》；1987 年公布《北京市文物保护管理条例》，至今北京市关于文物保护的下发文件已有几十份。

1983 年《北京城市总体规划》确定北京的性质为：“全国的政治中心和文化中心”。不再提“经济中心”和“现代化工业基地”。同时明确提出了要保护古建筑本身和其周围环境，且要从整体上保护和发展北京特色。

在这个阶段发现，经过前 30 年的建设，旧城内的空地已经挖掘完毕，而此时的经济技术条件已经有所进步，人们开始大量地向旧房动手要地，于是 1985 年，首都规划建设委员会颁布了《关于北京市建筑高度控制方案的决定》，把允许建高层的地区缩小到二环路、长安街和外城破旧房集中地区。1986 年，市政府公布《关于限制在城区内分散插建楼房的几项规定》。

尽管与 20 世纪 50 年代总体规划相比，人们对保护的认识有了一定的进步。但依旧可以看出，我们对历史文化名城保护的概念还是处在模糊阶段，因为既然是名城保护，何来允许拆平房建高楼之举呢？

为此，1990 年，有专家疾呼要进行成片的保护，北京市正式提出了 25 片保护区的名单（旧城内 24 片）。但仅仅是名单而已，从范围确定，再到保护规划又经过了 10 年艰辛路。

2.3.2　住房需求促改造

让我们再简单回顾一下因满足住房需求带来的旧城建设的变化：新中国成立初期时，政府对龙须沟等这样极其危险破旧的地区进行小范围的改造；20 世纪 60 年代初北京人口急剧增长，住房需求不断加大，为此政府建设了一批低标准简易楼，或拆除一些平房建设了多层住宅；通过政策将大量新增人口挤入了私人四合院，并允许在四合院搭建简易房屋，约 200 万 m^2，形成了大杂院（一个普通的 $300m^2$ 左右的小院，往往居住了 10 多户以上的居民）；20 世纪 70 年代，除了地震棚的出现，政府又允许单位在用地范围内自建住宅，进一步增加了旧城内的住宅量。这些措施缓解了百姓缺房的燃眉之急，但也造成老城内人口与建筑量剧增，激化了与基础设施不足的矛盾，旧城风貌也受到很大程度的损害。

在整个“文革”期间，因房屋政策和经济条件等原因，旧城内大批房屋日久失修而老化、渗漏，危房数量成倍增长，如 1974 年的一场大雨倒塌房屋 4000 多间，居住水平逐年下降，百姓要求提高居住生活水平的呼声日益高涨，旧城危改似乎势在必行，但我们想到的方法是旧城内就地改造。

20 世纪 70 年代后期，北京市政府出资对前三门、官园等地区进行了较大规模的改造，将住房无偿分配给当地居民，但由于全部为就地回迁，因此仍以高楼大厦为主，对风貌的兼顾较少。20 世纪 80 年代后期为减轻政府财政压力，采取了以政府、单位、个人共同承担成本，开发公司操办并售余房获利的方式，将东城菊儿胡同、西城小后仓、宣武东南园作为试点进行了改造，强调社会效益和福利性，保证较高的回迁率，疏解部分人口，并且在规划设计上开始注重与传统风貌的协调。尽管结果有争议，但毕竟踏出了探索之路。如由清华大学吴良镛教授按“类四合院”理论形式进行设计的菊儿胡同，居民回迁 30%，居住面积从人均 $7.8m^2$ 到户均 $60m^2$。1990 年完成一期 $2100m^2$，1992 年获得了国际人居环境奖。但菊儿胡同的方式严格来说还是拆除重建，其只是努力寻找了一种与旧城风貌更为融合的设计，它与历史文化街区原貌保护的理念显然是有冲突的，故仅止于试点，并未广泛推行（图 2-2）。

图 2–2　菊儿胡同改造前与改造后

2.4 1990年至2003年——发展需求带来又一轮冲击

2.4.1 名城保护体系崭露头角

1991 年《北京城市总体规划》定义北京城市性质为："北京是伟大社会主义中国的首都，是全国的政治中心和文化中心，是世界著名的古都和现代国际城市。"总结了 40 多年来城市建设的经验与教训，第一次比较系统地提出了历史文化名城保护体系，其内容包括：对文物保护单位的保护；对历史文化保护区的保护；从城市格局、城市设计和宏观环境上实施对历史文化名城的整体保护等三部分。

1）文物——以保护文物及其环境为重点，划定保护范围和建设控制地带，"达到保持和发展古城的格局和风貌特色，继承和发扬优秀历史文化传统的目的。"

2）历史文化保护区——确定了旧城内 25 片保护区名单，要求"对第一批历史文化保护区，逐个划定范围，具体确定其保护和整治目标。""对于历史文化保护区以外的分散的好四合院，在进行城市改建时也要尽量保留，合理利用。"

3）旧城整体——提出了"要从整体上考虑历史文化名城的保护，尤其要从城市格局和宏观环境上保护历史文化名城。"内容包括 10 项内容（在第 1 章进行了拓展描述）："保护和发展传统城市中轴线；注意保持明、清北京城'凸'字形城郭平面；保护与北京城市沿革密切相关的河湖水系，如长河、护城河、六海等；要基本保持原有的棋盘式道路网骨架和街巷、胡同格局；注意吸取传统民居和城市色彩的特点；以故宫、皇城为中心，分层次控制建筑高度①；保护城市重要景观线；保护街道对景；增辟城市广场②；保护古树名木，增加绿地。这是对旧城整体保护的一次系统性思考。"

---

① 旧城要保持平缓开阔的空间格局，由内向外逐步提高建筑层数，建筑高度除规定的皇城以内传统风貌保护区外，分别控制在 9m、12m 和 18m 以下。长安街、前三门大街两侧和二环路内侧以及部分干道的沿街地段，允许建部分高层建筑，建设高度一般控制在 30m 以下，个别地区控制在 45m 以下。旧城以外，一般不超过 60m。

② 除天安门广场是城市中心广场外，旧城各城门口附近，城市内环路上的各干道交叉口附近，以及重要公共建筑地段，要增辟城市广场，搞好景观设计，增添小品设施，处理好建筑形体与广场、绿化的关系以及广场的交通问题。

但此次规划主要是从原则性和技术性的角度对保护的内容进行了阐述，没有提出实施保护的具体措施和保证保护措施实施的法规、规范。

同时规划还提出了："市区建设要从外延扩展向调整改造转移，从以新区开发为主转向旧区调整改造与新区开发并重。坚持'分散集团式'布局，加快旧城区的改造步伐，调整土地使用，改建危旧房屋，加强政治、文化中心功能，大力发展第三产业，完善各项城市基础设施和公共服务设施，保护历史传统风貌，改善城市环境。新区开发的重点将从中心地区转移到各边缘集团。"

尽管这次规划在旧城保护上有了质的飞跃，但不可否认的是，我们依旧看到了"加快旧城区的改造步伐"这样的字眼。

1990年提出了25片历史文化保护区的名单，1991年确定了名单，直到1999年才制定了北京旧城25片保护区保护和控制范围，2000年编制了《北京旧城25片历史文化保护区保护规划》，自此保护区的保护工作有了法定依据。

为了进一步落实深化1991年的《北京城市总体规划》，2002年编制了《北京历史文化名城保护规划》。其指导思想是坚持北京的政治中心、文化中心和世界著名古都的性质；正确处理历史文化名城保护与城市现代化建设的关系；重点搞好旧城保护，最大限度地保护北京历史文化名城；贯彻"以人为本"的思想，使历史文化名城在保护中得以持续发展。提出保护的主要思路：三个层次（文物保护、历史文化保护区保护、历史文化名城保护）；和一个重点（旧城区整体保护）；文化融合（继承北京的历史文化传统和商业特色，并使之适应现代化发展的需要）。使北京历史文化名城的保护工作达到了一个新的高度。这是北京在迈向新世纪，建设国际化大都市过程中的必然选择。2002年还编制了《北京皇城保护规划》（涵盖了14个保护区），深化并丰富了历史文化名城保护的内涵。

此间，市政府比以往投入了更多的资金进行保护工作。如，20世纪90年代以来，政府出资对天坛公园、颐和园、故宫等一批文物保护单位的环境进行整治；从1998年起投资10亿元治理市区水系，完成了众多河段（市内、郊区）的综合治理工程，恢复了一些码头等文物古迹，恢复了部分水道；2000～2003年又拨专款3.3亿元抢修文物建筑，实施近百项市级以上文物的抢险修缮工程，如旧城内的历代帝王庙、后门桥、钟鼓楼、先农坛、东堂、古观象台，以及外部的莲花池、万寿寺、五塔寺、法海寺等。通过"3.3亿"工程，基本缓解了地面文物几十年存在的年久失修、隐患严重的问题。同时调动了各方面保护文物的积极性，带动了各区县的财政投入力度。据统计，两年多投入资金数十亿，搬迁居民近 6000 户，腾退 10 多万平方的文物。同时在进行抢修、腾退的过程中，与危旧房改造、环境治理紧密结合，由此恢复了部分历史景观，如旧城内建设了东黄城根遗址公园，外部建设了莲花池遗址公园、圆明园遗址公园等。景观改善的同时还增加了公共活动场所，取得了很好的社会效益（图 2-3）。

图 2–3（a） 明城墙遗址整治前后

图 2–3（b） 筒子河整治前后

2.4.2 经济狂潮带来剧烈冲击

尽管在这十几年里人们的保护意识有了显著的提高，保护规划的思想体系也在逐步建立，政府的资金投入也空前巨大。但我们也必须承认，由于社会发展过程中一些不可避免的因素，使得人们的认识水平尚有局限性，保护规划体系也不是非常成熟，因此在具体的实践过程中走了很多弯路，一些工作方式带来的实际结果与预期目标有很大差距，给名城保护工作留下较大的遗憾。主要影响来自以下两个方面：

1. 对经济利益的追求让房地产热潮在旧城蔓延

危房改造试点的成功增强了市政府的信心，1990 年，北京市政府作出《加快北京市危旧房改造的决定》。之后，危房改造速度逐渐加快，并由零星改造发展为成片改造。随着计划经济向市场经济转轨，以及 1993 年实行国有土地有偿使用之后，激发了全国房地产热潮，北京市公布的级差地租让人们看到了危改项目的巨大利润。如 1993 年，西城德宝危改小区被批准开发一定量的公共商业用房，并允许预售，开工仅一年便收回预算总投资的 85%。由此，大量的开发商纷至沓来。1994 年，北京市政府又下发《关于进一步加快城市危旧房改造若干问题的通知》，将危改项目审批权下放到区政府，同时提出要在 20 世纪末解决危旧房问题。进而，旧城改造规模急剧扩大，开发主体由政府转向市、区属及私企开发公司，危旧房改造资金靠地租级差收益和商品房出售进行平衡，对高额利润的追求，以及将 GDP 作为地方政府官员的政绩考核方式，使得危改的内容与性质发生变化，由危房改造演变为城区开发，并由旧城外围逐渐侵入核心区域。“保护”与“发展”的矛盾在这个时期凸显。

1998 年，住宅作为商品进入市场，以房改促危改的形式出现（货币补偿出现）。2000 年上半年，市政府下发 19 号文《关于加快城市危旧房改造实施办法》，以就地安置、异地安置与货币补偿相结合，实施“三区五片”的试点，包括金鱼池、天桥、牛街二期。为解决拆迁带来的问题，同年下半年又出台 87 号文，对拆迁与货币补偿规定了更为详细的办法。在这几年间，鉴于社会各界有关“危改项目不能破坏旧城传统风貌”的呼声日益高涨，危改的进程有所减缓。2002 年市规划委公布了《关于加强危改中的“四合院”保护工作的若干意见》，明确了危改中“四合院”的保护标准、方法等。但由于危改进程强大的惯性，以及一些项目的延续性，其模式并未得到根本改变，高容积率、高层、高密度（建筑密度与人口密度）依然存在（图 2-4）。

图 2–4　原宣武区牛街的消失

以下几组数据可以让我们对危改给旧城带来的变化有个基本认识：[①]

1）1949 年：北京旧城范围内有房屋约 1764 万 m^2，其中住宅 1160 万 m^2，94% 是平房，危旧房占房屋总量的 60% 以上（其中危险房约为 60 万～ 70 万 m^2，占 5%）。

2）1949 ～ 1979 年：北京旧城区共拆除旧平房约 300 万 m^2，

① 数据引自北京城市规划设计研究院《北京旧城历史文化保护区保护与改造实施对策研究》。

平均每年拆除约 10 万 m^2；20 世纪 50 ～ 60 年代大量简易楼；20 世纪 70 年代单位自建房（1986 年被禁）。

3）1980 ～ 1999 年：共拆除 900 万 m^2，平均每年拆除约 50 万 m^2；从政府主推，过渡到开发商进入（1990 年成立危改办）。

4）2001 ～ 2003 年：城四区拆除危旧房达 445.94 万 m^2，平均每年拆除约 150 万 m^2。

总体而言，相当于在近二十几年的时间里，我们拆了大半个北京城。

2. 基础设施的快速建设对旧城肌理格局产生冲击

良好的基础设施是城市迅速、健康发展的必要条件，因此在

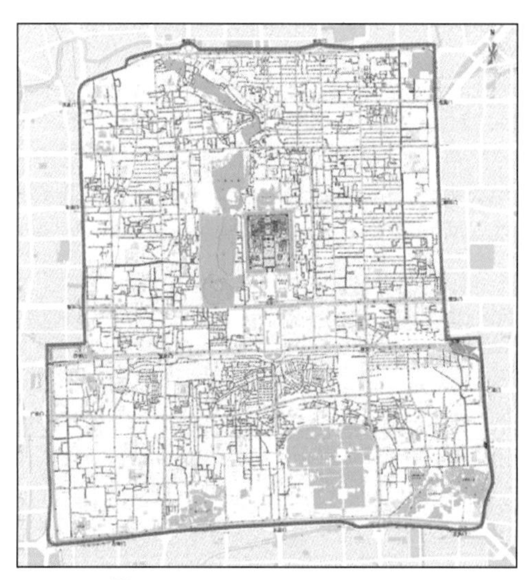

旧城内外统一形式的路网结构打破了原有的胡同肌理

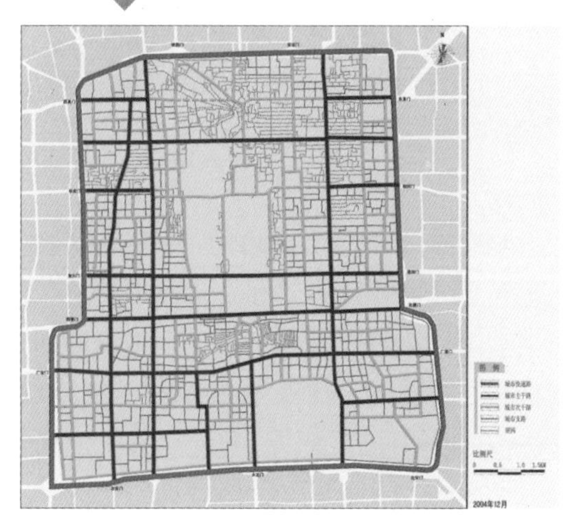

图 2–5　六横三竖九条主干道（此种规划对旧城的肌理格局产生较大影响。）

旧城改造的过程中，市政府投入了大量的资金进行基础设施的建设，如平安大街、两广路等的改造，并且这些建设常与危改或房地产开发结合，如两广路的建设就带动了沿线13片危改区的启动，像新世界广场、崇光百货等大体量的商业项目也随着道路的拓宽改造拔地而起。

尽管道路的拓宽和疏通极大地改善了旧城的交通条件，但最初在设计理念上过分注重满足日益增长的机动车交通需求，强调贯通、宽阔，对其可能对老城肌理产生的影响估计不足。旧城内外的路网结构、道路断面是完全一样的，基本没有结合旧城特有的空间尺度、建筑形态等风貌特征进行规划设计。至今，旧城道路网规划都延续的是20世纪50年代的思路，分为主、次、支三级：主干道宽40～70m，间距800～1000m，3上3下；次干道30～40m，间距400～500m，2上2下；支路15～25m，间距200～300m，1上1下。并且这样的路网要与旧城外相连组成系统。

基于这样理念，除了皇城因有紫禁城与中南海而幸免外，旧城其余地区均被规划的六横三竖九条主干道划分。新修的街道很强势地穿越各种新老街区，阻隔切断了原有的城市肌理（图2-5）。

2.5　2003年至2009年——奥运会申办助力整体保护

北京奥运从申办到承办，有过许多口号，如“新北京、新奥运”、“绿色奥运、科技奥运、人文奥运”等，但我记得有个口号是“世界给我16天，我还世界五千年”，听上去像个文明悠久的国度喊出来的。不过，申办成功那会儿，北京正处于高速发展的势头，保护状况也正是不佳的时候，满街“拆”字的画面既冲击着国民的神经，也饱受国际社会的质疑，甚至需要北京市政府及奥组委组队专程去国际奥委会进行解释，“以正视听”。但正是这样的压力让北京市政府和市民有了警醒：这些年来，我们一直在各取所需地攫取——政府致力于推进城市建设现代化，开发商狂热地追求经济利润最大化，居民则一心想着居住条件舒适化。但除此之外，我们将自身悠久的历史和丰富的文化置于何种地位呢？拿什么向世界展示我们五千年的文明呢？有反思，就有行动，自此，北京名城保护工作进入了一个新的阶段，而旧城作为核心更加受到重视。

2.5.1 认识水平显著提升，规划体系更趋完善

1. 旧城整体保护的理念在总规中得到明确

2003 年《北京空间战略研究》首次明确提出旧城整体保护。市政府印发了《北京旧城历史文化保护区房屋保护和修缮工作的若干规定（试行）的通知》，明确要求遵循保护规划，凡与保护规划不符的，均以保护规划为准。该文件下达后，遏制了在保护区内拆平房建楼房的危改方式。

2004 年市政府发出《关于加强北京旧城保护与改善居民住房工作有关问题的通知》，第一次将旧城危改与风貌保护之间的矛盾进行了总结，提出要“科学规划、严格执法、求实创新、稳步推进、规范程序”，确保旧城保护与改善居民生活工作落到实处。对旧城内所有 137 项危改项目（20.64km^2，占旧城面积 33%）进行了全面梳理，将其分为 5 类，提出不同的实施原则。如，没有审批又不符合保护规划原则的撤项，或按保护原则重新报批；个别已经有行政行为具有法律效力的项目需促进方案的调整，尽量与原有的城市风貌协调（图 2-6）。

同年，“北京市危旧房改造办公室”更名为“北京市危旧房改造与古都风貌办公室”，又成立了由十名涉及文物保护、民俗学、规划等学科的专家组成的“古都风貌保护与危房改造专家顾问组”（2007 年专家组成员增至 14 位，2010 年增至 17 位），凡与文物保护及古都风貌保护相关的建设项目，在立项前必须召开专家论证会，经评议通过审查后方能继续进行。

2004 年规划委还组织编制了《北京市第二批历史文化保护区保护规划》、《北京旧城历史文化保护区市政基础设施规划研究》，北京市政府研究室提出了《北京旧城历史文化保护区房屋修缮和改造研究》。其中，保护区市政基础设施研究特别针对旧城街巷狭窄的特点确立市政管线的铺设方式及设施的布局等，很有指导意义。但比较遗憾的是第二批保护区保护规划一直没有得到市政府的批复，影响了街区的保护与发展。

2005 年 1 月国务院批复了《北京城市总体规划》（2004 ～ 2020 年），确定北京城市性质为：“中华人民共和国的首都，全国的政治中心、文化中心，世界著名古都和现代化国际城市”。总结了历史文化名城保护工作的成绩，分析了保护工作存在的问题及成因，重点针对旧城提出：旧城保护有待于进一步探索理论和明确认识；旧城人口、功能过于聚集，客观上给保护造成困难；大拆大建的方式对古都风貌造成了破坏；旧城部分地区出现衰败

1949～2003年旧城已经和即将参与危改的项目总范围约为32.1km²，占旧城总用地的51%。

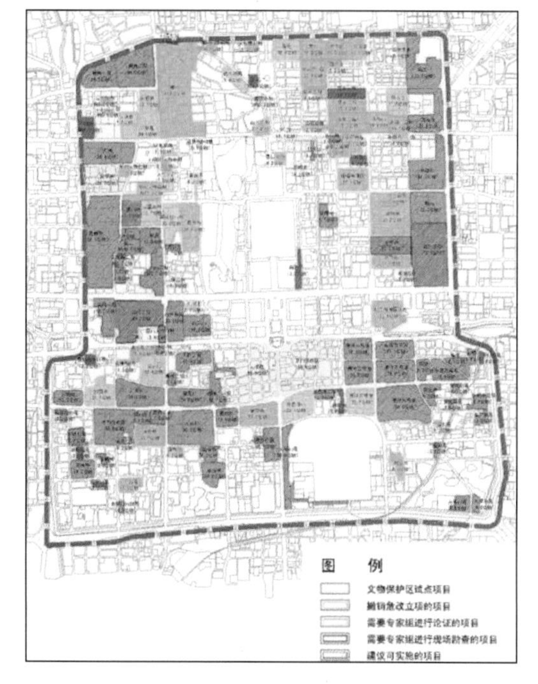

对2003年市政府确定的旧城危改项目137片进行了梳理。20.64km²，占旧城33%。
在137片中，试点项目6个，撤销立项的35片，需专家论证或实地勘察后的项目30个，建议可直接实施的项目66个。

图2-6 旧城危改
（旧城内一刀切的危改进度随着保护理念的提升而放缓了速度。）

趋势；旧城市政交通基础设施条件亟待改善；旧城保护缺乏适宜的产业支撑。同时还提出历史文化名城保护资金缺乏的问题。确定了5个原则：坚持贯彻和落实科学发展观，正确处理保护与发展的关系；坚持（旧城）整体保护；坚持以人为本，积极探索小规模渐进式有机更新的方法；坚持积极保护；坚持保护工作机制不断完善与创新。针对旧城整体保护不但明确了旧城整体格局的保护（10个特征），还提出了其复兴的5个关键点：统筹考虑旧城保护、中心城调整优化和新城发展；积极疏散旧城的居住人口；

积极探索适合旧城保护和复兴的危房改造模式；建立并完善适合旧城保护和复兴的综合交通体系；积极探索适合旧城保护的市政基础设施建设模式。

可以看出到本次总规，根本的转变是从关注文物单体的保护到关注历史文化街区的保护，再到关注旧城整体保护。对历史文化名城保护的认识更为深刻、全面：从单纯的如何保护上升至如何将保护与复兴结合，以科学的眼光看待保护与发展的关系，两者不是简单的对立，而是相互制衡、相互促进；在旧城整体保护上从更多地关注格局、环境等物质层面上升、扩展到寻求产业支撑、加强旧城内外统筹协调、积极探索相关政策与机制等方面；改造试点探索的思路由“旧城改造”转向“旧房改造”，即从开发带危改、市政带危改、房改带危改的大拆大建到由“政府主导、专家领衔、居民参与”的小规模渐进式改造。

同年，《北京历史文化名城保护条例》出台，再次明确了旧城的整体保护。紧接着的《北京市中心城控制性详细规划》（2006版）中的“01 片区—旧城”对总规确定的保护原则和复兴的关键点进行了深入的贯彻。

2. 整体保护的理念得以深化扩展

当我们对历史文化名城的内涵有了更深刻认识后，即开始不断拓展工作内容，完善工作体系，同时也将目光更多地转向旧城之外的广大市域，特别是那些对历史文化名城有着重要意义的地质地貌、自然风景、历史及文化遗产等体现城市发展与演变的历史文化资源。

譬如，2007 年 11 月市政府批复了《北京优秀近现代建筑保护名录》（第一批共 71 处），填补了北京历史文化资源保护的一项空白，而将曾列入开发对象的北京华北无线电联合器材厂（798 厂）列入名录，也意味着工业文化遗产受到了重视；2008 年 7 月国务院颁布《历史文化名城名镇名村保护条例》，北京据此进行了北京名镇名村的调研，为保护规划编制打好基础；同时依据国家文物局的要求，北京开始编制《大运河北京段遗产保护规划》、《长城北京段保护范围及建设控制地带划定》，并着手开展《北京风景名胜区保护规划》及《北京新城文化特色研究》等工作。

3. 非物质文化遗产开始受到广泛的关注

在此期间，历史文化名城的重要组成部分——非物质文化遗产也受到了前所未有的重视。

2003 年联合国教科文组织提出的《保护非物质文化遗产公约》在巴黎通过，同年市政府出台了《关于加强本市非物质文化遗产保护工作的意见》；2005 年 7 月至 2007 年 6 月，进行了全市资源普查；2006 年 6 月，成立了由 10 余个市委办局参加的“北京非物质文化遗产保护工作专家委员会”，年底“北京非物质文化遗产保护中心”成立；2005 年起至 2008 年，政府投入的保护资金约 2000 万元；2011 年，《中华人民共和国非物质遗产法》颁布。

2.5.2 资金投入力度加大，实践摸索不断深入

随着认识的再提升与规划的更趋完善，市政府的配套政策、各部门的规章制度相继出台，工作机制逐步完善，保护资金投入不断加大。

在 2000 ～ 2003 年的“3.3 亿工程”之后，市政府在 2003 ～ 2008 年期间又拨款 6 亿开展“人文奥运文物保护计划”，重点由文物单体修缮转移到整治和改善环境上，从景点保护转移到成片保护、形成风貌上。旧城内提出了整治中轴线和朝阜线，以及什刹海、国子监、琉璃厂、明清皇城、古城垣（包括元大都土城遗址、明北京城城墙遗迹等城垣变迁的实物）。至 2008 年，共有 139 项市级以上文物得到修缮，约 33 万 m^2，其中旧城内的超过了 100 项。同时，大批文物腾退对外开放，如北京市花木公司从天坛迁出，中国音乐学院从恭王府迁出，居民从袁崇焕祠中迁出。

市政府为“3.3 亿工程”和“人文奥运文物保护计划”总投入 9.3 亿元，带动了区县和相关单位的配套资金 50 多亿元，搬迁不合理占用单位 880 余个，居民 14200 余户。

在此期间，对于保护区，政府依照“‘政府主导、专家领衔、居民参与’的小规模渐进式改造”，进行了一系列与以往全然不同的实践探索。大体可分为“政府主导的、居民自发的、社会机构参与的”三类。

其中以政府为主导的可分为：营利性改造项目，如前门东片、三眼井等，一般规模都比较大，并且大量外迁居民与拆旧建新，受到社会的广泛质疑；半公益性项目，如南池子、烟袋斜街、玉河北段等，有些因与当地居民有一定的良性互动，社会评价尚好；完全公益性项目，如市政设施的完善以及街巷院落整治等，但即便是全公益，因其具体的操作方式带来的一些结果也引发了争议。而社会机构与居民参与的改造多为小规模的院落微循环改造。通过

以下一些实例我们可以大体了解不同方式的特征。

1. 政府主导的方式（按时间顺序）

1）南池子历史文化街区（政府主导的半公益型）

南池子的改造是保护规划编制后的第一例。工程开始于2002年2月，2003年8月完工，占地6.4hm^2。改造修缮前房屋破损率约92%，人口密度475人/hm^2，户均建筑面积27m^2。改造后保留院落31处、文物1处、胡同9条，新建四合院17处，回迁用的二层住宅楼78栋及部分商业回迁楼，人口密度为240人/hm^2，回迁户均面积约69m^2，实现了一户一厨一厕。操作模式政府主导，与开发商共同投资的危改加房改的方式，总投资约3亿元，其中政府约出资5200万元，回收资金依靠回迁户购房款和商业楼售房款。居民安置采取回迁(30%)、定向安置、异地安置、货币安置等多种形式。总体看来，人口得到疏解，道路系统与市政设施完善，居住水平有了提升，文物得到腾退修缮，保留了部分四合院与胡同脉络，重建部分注重了原有的空间尺度关系，是对历史文化保护地区有机更新的探索。

但这种形式是受到质疑的，因为作为保护区，如此成片的拆迁和大规模疏解人口似乎与微循环有着较大的差距。而且，从规划设计角度来讲，改造后的小区干巴巴的，缺乏绿色，胡同四合院那种大树成荫的景象完全消失（图2-7）。

2）旧城平房保护区“煤改电”工程（政府主导的完全公益型）

旧城的传统平房区由于燃气管道铺设困难，居民做饭采暖多以烧煤为主，为改善日常生活条件、确保安全、改善环境质量，2003年始北京市开始对旧城传统平房区进行“煤改电”工程，到2009年底全部完成，涉及总户数约16万户，总计投资100多亿元。用电采暖后基本上满足了居民同时使用空调、微波炉、电暖气等大功率电器的需要，提高了居民的生活质量，改善了空气污染状况。

还有的区域也铺设了燃气管道，但由于胡同狭窄，有些管道的铺设不符合现行的规范，所以其中一部分通了气，还有一部分没通气。

此方式在开始并不被人看好，因为旧城内很多居民无法承担高昂的电费。但后来政府对居民进行了用电补助，使改造前后的费用基本相当，才有所缓解。另一个问题是，“煤改电”的过程是很匆忙的，并不是经过了整体的市政规划之后的结果，不排除有随意铺设的管道，为以后的市政管线铺设留下了障碍。还有些因为缺乏路由，铺设得很浅，有一定的安全隐患。另外，因为过于匆忙，胡同也缺乏空间，一些变电设施在胡同里随意摆放也影响了风貌。

3）街巷综合整治和旧房修缮改造工程（完全公益）

为迎接奥运，2004 年开始全市大面积的环境整治工作，2005 ～ 2006 年，西城区率先在保护区实施了街巷综合整治。具

图 2–7（a） 南池子改造前

图 2–7（b） 南池子改造后

图 2–7（c） 修复前的普度寺大殿

图 2–7（d） 修复后的普度寺大殿

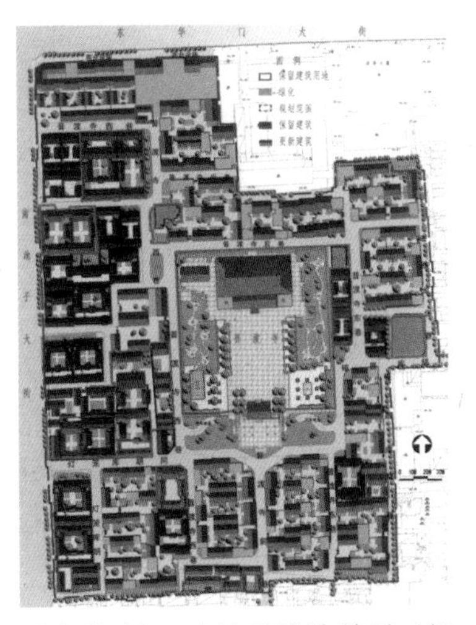

图 2–7（f） 南池子改造前后（红框为保留建筑与院落。）

图 2–7（e） 改建后的街巷

体方式就是把各家的房子不论是否违章都按原样翻修一遍，没有厨房卫生间的予以增加。管网进行疏通更新，实施水表改造，截污支管到户；院落地面进行渗水砖铺装。过程中也有文保顾问全程监理使建筑尽量与传统风貌协调，目的是确保结构安全、满足基本生活需要。

2007 年 11 月北京市建委、规委和文物局联合下发《北京旧城房屋修缮与保护技术导则》，对不同类别的院落房屋修缮标准进行了明确细致的规定，并以“改善、修缮、疏散”为要求，开展“街巷综合整治和旧房修缮改造工程”，总体主导方式为“政府主导、财政投入、居民自愿、专家指导、社会监督”。采取建筑就地翻建、外部修缮与“原拆原建”相结合的方法，在旧城区全面展开。

至 2008 年，市政府总投入 10 亿元（四个城区各 2.5 个亿）工程涉及 40 条胡同、1474 个院落、9635 户居民。主要用于四、五类直管公房的修缮及居民外迁补助。

2009 年 3 月北京市政府又公布了《北京旧城历史文化街区

图 2–8（a） 西城庆丰胡同院落修缮

图 2–8（b） 煤改电后的电表

图 2–8（c） 庆丰胡同院落修缮

房屋保护和修缮工作的若干规定（试行）》，进一步要求旧城房屋保护修缮将通过小规模、渐进式的方式进行，鼓励社会多方参与，落实房屋修缮、管理与维护的责任，调动居民积极性，将保护风貌、改善条件与促进发展相结合。并针对房屋产权的征收方式、产权流转等制定了相应的政策，2009 年继续完成了 2 万户的修缮改造。

本次工程并不要求居民外迁，但如有自愿迁出的，政府提供多种方式协商疏散，符合保障住房条件的可优先审核供应，不符合的可货币补偿、定向安置、产权置换等（图 2-8）。

此方式极大地改善了部分居民的生活条件，但也可以说是解危不解困，因为居民只是房屋安全了，市政设施有了改善，但居住面积并未得到改善，原来的杂院改造完了还是个杂院。另一个致命之处是由于所有建筑都按原样修缮，或者原拆原建，如此是将违法建设合法化了。另外一个没有想到的情形就是，因房屋质量和设施水平提升了，原房主将房租提升后出租了，相当一部分是群租，引来了更多的人口。

4）原崇文区前门东片地区（政府主导的营利性）

位于前门东大街的东侧，用地 22.4hm^2，居民 2411 户，7200 人，企业 650 户。2005 年开始，采取政府主导，社会资本参与，人房分离方式。即由有政府背景的北京大前门投资经营有限公司以危改立项，将大部分居民货币拆迁，或享受经济适用房政策，疏解了居民 72%、单位 90% 以上，只留下少量的私房户和不愿迁离的租户。将迁出居民的建筑保留了 81%，包括文物 76 处，挂牌保护院落 29 处，有保护价值建筑 36 处。之后，整个区域统一进行道路、市政等条件的改善和环境整治，将保留建筑进行修缮（图 2-9a）。

图 2-9（a） 修缮好的房屋空置

客观地说，该区的房屋修缮还是投入了较大的资金，一类院落每平方米达到了 7000 ～ 9000 元，接近万元的文物修缮的费用了。但这种“人房分离”的方式完全破坏了地区文化的传承性，并不被人称道。曾经设想将修缮的房屋进行租售，作为商住混合功能及公共设施，但由于缺乏对市场的调研和运营的经验，以及相关房产政策的缺失，导致愿望不能成为事实，目前该区域一片死寂，后期走向无法预料（图 2-9b）。

图 2–9（b） 留下的居民与废墟为邻多年

2. 居民（或租户）自主及社会机构的参与

1）居民（或租户）自主

其实，在历史街区的改造更新过程中，只要政府能够具有稳定的政策并提供较好的外部市政接驳条件，一些具有能力的产权人或租户也会积极进行房屋的修缮与改造，且效果卓著。如位于皇城历史文化街区的南长街两侧，部分居民自主改造的四合院住宅，基本沿用了传统四合院建筑的形制，色彩和谐，尺度宜人，与邻近的中山公园及故宫相互映衬；在什刹海、南锣鼓巷等地区，经过政府的引导，当地居民与商家纷纷投资改造四合院，用于餐饮、小旅馆、办公等，为保护区及旧城带来了活力。

2014 年我们见到了一位叫小米的法国人，他将自己的办公室和家，分别安置在两个大杂院内，效果令人惊叹。在其办公室所处的大杂院里，小米虽然仅是个租户，但他依然积极说服其他的租户共同参与院落空间的改造，各家出资，自己动手，仅花了 10000 元（不含办公室内部），取得的效果却很好（图 2-10）。

图 2–10　小米带领租户们一起改造的走道（左）在杂院深处的办公室（右）

2）社会机构的参与

在旧城的保护进程中，一些基金会也会筹款进行文物及保护类建筑的修缮工作。如 2007 年，远洋地产与北京电视台《首都经济报道》共同组织开展“老社区、新绿色”活动，“远洋绿色基金”筹款对南锣鼓巷 59 号洪承畴故居进行修缮，将地面更换为渗水砖，解决老院子低洼积水问题，给老房外墙砌筑墙砖达到防寒保温作用，有效地改善了居民的生活环境。

2012 年，由查尔斯基金会资助的项目“东城区史家胡同博物馆”正式对外开放。这是用凌叔华捐献的祖宅改造而成，老房子老树，里面展陈的是史家胡同的历史变迁，包括建设、事件、人物、老物件等。同时，博物馆还作为街道社区的活动中心，引来一片赞叹之声（图 2-11）。

还有相当多的人对四合院的价值高度看重，故民间收购四合院作为自住、投资的行为一直持续着。譬如东城区华鼎房产开发公司从 1992 年开始迄今已经收购改造了几十套院子，改造方案在基本满足保护规划的前提下，根据买主的要求进行设计、选材与施工。大多作为办公、宾馆、住宅等。

2004 年，北京市国土房管局、北京市地方税务局联合发布鼓励购买文保四合院新政策《关于鼓励单位和个人购买北京旧城历史文化保护区四合院等房屋的试行规定》。明确单位与个人都可购买四合院并可出售，极大地调动了社会上的热情。

在调研中我们也发现这些项目存在一些隐患：

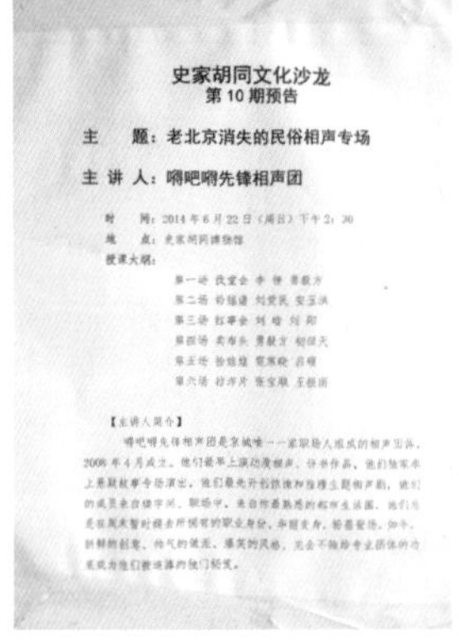

史家胡同文化沙龙
第10期预告

主　　题：老北京消失的民俗相声专场

主 讲 人：嗬吧嗬先锋相声团

时　　间：2014年6月22日（周日）下午2:30

地　　点：史家胡同博物馆

图 2–11　东城区史家胡同博物馆

政府在保护区并没有进行统一的市政管线改造，原来的管线老化严重且容量不足。而这些零星的改造，每个都需向胡同接驳市政管线，且大部分都有市政增容，导致的状况就是随意增容和搭接管线，给地区的安全和未来的市政改造制造了麻烦。对此，专业公司也很无奈。譬如自来水公司如果不给增容，这家可能就会使用抽水泵，结果就是胡同内其他人家都缺水。

尽管有许多问题，但总体看来这些由个人与社会机构参与的项目设计合理、材料考究、制作精良，也带动了周边居民向好的意愿，对地区风貌延续与环境改善作出了贡献（图 2-12）。

图 2–12　南锣鼓巷的商家改造（左）南长街西侧居民改造（中）秦老胡同某院公司改造（右）

2.6　2009年至2014年——转型发展促保护措施完善

北京借助2008年北京奥运会及建国60年大庆两个重要事件的推进，城市面貌有了很大的改观，经济有增长，政治地位有提升，自信心也大大增强。并从“三个奥运”转而提出“三个北京”，即“绿色北京、人文北京、科技北京”。可以看到顺序有了变化，人文向前提了一格。因为此时城市开始面临转型发展，目标由“以经济为本”转向“以人为本”、“以文化为重”。

2008年北京奥运会之后，全球性的经济危机在继续蔓延。所以，北京一方面总结大事件对城市的影响，一方面在思考该如何应对危机，寻找下一个促进城市发展的动力源。由此，2010年市政府又提出了要将北京建设为世界城市的口号。虽然这个口号不例外地在新一届班子上来后就不再提了，但它对北京历史文化名城的保护还是有一定促进作用的。因为当时有了这样的目标，就必须去了解其他被我们视为世界城市的学习对象好在哪里，该怎样学习等。在研究过程中，发现那些在世界上具有强大影响力的城市，如伦敦、巴黎、东京等，无一不是具有鲜明文化特色的城市，同时具有强大的文化辐射力。由此，深感文化保护与创新是我们与其他城市竞争的关键因素，所以，历史文化名城保护与发展工作必须得到进一步加强。自1982年北京被列为历史文化名城以来，保护工作体系从无到有，并逐渐完善，但相应的体制机制建设还比较欠缺，导致保护工作的实施推进受到影响，为此，北京市采取了一系列的措施。

2.6.1　完善体制机制，加强统筹协调

1. 完善日常的管理机制

要做好历史文化名城保护管理工作，必须有健全的体制机制，这些年北京也一直在实践中摸索。

1982年北京被列为历史文化名城时，并没有建立相应的管理机制，各部门依据自身对保护的理解开展工作，但总体而言除文物部门外，多数部门没有开展实质性的工作，至多在规划设计与审批管理上关注一下与传统风貌协调。在《北京旧城25片历史文化保护区保护规划》等各种保护规划出台后，人们对保护的内容有了较为明晰的认识，但那时又正处于大规模危旧房改造时期，

也没有建立特别的保护机制。直到2001年，2008年奥运会申办成功对北京的保护工作有了较大的促进，2004年市政府将“北京市危旧房改造办公室”更名为“北京市危旧房改造与古都风貌办公室”，并成立了由10名涉及文物保护、民俗学、规划等学科的专家组成的“古都风貌保护与危房改造专家顾问组”。

之后，凡处于文物保护及建控范围、历史文化街区内的规划建设均需由专家委员会评审通过，报市政府审批。北京市规划委与北京市文物局共同建立了委局联审会制度，对涉及文物保护单位及历史文化街区的各类建设项目共同审议批准。同时，政府其他各委办局也纷纷采取有效措施提升保护工作的力度，自此，日常的保护管理机制基本建立。

2. 调整东西崇宣四区行政区划

2010年国务院正式批复了首都功能核心区的区划调整，将原西城、宣武、东城、崇文四区合并成西城与东城两个区。旧城也由原来的四区分管成为现在的两区分管。

新中国成立以来，政府对核心区进行过多次的行政调整：

1）1949年——20个区

2）1950年——9个区

3）1952年——7个区

4）1958年——4个区：东城、西城、宣武、崇文

5）2010年——2个区：东城、西城

如果说以前的调整是为了更好地整合资源，提高行政效率的话，本次的合并则有个重要的目的，即更好地进行旧城的保护工作：

其一，希望保护政策和措施可全市协调统一，并增强市区两级的调控能力；其二，能使原来四城区保护与促进文化传承的政策措施得到更好的延展与借鉴；其三，行政区的减少有利于南北中轴线管理，加强完整性和连贯性；其四，利于将孤立的遗产点和片状的保护区变成网状系统，发挥其提升旧城整体价值的作用。

案例：四区未合并时，东西崇宣四城区的行政辖界在旧城传统中轴线处犬牙交错，无法形成良好的统一规划与管理。如在筹备北京奥运会期间重建前门大街时，将两个大型的变电箱放在了大栅栏入口处。而早先，大栅栏商业街与前门大街的交口处是有一个小广场的，人们从前门大街走过，很容易找到，比与其对着的鲜鱼口识别度高。但因为前门大街及其西侧面向东开门的建筑属于原崇文区的辖界，故原崇文区在整修时对于原宣武区一侧就

缺少考虑。如今反倒是鲜鱼口那边的辨识度更好些。

但经过几年的工作磨合，笔者倒是觉得不如再将两区合并成一个区更有利于旧城的整体保护。因为以目前的状况，两区与四区没有很大差别，在理念、行动上依然不一致，而且互不沟通，甚至有点较劲。上面说的崇文、宣武在前门大街的案例，现在依然在东西城上演，具体可见 4.3.2 小节。

3. 成立“北京历史文化名城保护委员会”

2010 年北京市为了更好地统筹协调名城保护工作，成立了“北京历史文化名城保护委员会”，市委书记刘淇任名誉主任，市长郭金龙出任主任，北京市发改委、规划委、住建委、文物局等 26 家成员单位，将办公室设在了北京市规划委员会，这是全国规格最高的市级名城保护统筹协调机构了。同时，将“历史文化名城风貌保护专家顾问组”成员从 13 位增至 17 位，增加了民俗学、文学、艺术类专家，也表明了要充分挖掘历史文化内涵，加强传承和弘扬的意愿。

在 26 家成员单位里，除了北京市委办局，还有两个区，就是历史文化资源最为丰富的东城区、西城区。这两个城区随之也成立了区一级的保护委员会，由区委书记、区长担任委员会主任，并组成了专家顾问组，由此建立了市区两级统一的名城保护工作体制机制。

2010 年 12 月 16 日，“东城区历史文化名城保护委员会”成立；2011 年 4 月 13 日，“西城区历史文化名城保护委员会”成立。

名城委是一个统筹协调机构，所以成立后，其结合自身的性质确定了工作模式，主要以召开各种协调会、联席会、专家会，开展保护论坛，建立网站和微博，编辑“历史文化名城保护中外媒体信息参考”等多种方式宣传、推进保护工作。

2.6.2 拓展保护理念，推进公众参与

其实关于公众参与保护的相关制度和要求我们很早就有，但因为没有良好的大环境，故并未得到很好的贯彻发挥。

1956 年《国务院关于在农业生产建设中保护文物的通知》强调“必须发挥广大群众所固有的爱护乡土革命遗址和历史文物的积极性，加强领导和宣传，使保护文物成为广泛的群众性工作”。1987 年国务院发出《关于进一步加强文物工作的通知》提出“贯彻执行《中华人民共和国文物保护法》，必须依靠广大人民群众”，

“要在全社会提倡‘保护文物、人人有责’的新风尚”，“把执行党和国家保护文物的政策变为广大群众的自觉行动”。1997年国务院发出《关于加强和改善文物工作的通知》明确保护是利用的前提，要求发动、组织人民群众参与文物保护工作，根据实际需要建立群众性的文物保护组织，尽快改变许多文物实际处于无人保护的状况，提出建立“国家保护为主并动员全社会参与的文物保护体制”。

随着保护实践的开展，保护理念逐步获得社会的广泛共识，公众自身参与保护的积极性也逐渐提升，且影响力增强。如公众对北京美术馆后街22号四合院、广渠门内207号院曹雪芹故居、孟端胡同45号院等的保卫战，促成了北京市文物局“挂牌保护院落”的设立和2005年《北京城市总体规划》“旧城整体保护”的提出，推动了渐进式保护政策的制定。

美术馆后街22号院，是一代文化名人赵紫宸及其女赵萝蕤的故居。1998年被贴上了大大的“拆”字，舒乙、侯仁之、吴良镛、罗哲文、郑孝燮等专家一再上书呼吁保护，称其“集建筑、人文和文物价值于一身”、“有巨大价值”，同时媒体不断报道，公众呼吁保护。但是，该院依然于2000年10月在众目睽睽之下被推土机强行推倒，夷为平地。

2000年，两广路改造扩建，位于沿街的207号“曹雪芹故居”经多方呼吁未能幸免，曾经的复建承诺也一直未能兑现。其实复建也没有什么意义了。

孟端胡同45号院，挂牌四合院，在民间文物保卫者努力坚守了两年后，2004年7月28日被拆。

另外，从政府的角度也意识到离开公众的理解和支持，无法真正做到有效的保护，因此逐渐从法规制度上予以完善。

2005年《国务院关于加强文化遗产保护的通知》提出要让“保护文化遗产深入人心，成为全社会的自觉行动。”并决定“从2006年起，每年六月的第二个星期六为我国的‘文化遗产日’。”以加强宣传，促进公众了解中国的文化传统。同时还提出“相关重大建设项目，必须建立公示制度，广泛征求社会各界意见。”

2007年《物权法》出台，第四条：国家、集体、私人的物权和其他权利人的物权受法律保护，任何单位和个人不得侵犯。第六十六条：私人的合法财产受法律保护，禁止任何单位和个人侵占、哄抢、破坏。

同年，党的十七大召开，提出要“从各个层次、各个领域扩大公民有序政治参与”；“保障人民的知情权、参与权、表达权、监督权”；同时要“发挥社会组织在扩大群众参与、反映群众诉求方面的积极作用，增强社会自治能力”。

同年，《中华人民共和国城乡规划法》出台，第二十六条，“城乡规划报送审批前，组织编制机关应当依法将城乡规划草案予以公告，并采取论证会、听证会或者其他方式征求专家和公众的意见。公告的时间不得少于三十日。组织编制机关应当充分考虑专家和公众的意见，并在报送审批的材料中附具意见采纳情况及理由。”

2008年颁布的《历史文化名城名镇名村保护条例》第十六条，“保护规划报送审批前，保护规划的组织编制机关应当广泛征求有关部门、专家和公众的意见；……”2009年10月1日《文物认定管理暂行办法》的第五条，“各级文物行政部门应当完善制度，鼓励公民、法人和其他组织在文物普查工作中发挥作用。”意味着，文物认定不再只是自上而下的工作，公众亦可提交申请，要求认定。

目前，自上而下与自下而上两种公众参与形式都在保护工作中渐有成效，而且未来势必成为重要的、不可或缺的工作手段。

第3章

旧城保护体系和实践演进的四个阶段

第 3 章
旧城保护体系和实践演进的四个阶段

可以说，我国自古就对文物及保护是有一定认识的，如宋代就开始有以青铜器和石刻碑碣为主要研究对象的金石学。但对文化遗产形成较为完整的认知及保护工作体系：从文物保护走向历史文化街区保护、古城整体保护、大型文化遗产保护，以及文保立法等，我们更多是借鉴西方的。

如意大利在 1820 年即有第一部文化遗产保护法。而法国历史上关于文化遗产方面的保护法有 100 多部。在东方社会，日本是立法较早的国家，它的第一部《古社寺保护法》颁布于 1897 年。

除法制外，很多国家成立了专门的文化遗产保护机构，为遗产保护奠定了组织基础。如意大利的自然文化遗产部、法国文化部的文化遗产司、日本的文化财厅等。

我国是在 20 世纪 80 年代开始步入文物保护工作法制化的正轨，并随着国际社会相关理念、方式的进步，结合自身的现况和实践而建立了日趋成熟的保护工作体系。

依据遗产的特征和便于工作的有序开展，北京历史文化名城保护与发展的工作体系大致可分为以下几个部分：文物保护单位及有价值历史建筑的保护与利用、历史文化街区的保护与更新、旧城的整体保护与复兴、新城及镇村历史文化特色的保护与发展、非物质文化遗产的保护与传承、市域文化遗产线路的梳理整合与保护。

旧城是北京的核心，其历史文化资源最为丰富，故一直是北京名城保护的重点，大量的保护实践都是在旧城展开，经验教训的获得与认识理念的提升也多源于这些实践。因此，北京名城保护工作体系是脱胎于旧城保护工作体系的，旧城整体保护是北京名城保护最重要的组成部分和最集中的体现。通过本章，读者可感受到两者一脉相承、密不可分的关系。

3.1 文物保护单位——从单纯保护到合理利用

历史文化资源保护的初期是由文物保护开始。因为它与古董的概念比较相似，都是单个物体，可以独立存在，其价值容易判定，比较容易获得公众的认同，且保护方法相对也比较简单，易于操作。

3.1.1　类型丰富、数量多

在文物等级划分上，我国分为三级：国家级、省级、市县级。在北京分为国家级、市级、区县级三类，同时还有区县级文物暂保单位和普查登记在册文物，2007 年，又增加了优秀近现代建筑。旧城内在北京 2008 年奥运会前还进行了四合院挂牌保护。

北京 3000 多年的建城史和 850 多年的建都史，再加上这里是多民族汇聚的地方，因此文物的类型极为丰富多彩，如宗教类的寺庙、道观、教堂、清真寺；居住类的普通民宅、名人故居、王府；公建类的会馆、影院、店铺。而且，因历史变迁，文物在不同地点各有特色。如内城深宅大院多，外城会馆多（图 3-1）。

图 3–1　北京的文物类型丰富白塔寺（左）、正阳门（中）什锦花园胡同保护院（右）

1）自 1949 年以来，北京先后开展了四次全市范围的文物普查工作。截止到 2014 年 8 月，北京市域内文物类资源总计为 4613 处。可分为 6 级：

（1）世界文化遗产 7 处：故宫、长城、周口店北京猿人遗迹、颐和园、天坛、十三陵、大运河（北京段）；

（2）国家级重点文物保护单位 123 处；

（3）市级文物保护单位 224 处；

（4）区、县级文物保护单位 648 处；

（5）普查登记在册文物约 2826 处；

（6）挂牌保护四合院 658 处（2003 年数据）；

（7）优秀近现代建筑 71 处（两处已拆）；

（8）地下文物埋藏区 56 处。

2）旧城荟萃了众多精华，现有历史文化资源 1012 处。其中：

（1）世界文化遗产 2 处：故宫、天坛；

（2）国家级重点文物保护单位 67 处；

（3）市级文物保护单位 128 处；

（4）区级文物保护单位 123 处；

（5）挂牌保护四合院 658 处（2003 年数据）；

（6）优秀近现代建筑 34 处。

另外，有历史文化街区 33 片，胡同 1320 条。

3.1.2 不断扩展保护对象

1. 首先纳入到实际保护体系的是优秀近现代建筑

以往我们一直对古代遗存较为重视，随着保护理念的提升，逐渐意识到应该注重历史的延续性，每个历史阶段都有具保护价值的建筑，能够体现当时的社会风貌、经济实力与技术手段。为此，更多的历史文化资源进入保护的视野。其中优秀近现代建筑成为保护体系的新成员。

北京市关于优秀近现代建筑的定义——是指自 19 世纪中期至 20 世纪 70 年代中期建造的，现状遗存保存较为完整，能够反映北京近现代城市发展历史，具有较高历史、艺术和科学价值的建筑物（群）、构筑物（群）和历史遗迹。

在 71 处名录中，旧城里总计有 30 项，主要包含两大类：清末、民国时期的教会建筑、使馆区、火车站、工业厂房等“西洋式建筑”，如中国儿童剧场；建国初期北京的一些优秀新建筑，它们很好地协调了东西方的形式，同时又非常符合现代功能的需求，与城市的环境协调，反映了时代的特征，如人民大会堂、民族文化宫、百货大楼等。同时，还有一些建筑，或许它们在艺术、科学价值上不高，但却能让人回想起其所在年代的特征，具有较高的历史价值，也同样被保留了下来，如位于白塔寺西侧的社会主义大楼—福绥境大楼。

可以说，北京掀起对优秀近现代建筑的关注与认同的事件是 20 世纪 50 年代由东德专家设计的无线电厂区（798 艺术区）的去留。

798 厂具有包豪斯风格，整体格局和建筑基本完好，是反映我国近现代工业文明发展史的重要载体。2002 年起一些艺术家租用旧厂房形成了艺术区，目前有百余家包括设计、出版、展示、演出、画廊等机构，百余位艺术家的工作室，举办过不少有影响的艺术活动。初始它曾面临着被拆除进行房地产开发的命运，在艺术家、规划者等群体的努力下保留了下来。自此人们开始关注工业建筑与近现代优秀建筑。2007 年完成了《北京优秀近现代建筑保护名录》（71 处）的编制（限于北京中心城范围），并获得市政府批准。其中，798 厂房也被列入，整个园区逐渐成为著名的旅游地点及引领潮流的文化创意产业园区，并带动了周边土地的升值。

《第一批71处优秀近现代名录》是于2007年经市政府审批通过的，但因为仅仅是名录，缺乏相应的保护与管理办法，所以进行确定时，基本没有得到业主的支持，更多的是抵触，拒绝被录入，仅有一家东直门自来水厂十分积极，主动将原址建立了博物馆。

业主抵触的原因主要有两个：一是由于这些建筑年代较短，大多还在使用，因缺乏具体的保护与利用原则，业主认为，一旦被划定为优秀近现代建筑就会像文物一样，受到很多限制，不能为自己所用，且将来的改造也会受到限制；其二是，有些业主单位正有开发的打算，一旦有建筑被列入名录，会对开发产生较大影响。所以有比较极端的业主在名录确认过程中就将拟保护对象拆除了。著名的是位于原宣武区的北京双合盛啤酒厂的啤酒塔、和西城区的北京儿童医院的烟囱。北京现在一直说第一批71处优秀近现代建筑，其实公布之时就已经是69处了（图3-2）。

图3-2　被拆除的儿童医院烟囱（上）东直门水厂的博物馆（下）

在得知双合盛啤酒塔被拆除后，工作组曾去实地调查。面对一圈高高的工地围墙，有年轻小伙子翻墙而入，被墙内人员擒住。我们一行人只好爬上围墙外的土坡上高声呐喊助威，迫于压力他们把人放了。儿童医院的烟囱是被列入建筑教科书的作品，被拆除时引发社会舆论哗然，其中烟囱设计师华揽洪的女儿华新民反应最为强烈。在我们与儿童医院基建负责人座谈时，没发现他们有何内疚之感，甚至说了一些匪夷所思的、令人难辨真假的针对反对者的评论。

2. 带动了工业文化遗产的保护

随着优秀近现代建筑保护的出现，工业文化遗产也就顺势受到了关注。在首钢、焦化厂等工厂纷纷外迁后，保护规划随之跟上。旧城内也存有大量的各个时期的工业遗产如 1908 年建立的北京印钞厂，以及 1949 年后建立的各类工厂。在 2004 版城市总规之后，旧城内的工厂基本外迁或转型，遗留的厂址虽然并不是都被列入了法定的保护对象，但人们还是充分认识了它们的价值，很多工厂的再利用都充分尊重了厂房原有的形态，并挖掘整理了工厂的历史予以展示。如位于东城区方家胡同 46 号的第一机床制造厂、位于美术馆后街的北京胶印厂等，如今都改造成了充满活力的创意产业园区。因为有了保护的意识，所以厂房得以保留，融入了现代功能与审美设计（图 3-3）。

图 3–3　美术馆后街原北京胶印厂，现为 77 文化创意产业园

3. 有价值历史建筑的保护引发关注

2009 年，东城北总布胡同 24 号胡同梁思成、林徽因故居被开发商拆除时，引发社会的强烈质疑，期间被叫停。其实当时该建筑并未被列入文物，但是谁也不能否认它具有的历史价值与社会意义。这个事件让公众在保护的理念和意识上又有了进一步的提升，即除了文物保护单位，还有大量历史悠久、类型多样、反映了地域风貌与时代特征的建筑，包括民居（名人故居）、会馆、商铺等，它们代代相传，与市民的生活息息相关，蕴含着丰富的人文信息，是一座城市演变的见证。

其实，在 2005 年住房与城乡建设部出台的《历史文化名城保护规划规范（GB50357 – 2005）》里提出了文物保护建筑、保护建筑、历史建筑和一般建（构）筑物四个概念，并提出了相应的保护与整治方式，为修缮、维修和改善、整修改造等。2012 年《历史文化名城名镇名村保护规划编制要求（试行）》中，将建筑分为文物保护单位、历史建筑、传统风貌建筑和其他建筑四大类，也提出了保护要求。

尽管有规范、条例有所提及，但目前在北京被认可的法定保护对象还是文物、优秀近现代建筑，其他历史建筑尚未真正获得有效的法规保护，但人们已经有了很强的意识，这就是一个非常大的进步。

3.1.3 加强地下文物保护

北京作为一个人类久已居住的城市，地下埋藏十分丰富。其勘探、挖掘、研究对城市历史文脉的把握具有不可或缺的作用。在一些历史名城，如罗马，我们随处可见一些废墟遗址，考古挖掘工作一直在进行，也引来学生上课、游客参观，给整座城市增添了历史文化的厚重感。

20 世纪 80 年代以来，北京先后对墓葬遗址、古长城遗址、古人类遗址、陵墓等进行考古发掘。如延庆山戎墓葬遗址、金中都水关遗址、东方广场旧石器时代晚期古人类遗址、老山西汉墓等，本市目前已公布地下文物埋藏区四批 56 处。

但相比较而言，我们对地下文物的重视程度还远远不够。《中华人民共和国文物保护法》确定“进行大型基本建设工程，建设单位应事先报请省、自治区、直辖市人民政府文物行政部门组织从事考古挖掘的单位在工程范围内有可能埋藏文物的地方进行考古调查、勘探。”同时要求“所需费用由建设单位列入工程预算。”

可目前，较少有积极主动申报的。主要原因在于一旦申报，势必影响工期，如遇重大发现还会涉及方案修改，所有的费用需要建设方承担。如 1996 年 12 月，北大的岳升阳先生在开工不久的东方广场施工现场发现了早期人类活动的痕迹，由此在 $2000m^2$ 的区域进行了 8 个月的考古挖掘，并最终建立了一个 $400m^2$ 的古人类文化遗址博物馆。但可惜的是，在这样一个繁华位置，本应好好设计并经营管理的，却弄得乏善可陈，门可罗雀。由此也看出，虽然有考古挖掘，但对其的展示却很不尽人如意（图 3-4）。

图 3–4　位于东方广场地下二层的古人类文化遗址博物馆（左）罗马随处可见的废墟（右）

而且，在城市里也基本没有保存的遗址，多是挖掘勘探之后就急急地盖上了现代化的房子，其关键还在于意识的缺乏和法规不严。

在第四批地下文物埋藏区划定时，曾将旧城整体列入了埋藏区的名单，但由于比较敏感，一直未获得市政府的批准。2014 年初，北京市文物局公布了《地下文物保护管理办法》，提出：旧城之内建设项目总用地面积 $10000m^2$ 以上、旧城之外建设项目总用地面积 $20000m^2$ 以上的建设工程，必须进行考古勘探；同时，为了避免影响开发单位的工作进度，要求土地储备单位要在土地“招、拍、挂”之前，按规定报请文物部门进行考古勘探；建设工程项目中考古调查、勘探工作时限按照每 $10000m^2$ 七个工作日计算，除雨雪、冰冻等特殊情况外，最长不得超过两个月；同时规定，公民、法人和其他组织依法采取地下文物保护措施或者配合政府进行地下文物保护的，政府对其损失予以合理补偿。2014 年中，又针对开发建设单位发布了《北京市地下文物保护预案备案办法》。

但笔者觉得，《地下文物保护管理办法》（以下简称《办法》）提出的处罚条则还是太轻。《办法》规定，建设单位没有依照办法进行申报、考古调查、勘探事项的，由市文物行政管理部门责令限期改正，可以并处10000元以上30000元以下罚款。当然也有："构成犯罪的，由司法机关依法追究刑事责任；"这一条，不过基本不会执行。另外的"建设单位、施工单位和监理单位违反本办法受到行政处罚的信息，应当依法记入本市企业信用信息系统。"但也不知能否有些用处。

另外，鉴于旧城悠久的历史和资源的丰富，笔者以为考古勘探不应仅在工程建设时才进行，可提前开展工作，譬如：

1）加强对北京城市发展史的研究，特别注重对辽南京、金中都、元大都城市遗址、遗迹的考古调查、勘探和发掘。这些地区如今已岌岌可危了，如宣武门外金中都遗址的保护状况就很不乐观。当年的鱼藻池，如今已经被划成了商业金融用地，周边的违章建设有逐渐合法化的趋势。如不主动进行相关的考古勘探，未来会更加困难。

2）加快对规划地铁沿线的考古工作。记得当初地铁6号线拟走阜成门至朝阳门之间，这样位置较为适中，同时可以缓解金融街的交通拥挤，但文物专家认为其穿越了旧城的中心区，且朝阜线沿线文物较多，又穿行故宫与景山之间，一是对地上文物不利，另外可能会破坏地下文物。故建议调整到了现在的平安大街。可实际上作为轨道线网而言，朝阜线比平安大街相对要合理些。未来旧城内或许还会进行轨道加密，如果能提前做些工作，或许会有助于判断。

3.1.4 注重历史环境保护

《中华人民共和国文物保护法》规定：在文物周围"划定必要的保护范围，做出标志说明，建立记录档案，并区别情况分别设置专门机构或专人负责管理。"根据需要"划出一定的建设控制地带，并予以公布。"并确定了相关的限制规定和工作程序。同时确定：文物的建设控制地带分为5类：一类为非建设地带；二类为可保留平房地带；三类为允许建筑高度9m以下地带；四类为允许建筑高度18m以下地带；五类为特殊控制地带，按实际情况具体管理。另外，世界文化遗产尚需有大范围的环境缓冲区，如天坛保护范围是2.16km^2，但其环境缓冲区为33.7km^2（图3-5）。

划定文物的保护范围与建设控制地带的目的，一是为了保障文物本体的安全；二是尽量维护其周边环境的真实性；三是为了形成舒适宜人的（欣赏）环境。如在保护范围内，"不得进行其他建设工程或者爆破、钻探、挖掘等作业。"在建设控制地带进行的"工程设计方案应当根据文物保护单位的级别，经相应的文物行政部门同意后，报城乡建设规划部门批准。"

1984年，依据《文物保护法》的要求，北京市划定了第一批文物的保护范围与建设控制地带。包括皇城及其以北城区等地区内的61处文物。截止到2014年，市政府已公布七批国家级文物保护单位、八批市级文物保护单位的保护范围和建设控制地带。目前第九批正在编制中，之后就达到了全覆盖（图3-6）。

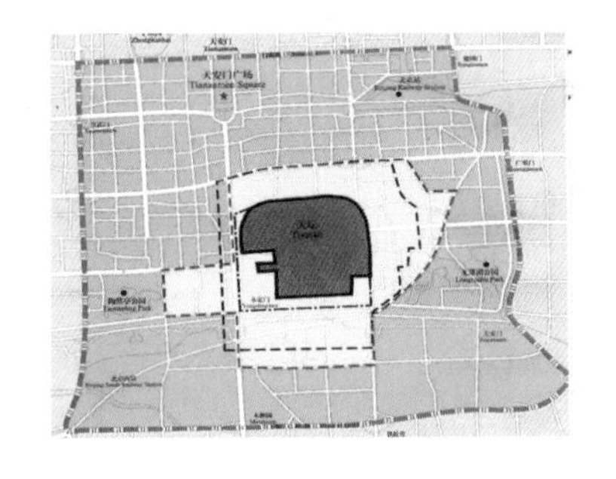

图3-5　世界文化遗产天坛及其保护范围、环境缓冲区

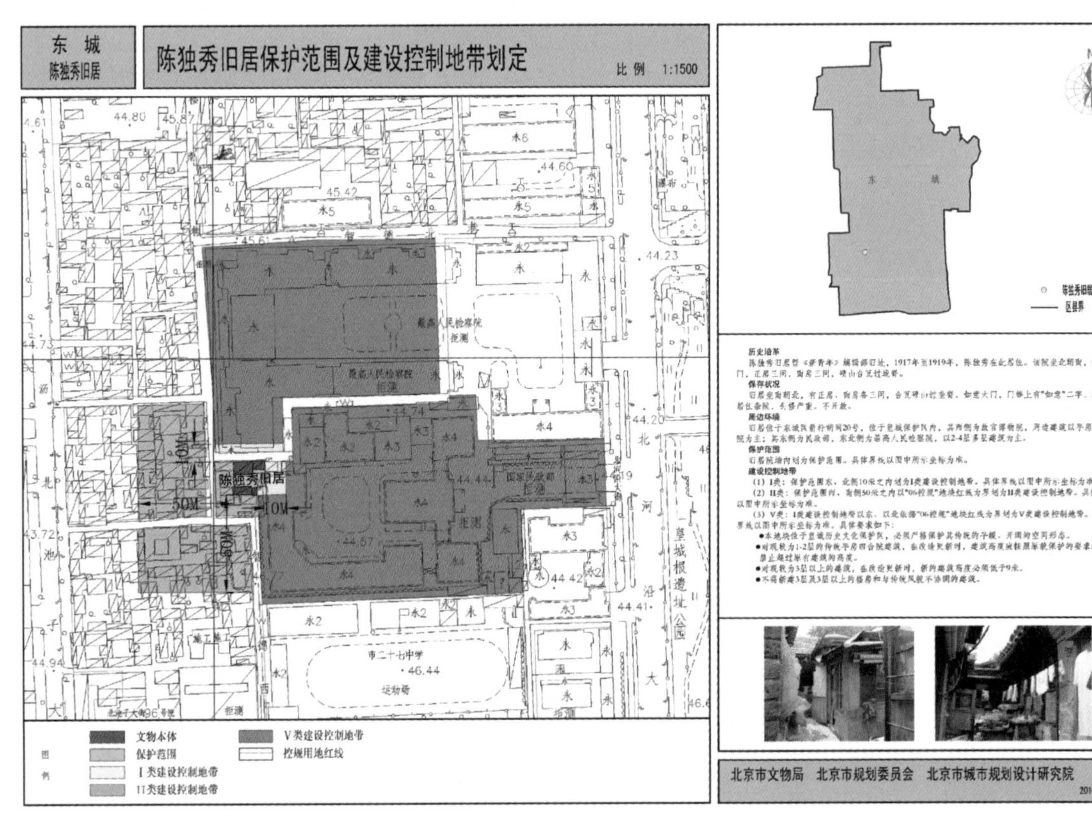

图3-6　文物保护范围与建控地带划定的成果

一直以来，北京都是按照要求进行边界划定及按要求进行管理。2005 年国际古迹遗址理事会在西安通过的《西安宣言》特别强调了周边环境对古迹重要性和独特性的贡献，理解、记录、展陈不同条件下的周边环境，通过规划手段和实践来保护和管理周边环境。在 2006 年《北京市中心城控制性详细规划》(01 片区—旧城）编制时，我们意识到，一类建控地带的要求（只能为绿化和道路）在某些时候并不适应旧城文物的环境特征。为此与北京市文物局进行了沟通，并达成共识，即一类建控范围内不是必须要划定为绿地和道路，应以保护其原有环境的真实性为原则进行用地性质的划定，所以旧城内很多文物周边依然是传统的平房四合院，但这也对文物本体安全防护提出了更高的要求，因为旧城内，胡同狭窄、房屋密集，一旦有火灾，扑救困难。如果对环境真实性影响不大，还是坚持绿地的划定，一是利于文物安全，二是为旧城内增加一些小型的绿地与公共活动空间。

目前，北京文物建控地带的划定仅止于市级，区级文保单位并未开展此项工作。主要是各区政府态度不积极，一是因为人员、经费紧张，再有就是不愿意受到更多的限制。现仅西城区和丰台区做了该项工作，但一直没有得到区政府的批复，东城区正拟开展，但因经费问题暂时搁置。

划定保护范围与建设控制地带后，原则上应编制保护规划，但目前只是部分国宝有保护规划，所以我们在划定保护范围与建控地带时，进行了很多保护规划深度的思考，并将内容融入成果，以使在文物局之后的管理执法有更多的依据。因为一旦范围划定有缺失，或者要求提不到，遇到违法，文物局只有哑巴吃黄连有苦说不出了。

3.1.5 促进文物合理利用

2002 年的《中华人民共和国文物保护法》第四条确定的文物工作方针是“保护为主、抢救第一、合理利用、加强管理”。所谓“抢救第一”是基于我国目前文物的保存状况不容乐观而提出的。一方面是几十年的忽视导致文物失修，一方面是由于我国文物建筑许多为木构建筑，易损。

自 20 世纪 90 年代以来，北京市政府投入的资金逐年增加，重点是文物的抢险修缮、文物周边的环境治理和文物的腾退。经整修过的文物，许多作为博物馆、公园景点等对公众开放，对弘扬传统文化、促进旅游发展起到了很好的作用（图 3-7）。

图 3-7　帝王庙腾退前（左）帝王庙腾退后（右）

案例[①]*：历代帝王庙的腾退、修缮、开放。坐落在西城区阜成门内大街的历代帝王庙始建于明嘉靖九年（公元 1530 年），是明清两朝祭祀三皇五帝、历代帝王和功臣名将的皇家庙宇。它与太庙、孔庙并称北京三大庙，专家形象地称它是“一庙五千年”。作为全国现存唯一的历代帝王庙，庙内祭祀的历代帝王达到 188 位，按“文东武西”规制两侧配殿祭祀的功臣名将也达 79 名。1931 年起被北平幼稚师范学校占用，后为 159 中学。2003 年 1 月，159 中学迁离了历代帝王庙，结束了其长达 70 多年的校园史。2004 年修缮完毕，总计投入 3 亿元，是继雍正、乾隆年间的大规模修缮之后的第三次修缮。目前作为博物馆对外开放。*

目前，对于“保护为主、抢救第一”，公众的认可度是一致的，其主要问题是腾退和修缮的资金不足。但在“合理利用、加强管理”上，目前的认识与方法尚不统一，其中文物怎么用，被谁用是最困扰大家的问题。在公众的意识里，文物是人类共同的遗产，自然应该是面向广大公众，博物馆是最合理的利用，但凡与办公、餐厅、娱乐等扯上关系就会遭到质疑。

笔者写这本书的时候，网上正在质疑市级文物嵩祝寺要变餐厅会所，因为有市民发现施工队在铲大殿门窗的古漆，大雄宝殿的墙被砸出一个洞，藏经楼装上了整体厨房。闻讯而去的记者被建设方拦在外面不让进，说是私闯民宅（据笔者所知产权应该是佛教协会的）。建设方坚持说修缮方案是经过北京市文物局审批的，拆墙、铲画是按图施工，可同时又拒绝展示方案（备注：2014 年 7 月 7 日法制晚报）。这件事因为北京市文物局正在执法调查，笔者不便评论。但笔者个人观点是，文物的合理利用是多

① 参见 YNET.com、北青网、北京青年报、正文“历代帝王庙的难点就在腾退”2008-6-12。

样的，也并不一定都要开放。但公众有权监督其利用的过程中有没有遵循文物保护的要求或有无权力寻租等，如有没有文物局审批的修缮方案，且有没有按批复的方案进行操作。但目前最关键的问题是缺乏公开透明的制度，公众的合理要求都没有得到文物局、产权人、使用方的正常回应。

嵩祝寺事件还牵扯出隔壁的智珠寺，因为大多数参与讨论的人都会问：嵩祝寺是不是要像智珠寺一样变成高级餐厅会所？对智珠寺我有过调研，所以有点发言权，认为其租用方对它的保护和利用还是不错的。因此对这样的质疑我也有困惑，感觉大多数人对真实情况并不了解，只是道听途说就加以跟风指责。不满的原因是觉得不该开餐厅，更不该开西餐厅，但最让人无法忍受的是价格那么高，一般人都消费不起。2011 年 5 月网友爆料故宫建福宫成为富豪顶级会所，也是基于如此思维。其实智珠寺的大门是随便进的，里面有免费参观的画廊，但因为它营造的氛围似乎也不那么平民化，让很多不习惯此种场合的人心虚怯场。但不敢进和消费不起应该成为被批评的理由吗（图 3-8）？

图 3–8　东城区沙滩北街智珠寺的修缮与利用

智珠寺简介[1]：东城北沙滩街，有智珠寺、嵩祝寺、法渊寺从西向东并排而列，于清康熙至乾隆时期陆续建成，统称嵩祝三寺，均为藏传佛教格鲁派章嘉活佛二世、三世的在京驻地。其中嵩祝寺作为主寺，由康熙赐名，智珠寺是最后建成，由乾隆赐名。后随朝代更迭，佛寺败落，后被各类工厂陆续占据，最后一个用户是牡丹电视机厂。2007 年比利时人温守诺与合伙人从该厂及真正的产权人——佛教协会手中将智珠寺租了过来。之后，本着修旧如旧的原则，于 2008 年开始了长达 4 年的修缮工作（维修工作一直在持续）。获得了 2012 年度联合国教科文组织亚太地区文化遗产保护奖，也是该年度中国唯一获此奖项的。

联合国教科文组织亚太地区文化遗产保护奖设立于 2000 年，每年评选一次，旨在奖励民间相关个人与组织，或与地方政府合作，在保护地方遗产、彰显其文化价值方面所作的贡献。该奖的对象是：建筑主体 50 年以上历史，在建筑文化、社会、历史和艺术方面都有重大意义；修缮时要使用当地的、适宜的营造技术和材料；外貌保持该地区的历史延续性。

这些项目在修复后，大多进行了利用，功能有所拓展。该奖项的颁布者认为，对古建功能的持续性及未来用途与维护的构想，是遗产保护者要思索的重要问题。

智珠寺修复后，内设有酒店、餐厅、画廊、会议及活动厅。

另外，中国人还有个比较独特的意识，即特别忌讳国外品牌与自己的文化遗产有交集。譬如 2007 年 7 月因为中央电视台主持人的率众质疑，星巴克从故宫撤离；2013 年在北海经营 13 年的肯德基也因受到质疑没有得到合同的续约而撤出了。这两者都源于公众舆论：洋快餐怎能进入到我国国宝里兴风作浪！其实，应该考虑的是故宫与北海安置星巴克与肯德基的地方，该不该有餐饮，如果该有，那谁来不成呢？关键是该怎样约束，如装修风格、店面广告等，难不成只能是老北京炸酱面可以进入吗？据说后来星巴克已经把标识撤了，最后依然顶不住压力败退了。

目前我们在文物利用上还存在一个问题，就是知名度高的文物被过度开发利用，不知名的则无人问津。譬如，阳平会馆被刘老根大舞台占用后其建筑与广场被大量俗艳的广告占据，并被爆出进行任意加建（对此质疑依然未得到正面的回应）；原来小小两进院的台湾会馆被扩建成地上地下几千平方米的集展览、会议为一体的大型建筑，赋予了承担两岸交流的重任。对于这类利用，

---

① 具体可参见《中华遗产》杂志“嵩祝寺及智珠寺：三寺再生缘”，总第 96 期，2013 年 10 月。

缺乏明晰的法律法规和相应的制度加以约束和引导。另外，还有大量的文物被单位或居民占用，也缺乏相应的政策以鼓励引导产权人和用户对文物进行积极保护与合理利用。

3.2 历史文化街区——从只看见物到也关注人

1933 年颁布的《雅典宪章》中提出“有历史价值的古建筑均应妥为保存，不可加以破坏。”1964 年颁布的《威尼斯宪章》则指出“历史文物建筑的概念，不仅包含个别的建筑作品，而且包含能够见证某种文明、某种意义的发展或某种历史事件的城市或乡村环境，……”“任何地方，凡传统的环境还存在，就必须保护。”宪章第一次提出了“历史地段”的说法：“必须把文物建筑所在的地段当做专门注意的对象，要保护他们的整体性，要保证用恰当的方式清理和展示它们。”

从两个宪章的内容可以看出人们的认识已经从单体的文物保护进展到了历史街区的保护。

3.2.1 抢救性地划定历史文化街区

1. 第一批历史文化保护区的划定

20 世纪 80 年代末，鉴于房地产开发对旧城的破坏有蔓延之势，有专家疾呼将那些历史风貌较完整、历史遗存较集中和对旧城整体保护有较大影响的街区进行重点保护，划定历史文化保护区。后来有人质疑：就因为当初划定了保护区，导致非保护区被大面积消除。对此我认为，当时提出保护区是虎口夺食的举动，属无奈的抢救之举，如果不划定保护区，基本可以断定旧城要比现在惨烈。因为当时政府和开发商已经红了眼，盯着拆除的都是条件相对较好、人口不那么密集的地区，也就是一些大宅院集中的区域，譬如现在的金融街一带。

1990 年，北京市正式提出了旧城内 25 片历史文化保护区的名单，1991 年在《北京城市总体规划》中确定了该名单[①]。但是直

① 分别是位于皇城内的 14 片：南长街、北长街、西化门大街、南池子、北池子、东华门大街、文津街、景山前街、景山东街、景山西街、景山后街、地安门内大街、陟山门街、五四大街；皇城至内城的 7 个：什刹海地区、南锣鼓巷、国子监地区、西四北头条至八条、东四三条至八条、东交民巷；外城的 4 个：大栅栏、东琉璃厂、西琉璃厂、鲜鱼口地区。

到 1999 年才编制了《北京旧城历史文化保护区保护和控制范围规划》，总计 957 公顷（后确定为 1038 公顷），占旧城的 15.3%（占 17%）。其含义是：具有某一历史时期的传统风貌、民族地方特色的街区、建筑群、小镇、村寨等，是历史文化名城的重要组成部分。

鉴于那时的认识，在该规划里还将历史文化保护区分为重点保护区（核心保护区）和建设控制区，其中重点保护区（核心保护区）仅占 58.4%，两者保护、整治、控制的原则是不同的。如在建设控制区"要与重点保护区的整体风貌相协调，或不对重点保护区的环境及视觉景观产生不利影响。""进行新的建设时，要避免简单生硬地大拆大建，注意历史文化的延续。"这就为后来在保护区（建控区）里还能进行大面积的拆除建楼埋下了伏笔。

2. 第二批历史文化保护区的划定

在 2002 年编制的《北京历史文化名城保护规划》里，确定了第二批历史文化保护区的名单，旧城内 5 片：皇城（涵盖了第一批的 14 片）、北锣鼓巷、张自忠路北、张自忠路南、法源寺；旧城外 10 片①，主要是文物古迹比较集中、能较完整地体现一定历史时期传统风貌和地方特色的街区或村镇。

3. 第三批历史文化街区（保护区）的划定②

在《北京城市总体规划》（2004 ～ 2020 年）里，又补充了 3 片历史文化保护区（该版总规中尚称为保护区）：新太仓、东四南、南闹市口。其实，在规划的编制过程中，曾经比 3 片要多，规划公示的时候还有，但最终迫于区政府、开发商等的一些压力，在批复时被取消了。另外，将已经公布的国子监、北锣鼓巷、什刹海、皇城历史文化保护区周边的成片平房区和对维护保护区整体风貌有较大影响的地区扩充为保护区的建控区，实际上是扩大了保护区的面积。

① 海淀区西郊清代皇家园林、丰台区卢沟桥宛平城、石景山模式口、门头沟三家店、川底下村、延庆县岔道城、榆林堡、密云县古北口老城、遥桥峪和小口城堡、顺义焦庄户。

② 2002 年颁布的《中华人民共和国文物保护法》确定了历史文化名镇、名村和历史文化街区的概念，即原来的"历史文化保护区"，目前统称为"历史文化街区"。

4. 风貌协调区的划定[①]

在2006版《北京中心城控制性详细规划》(01片区—旧城规划)里，为了加强旧城整体保护，将原来的重点保护区（核心保护区）与建设控制地带合并了，确定了均为原貌保护的原则。同时将总规中拟增设的保护区划为风貌协调区，包括6片：西四南(砖塔胡同)、新街口西、国家大剧院西（石碑胡同)、宣武门西、西琉璃厂南、中轴线（天桥—珠市口段)。

规划对风貌协调区的定义是："风貌协调区指旧城内与整体格局保护关系密切、对传统风貌有重要影响的现状平房较为集中的区域"。提出的保护要求是："保留布局较完整、保存较好的院落，保留有价值的历史建筑、近现代建筑及其他历史遗存，改造与新建的建筑不得超过9m，且风格、色彩、材料要与传统建筑协调；保留区内胡同肌理，维护建筑与街巷、胡同原有尺度关系，拓展的道路宽度不得超过12m。"在规划的过程中，也曾试图再增加风貌协调区，但阻力较大，未能成功。

至今，仍有人对风貌协调区存在的意义有所质疑，认为风貌协调区里的建筑很破旧，根本不值得保存。但我认为尽最大可能保护原有的传统建筑，努力让传统平房区的更新改造能够与其原有风貌保持协调，是旧城整体保护的一个重要手段。如果没有这种努力，旧城就会被一点点蚕食。

目前旧城内各类平房区总面积约29km^2，约占旧城总面积的46%。其中：历史文化街区是33片，20.63km^2，占旧城的33%；风貌协调区1.83km^2，占3%；散落文物3.1km^2，占旧城的5%(图3-9)。

图3-9 旧城历史文化街区与风貌协调区（左）西四北历史文化街区（中）前门大栅栏历史文化街区（右）

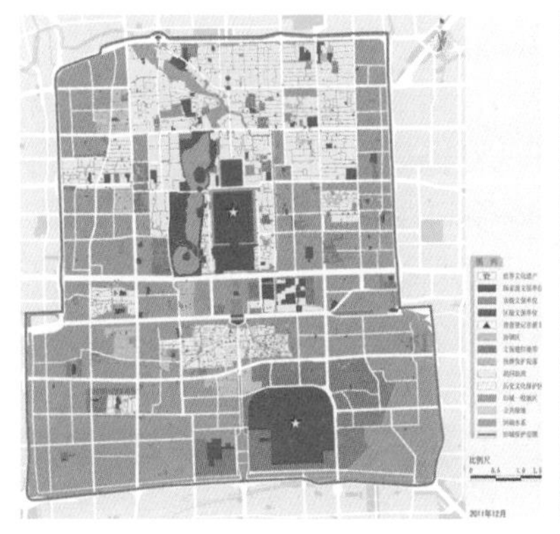

① 参见《北京中心城控制性详细规划》(01片区—旧城)2006。

3.2.2 编制历史文化街区保护规划

1. 第一批、第二批保护规划：见物不见人，自上而下

2002 年 2 月市政府批准了《北京旧城 25 片历史文化保护区保护规划》，这 25 片保护规划是由北京市的 12 家规划设计单位完成。

1）第一批保护规划的原则如下：

（1）针对重点保护区：保护整体风貌；保护街区的真实性；保护历史遗存和原貌；采取"微循环"改造模式；改善环境质量和基础设施条件，提高居民生活质量；积极鼓励公众参与。

（2）针对建设控制区：新建或改建的建筑要与重点保护区协调，或对风貌不产生影响；对新的建设要严格控制性质、高度、体量、形式、色彩、容积率、绿地率等；避免大拆大建；保存和保护有价值的历史建筑、胡同肌理和名木古树；什刹海、大栅栏、鲜鱼口地区的建设控制区应参照重点保护区的原则。

2）依据原则，规划方案大体有以下几个特点：

（1）强调整体保护，以原貌保护为主，以胡同、院落为基本单位进行保护与更新，避免成片改造，采用"微循环"方式，延续文脉。

（2）对保护区内的建筑保护和更新分为六类进行规划管理：文物类建筑、保护类建筑、改善类建筑、保留类建筑、更新类建筑、整饰类建筑。

（3）提出逐渐疏散保护区内的人口，减少城市道路的穿行，改善市政设施，加强环境整治，注重研究具体对策和措施，进行各类探索。

3）第一批保护规划的主要问题：

其一，虽然有保护规划的原则、标准和要求，但因参编的规划设计单位较多，水平参差不齐，对保护的理解和认识不同，部分单位还是以 1999 版的《中心城控制性详细规划》和《北京旧城历史文化保护区保护和控制范围规划》为参照依据。而前者在编制的时候是缺少保护理念贯穿的，故路网、高度等规划原则、标准并未针对旧城特点制定，与中心城、新城并无二致，后者其建设控制区的保护原则十分宽松。由此导致了部分保护规划依然有大量的城市级道路穿行保护区，其中还有非常宽阔的主次干道，譬如大栅栏、南锣鼓巷等街区。另外，在保护区的建设控制区里，高度规划达到了 45m。

其二，这一版保护规划还是比较关注物质（建筑）的保护，

没有非物质文化遗产的保护。对区内居民的生活需求、地区活力的关注度也很低，如生活条件提升、环境改善、产业发展等。

虽然规划原则里鼓励公众参与，但实际工作过程中基本没有系统的参与，对基层政府的需求和意见也缺乏深入的调研。由于缺乏基层的理解和支持，也缺乏具体的政策、措施，使得保护规划的落实性较差。

4）第一批保护规划的意义与作用：

尽管有诸多的问题，但25片保护区保护规划对名城保护工作而言具有非常重要的意义和作用。该规划展开了对历史文化街区的细致的现状调研、文化内涵挖掘，使我们对历史文化的丰富性有了进一步的认识；其保护原则、标准和要求，全方位涉及街区的建筑、交通市政、居民生活等，让我们对街区的历史沿革、现状情况、未来发展有了综合的思考；在规划编制过程中，学习借鉴国内外先进经验，创新工作方法，寻找适于地区实际需求的方案与有针对性的政策措施。

该规划是将保护的理念真正落到实处的探索，通过具体细致的工作，使我们的理论水平、实践经验都有了很大的提升。2000年11月召开了专家评审会，19位与会专家给予了高度评价，认为该项工作可称之为北京历史文化名城保护工作的里程碑，同时也将对全国的历史文化名城保护工作产生重大影响。

迄今，《北京旧城25片历史文化保护区保护规划》是北京43片历史文化街区中，唯一经市政府审批的，至今还发挥着积极的作用。

2. 第二批保护规划沿袭了第一批的编制方法

2004年北京规划委组织编制了《北京市第二批历史文化保护区保护规划》，旧城内5片：皇城、北锣鼓巷、张自忠路北、张自忠路南、法源寺。旧城外9片：丰台区卢沟桥宛平城，石景山区模式口，门头沟区三家店、爨底下村，延庆县岔道城、榆林堡，密云县古北口老城、遥桥峪和小口城堡，顺义区焦庄户。海淀区西郊清代皇家园林虽然也是第二批的保护区，但连范围都没有确定，所以也就没有编制保护规划。

但第二批保护规划总体原则与方法都是参照第一批进行的，没有本质的区别，依然有宽阔的马路穿行，有重点保护区和建设控制区，意味着建设控制区内依然可以较大地拆建，其中比较引人注目的是皇城保护规划。皇城包含了第一批25片历史文化保护区中的14片（景山八片、南长街、北长街、西华门大街、南池子、北池子、东华门大街）。

遗憾的是，第二批保护区保护规划除了《北京皇城保护规划》于 2003 年获得了市政府的审批外，其余的均未获得批复，主要原因也是觉得规划缺乏实施路径和具体的措施，难以推行。但由于长久缺乏相应的规划，街区的保护与发展都缺乏明确的方向，很多工作都停滞了，建筑日渐破败，街区活力消失，居民生活条件长期得不到系统的改善，给后续街区的保护与发展带来了困难。

《北京皇城保护规划》得到批复是因为皇城重要的地位，有中南海、故宫等，市区两级政府都有意愿促进其风貌保护和环境改善的工作。规划强调的是皇城整体保护，保证其风貌与格局的延续，正确认识发展变化，区别和慎重对待已有的新建筑，改善居住、工作条件和环境质量。为保护风貌，规划确定皇城内的建筑高度不得超过 9m，因此对一些不符合要求、影响较大的建筑进行了拆改。譬如欧美同学会北侧的市房管局办公楼、黄城根北街的京华印刷厂烟囱、北池子大街北端的北京证章厂办公楼（图 3-10）。

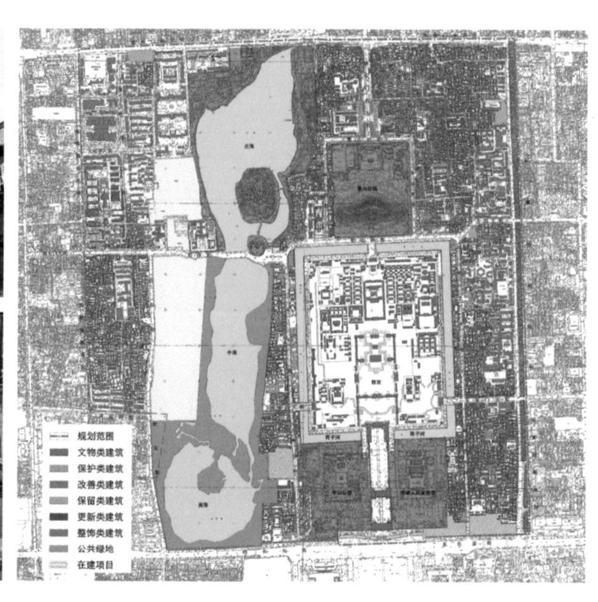

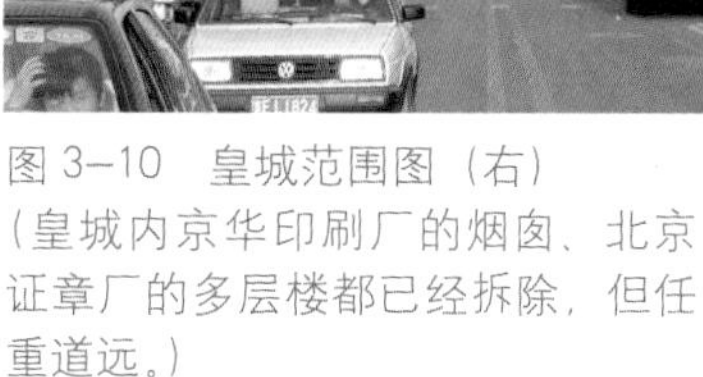

图 3–10　皇城范围图（右）
（皇城内京华印刷厂的烟囱、北京证章厂的多层楼都已经拆除，但任重道远。）

3. 第三批保护规划：关注居民生活条件改善，关注地区活力促进，公众参与

尽管第二批保护规划没有审批，但北京市规划委依然于 2009 年委托规划院开始第三批历史文化街区新太仓的保护规划编制工

作。此时，名城保护的形势已经发生了比较大的变化：有了新的《北京城市总体规划》（2004～2020年）及2006版《北京市中心城控制性详细规划》（01片区～旧城规划），核心区四区并成两区，名城保护委员会也成立了。总体而言，即是保护的理念认识有了进一步的提升，体制机制较之前有所完善。

关于2006版《北京市中心城控制性详细规划》（01片区—旧城规划）：鉴于第一批和第二批保护区保护规划有诸多不足，在编制2006版《北京市中心城控制性详细规划》（01片区—旧城规划）时，我们以加强旧城整体保护为原则，将文物保护和街区保护的要求与内容进行了整合，取其最严格的要求，在规划中予以落实。但这版规划没有获得市政府的正式批准，是以动态维护的方式进行落实，所以理论上《北京旧城25片历史文化保护区保护规划》是迄今为止唯一具有法律效应的保护规划。但较为幸运的是，在规划编制过程中，加强旧城整体保护的理念在规划委、规划院达成了广泛的共识，为此，特意将01片区—旧城的规划单拎出来专门上报了北京市市政府，并获得认可。故2007年规划委发布《中心城动态维护工作程序补充说明》，明确了01片区—旧城规划可以作为当前规划管理依据直接使用和执行。

所以，本次规划的目标是以新的保护理念为指导，探索创新规划方法，促进保护规划的实施。我们首先总结了前两批规划的经验，探讨规划实施存在的问题和难点，思考的内容趋于全面，如人口疏解、街区活力、资源利用、保护政策、多方合作等。确定了两个转变+两个拓展：

规划定位从促进物质环境优化向推动经济社会全面发展转变；规划目标从完成自上而下的任务向满足自下而上的需求转变；

规划内容从技术层面的指标、空间控制向实操层面的机制、政策研究拓展；规划成果从刚性严格的规范、要求向灵活可调的导则、策略拓展。

在规划过程中，与规划分局、街道办事处、当地居民以及第三方公众参与服务机构搭建了多方参与、信息共享的规划编制平台，探讨各类问题：人口如何疏散？街区活力怎样振兴？历史文化资源如何合理保护和更新利用？保护区相关政策如何制定和执行？政府、市场、居民、民间组织、专家学者等如何合作？

规划制定一整套保护与发展的实施路径，包括提出了“城市触媒”的概念，即在街区内寻找或引进推动街区产业升级和功能优化的元素；依据产权归属制定街区人口疏解的路线图；改变以往侧重建筑保护的思维，提出以院落为单位进行保护和利用；制定有弹性的空间控制导则规范改造行为；提出建立责任规划师和建筑师制度协助街区的更新维护；引入专业的资产管理和运作机构进行综合的策划，如文化宣传、产业引导等。

2010 年，在新太仓历史文化街区保护规划的基础上，东城区政府委托北京城市规划设计研究院开展东四南保护规划。因为有了新太仓的经验，做东四南保护规划时，我们聘请了北京建筑大学史论部的老师协助对保护要素进行判定，很多看上去貌似普通的建筑经专业眼光鉴定后价值大增，进而对文化内涵的挖掘也更为深入。同时，在规划编制过程中，更加注重全过程的公众参与，在规划之初即充分依靠街道和居委会，开展了大量的居民意愿调研。分析调研结果发现，70% 的居民愿意留居，且对自己的街区有很强的保护意愿。由此，规划目标确定为“建立以居住为主要形态的社区、老北京文化的活态博物馆”，之后的策略、措施都以此为核心展开。

规划编制期间，由街道牵头、查尔斯基金会赞助，将凌叔华家人贡献的故居改建为史家胡同博物馆，获得一致好评，街道就此也成立了“史家胡同风貌保护协会”。为了进一步服务街区，规划编制组的成员积极参与到保护协会中，成为志愿者，向街区责任规划师、建筑设计师迈进了一步。并且还申请了院里的科研课题，对公众参与的方法进行深入研究（图 3-11）。

图 3–11　史家胡同风貌保护协会老专家和年轻志愿者以及街道、居委会干部

3.3 旧城整体保护——从格局保护到政策制定[1]

从1950年梁思成先生提出的旧城整体保护方案的设想，到2004年《北京城市总体规划》的“坚持旧城整体保护”，我们走过了54年。期间经历了困惑、彷徨和无数的弯路，经历了他人的质疑和自我的反思，终于回到了原点。也就是我们通过了这么多年，终于认识到了旧城的价值和对北京及中华民族的意义。但用梁先生的学生吴良镛先生的话说就是：“旧城保护什么时候都不算晚。”

在《北京城市总体规划》(2004～2020年)之后，我们在2006版《北京中心城控制性详细规划》(01片区分册—旧城)中，对总规确定的各项原则予以了细化落实：一是针对物质空间形态提出保护其整体特征的措施；二是在保护的原则下，提出使其健康发展的策略。

2006年之后，随着实践推进，针对旧城整体保护也有过各种思考，开展过很多研究。2012年进行了《总规实施评估》，2013年进行了《历史文化街区保护规划实施评估》，2014年开始了《总规修改》工作。

以上这些评估都对旧城整体保护工作中存在的问题有了进一步的思考，譬如，是不是简单地功能疏解、人口疏解等。但鉴于这些思考还需系统总结，形成结论，故本节还是侧重概述2006版控规对旧城整体保护进行的工作。

3.3.1 保护与重构旧城整体空间格局要素

在《北京城市总体规划》(2004～2020年)中确定的旧城在物质形态保护方面有十个主要内容：

(1) 保护和发展城市中轴线

(2) 保护明、清北京城“凸”字型平面轮廓

(3) 整体保护明清皇城

(4) 保护旧城历史河湖水系

(5) 保护旧城棋盘式道路网和街巷胡同格局

(6) 保护胡同—四合院传统建筑形态(集中体现在历史文化

① 参见《北京城市总体规划》(2004～2020年)与《北京中心城控制性详细规划》(01片区—旧城)2006版。

保护区中）

（7）保护传统城市空间形态（严格控制旧城建筑高度）

（8）保护城市景观线与街道对景

（9）继承与发扬旧城建筑形态与色彩的继承与发扬

（10）保护传统地名和古树名木

1. 保护和发展城市中轴线

北京传统中轴线始于元代，形成于明清，南起永定门，北至鼓楼与钟楼，全长 7.8km，随着城市的扩大又向北、向南延伸，形成北中轴线和南中轴线，全长约 25km。长安街是新中国成立后确立的一条东西向轴线，虽然历史不长，但对京城的格局同样产生了重要的影响，所以其沿线风貌也应受到保护。

1）《北京中轴线城市设计》

2002 年北京规划委组织编制了《北京中轴线城市设计》，7 家设计单位参加，我院 2003 年 12 月完成了最终汇总。该方案是第一次对 25km 长的北京南北轴线进行了系统的思考。提出：

南北中轴线在内容上要延续文化内涵，结合社会进步有序发展。其中，北中轴端点是奥运公园，作为体育文化区的基本格局已经奠定，需逐步完善；南中轴端点在南苑机场一带，为预留的城市新区，以行政文化为主，有待努力推进。在空间格局要上加强轴线可达性，增设公共活动空间。

传统中轴线要力求保护传统风貌特点。方案依据特点将其划分了几段：钟鼓楼、什刹海、南北锣鼓巷段为民居展览馆；景山至前门段为历史文化城；前门地区为民俗大观园；珠市口至永定门段为皇家祭祀文化与民间艺术博物馆。

以中轴路道路中心线为基准，两侧各 500m 为控制边界，形成约 1000m 宽的保护和建设控制区域，严格控制建设高度与形态。旧城内，保护区外也不得超过 18m。500m 之外至 1000m 不应超过 30m 高度。

我院在汇总了城市设计方案的同时，编制了传统中轴线之外的北中轴及南中轴段的控制性详细规划，对沿线的土地利用和空间形态控制均提出了控制要求，后来又纳入了 2006 版《北京市中心城控制性详细规划》（图 3-12）。

图 3–12　中轴线城市设计定的 500m 与 1000m 的保护与建控范围

2）《北京中轴线保护规划》

2011 年，市政府提出中轴线申遗，为此，北京城市规划设计研究院受文物局委托编制了《北京中轴线保护规划》。这是继《北京中轴线城市设计》之后第二次对传统中轴线的思想背景、发展脉络等进行系统的梳理。从世界文化遗产保护的角度对传统中轴线进行了遗产构成的判定及价值评估；划定了中轴线的保护范围及建设控制地带；针对现状及保护要求提出了保护、整治、管理的原则、措施；同时进行了中轴线遗产展示规划；制定了项目实施分期建议和管理规划。在规划的编制过程中，分别向国家文物局及世界古迹遗址保护协会（ICOMOS）的专家进行汇报，获得了好评。很多国内专家表示自己也是通过这个规划重新认识了中轴线，对其蕴含的思想、价值及演变的动因都有了更深刻的理解。国外的专家则对轴线展现的以中为尊、居中不偏的价值取向表示了非常强烈的兴趣，且深感北京中轴线能够延续 700 多年，依然保持完整的格局并至今统领着全城的格局，在世界城市建设史上堪称壮举。

在保护规划之后，文物部门及东西城两区政府依照规划确定的 17 个项目开始了推进实施。主要包括节点历史记忆展示（如天桥位置的展示）、优化轴线视线廊道景观（如启动搬迁影响廊道景观的建筑）、修缮开放重要文物（如修复军队、少年宫外迁后的大高玄殿和景山寿皇殿）、重要节点的环境治理（如钟鼓楼广场周边建筑立面整治）、重点地区的织补（如启动钟鼓楼南侧搁置很久的马凯餐厅、时间博物馆的建设）。

尽管随着政府的换届，申遗似乎不再被提起，但借此机会传统中轴线有了一个系统的保护规划还是件非常幸运的事情。同时，因该规划通过了市政府的审批，对未来的保护工作无疑会具有强有力的指导作用（图 3-13）。

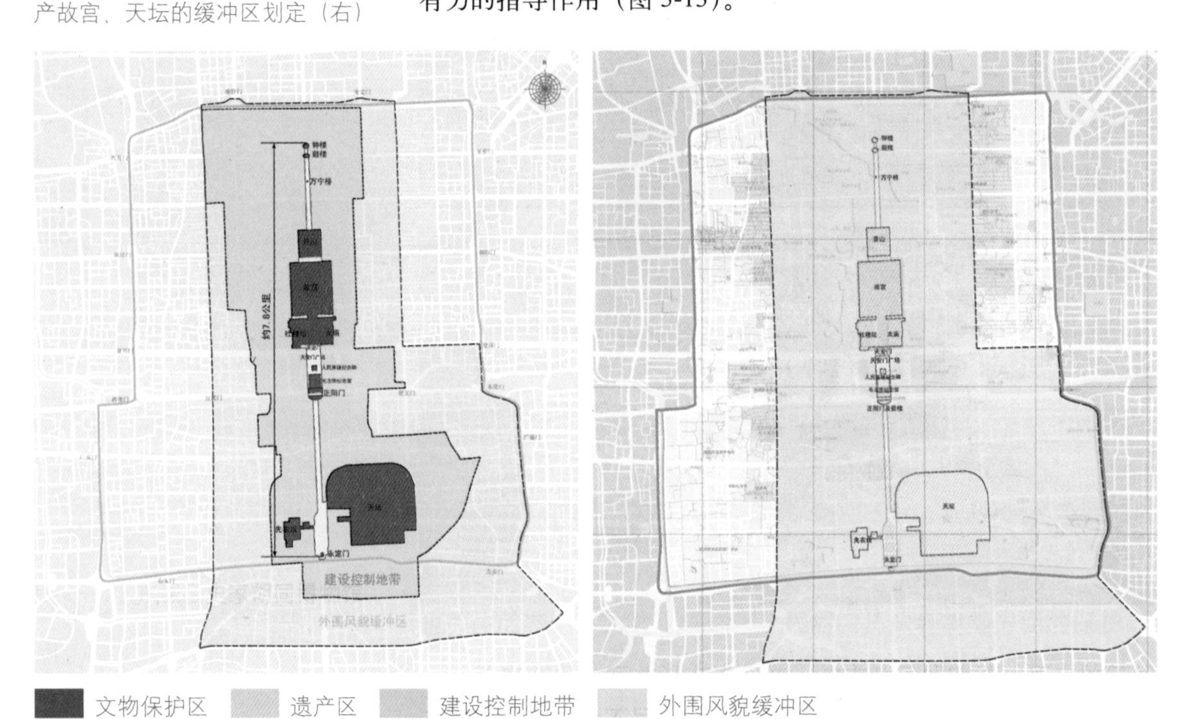

图 3-13　设立多层次的中轴线遗产保护体系（左）
外围风貌缓冲区：依据世界文化遗产故宫、天坛的缓冲区划定（右）

3）东西轴线长安街的保护与发展①：

（1）神州第一街——从无到有

元大都南城墙内的顺城街是长安街的雏形，宽度约 20m；明代筑外城后，长安街位于城中，但并不能通行；民国时将其东西贯通，铺上柏油，开放了天安门广场，初次贯通时的长安街是从西单到东单，长 3.7km，再向东西是狭窄的胡同；1959 年国庆 10 周年前夕，长安街分别向西拓至复兴门，向东拓至建国门，长 6.7km，路面宽度 35m，其中南池子至南长街段为 80m，与东西 500m、南北 860m 的天安门广场连为一体；后为了备战、游行的需要，长安街红线宽度定为 120m，道路断面为一块板形式；至今，长安街向西跨永定河延至门头沟区三石路，向东至通州区大运河广场，全长约 53.4km。

① 参考《北京规划建设》2006 年第 5 期，双月话题，《长安街历史变迁及发展方向》作者：李洪波，北京市城市规划设计研究院；新华网，新华每日电讯 7 版“长安街：一条显赫大街的前世今生”，2009-04-26。

（2）保持政治、文化的主导性质

1953 年《改建与扩建北京规划草案要点》确定以旧城为发展中心后，长安街作为"中央主要领导机关所在地"即被提出，宽度初步确定 100m。1958 年的《北京城市建设总体规划初步方案》，将北京城被定性为"全国政治中心与文化中心"，长安街的功能再次明确，即一条政治性大街，两侧以中央部委办公楼和文化建筑为主，宽度为 120m。到 1959 年新中国成立 10 周年大庆前，长安街两侧共建设了人民大会堂、革命历史博物馆、电报大楼、民族文化宫、北京火车站等 12 座建筑，其中以上几项被列为"十大"国庆工程，长安街的政治性、文化性得到了加强。

1964 年，6 家设计单位共同参与，对长安街进行了全面的规划研究和探讨，确定了影响至今的指导思想。1985 年，由 7 家设计单位参与制定了《关于天安门广场和长安街规划综合方案的建议（草案）》，补充了一些内容，如增加绿化等。

1992 年后，随着经济快速发展，商业金融机构开始大量进驻长安街。据城建资料统计，长安街 20 世纪 90 年代新建的 21 座建筑中，属于商业金融和写字楼类占了 14 座，占总数的 67%；而在 20 世纪 50 年代，这一比例仅为 17%。所以有人质疑长安街的政治性地位是否被削弱，并上书北京市要求维护长安街的功能定位。2007 年，国家大剧院完工，长安街的文化功能得到加强。

总体而言，位于旧城内这段，这条神州第一街的政治、文化性质得到了充分的尊重与发扬（图 3-14）。

图 3–14　从北京饭店看长安街（长安街总体控制较好。）

（3）保持建筑风貌的协调性

作为政治性大道，长安街沿线的建筑风貌与高度始终是得到控制的：建筑形式要端庄大方，复兴门至建国门段建筑不得超过45m。这个要求也得到广大市民的认同，但突破还是断断续续的。第一栋突破45m的建筑是1973年动工兴建的北京饭店东楼，20层、89m。20世纪90年代初，规模80万m^2、东西长500m的东方广场开建，引发了极大的争议。专家们几次上书市政府要求其降低高度，减小体量。我们当时也做了很多体块设计，提出具体的缩减要求。最终，高度自西向东降低为48m、58m、68m，但依然是个巨大的玻璃幕墙建筑，很令人失望。除了拆除了大量的民居之外，京城著名的东单菜市场也随之消失了，令人痛惜。

（4）保住沿街仅存的传统风貌区

民族文化宫对面长安街南侧沿街，是一片传统的平房区，即第三批历史文化街区南闹市口，著名的三味书屋即离街边不远。我们设想能够在长安街上留有一片具有传统风貌的区域，但此处的经济利益、形象地位实在重要，众多机构觊觎此地并展开争夺，能否保住实在堪忧。

（5）改善长安街的整体环境

1998年，为了迎接建国50周年大庆，北京市市委、北京市市政府决定对长安街及其延长线进行全面整顿。成立了"长安街及延长线整治工作领导小组"，经过近一年的时间，将"以人为本"作为出发点，对道路、步道、绿化、广告牌匾、地下管线、建筑立面、停车等进行了整顿，车行和人行环境及建筑面貌都得到大幅提升，特别是原来泛滥的广告得到了清理，其成就是让长安街跨入了提升品质、营造环境的提高完善阶段。但当时也是有些遗憾，譬如地砖选择了光滑不透水的，雨雪天路面很滑，难以行走，只好在奥运环境整治中予以撤换。

其实，每年长安街都会进行环境的治理维护，尤其在大型活动或重要年份动作更大，如北京2008年奥运会、2009年新中国60周年大庆等。

2. 保护明、清北京城"凸"字型平面轮廓

明清北京城的城墙及大部分城楼已经拆除，代之以二环路和立交桥，但内、外城"凸"字形城郭仍然是北京旧城的重要标志。而城内几重城郭的残留也是记录城市变迁的重要印记，这些都应采取相应的方法予以保护，整体强化宫城、皇城、内城、外城四重城郭的格局（图3-15）。

图 3–15　以绿色勾勒古城墙形状（左）复建的永定门城楼（中）明城墙遗址公园（右）

当然也有专家认为，这个“凸”型城墙是明为了防御而改成的形状，既不好看，也不是什么光彩形象，没必要保护。我倒是觉得筑城就是古人在冷兵器时代的防御手段，无可厚非，且这是历史的一部分，没必要纠结于此。

保护措施如下：

明清内外城墙的位置现为城市环路，为此，沿环路两侧规划留出象征城墙旧址及勾勒古城外廓的 30m 绿化带；为保护北护城河与环绕外城的南护城河，规划了沿河绿带。其中 1999 ～ 2002 年完成了大量的绿化任务，即为申奥做准备。包括西二环绿带、南滨河绿带、建国门西北角绿化、德胜门绿地、东便门遗址公园等。2006 年，又完成了北二环南侧旧鼓楼大街到雍和宫桥之间约 2km 长的城市公园。如今二环路的沿线绿带已经基本形成，里面设有休憩场所、体育设施，且有着很好的植物配置，成为市民喜爱的去处。尤其在春暖花开时，吸引众多游人前来观赏。

在皇城四至有条件的地方规划绿带，以明晰皇城的城郭；保护现存的城楼与城墙遗址及其周边环境，注重周边建筑高度、体量、造型的均衡和协调。2001 年，长 2.8km 的东皇城根城墙遗址公园完工。公园内，依据考证的位置和尺寸复建了一段城墙，用的是从民间搜集来的明代“大城砖”。因其位置重要，不单成为周边居民的休闲地，也吸引了大批的游人。

整个工程总投资 8.5 亿元，其中拆迁费 6.2 亿元，拆迁居民 900 多户、单位 270 个。①

3. 整体保护明清皇城

皇城总占地约 6.8km^2，作为我国唯一的、规模最大、最完整的皇家宫殿建筑群，具有极高的历史文化价值。将其整体设为历

① 数据引自博宝艺术网：“北京皇城根遗址公园破土动工”，2008-3-24。

史文化保护区，以紫禁城、皇家宫殿、衙署、坛庙建筑群、皇家园林等为主体，完整、真实地保护（图 3-16）。

图 3–16　从东向西望菖蒲河、长安街、故宫

具体措施如下：

（1）为保持皇城的风貌，就需要严格控制建设，但恰好皇城内中央及部队单位多，需求大，北京市还管不了，所以保护规划里“降低皇城内的人口密度，鼓励皇城内单位外迁”的要求很难完成。

（2）由此，重点的精力只能针对市属单位，包括逐步拆除对风貌产生影响的建筑，停止审批建设 3 层及 3 层以上的楼房，这其中有些已经落实，如 3.2.2 小节里提到的京华印刷厂的烟囱、北京证章厂的多层楼都已经拆除。

（3）改善皇城内道路和市政设施。

（4）改善皇城内重要文物周边的环境。位于皇城核心的故宫是世界文化遗产，除保护范围外，也有大片的缓冲区，其风貌保护及环境管理都非常重要。但目前看来周边环境很不宜人：街道上充斥着旅游大巴、私家汽车，与大量的游人穿插交织：服务设施缺乏，公厕永远排着长队，公家车站人满为患；标识系统缺乏，游人无所适从；流浪者捡拾垃圾随意堆放；无照游商常引发混乱。

宫墙外废品失火引发故宫“吐槽”①：2014 年 7 月 14 日中午约 12 点 45 分，南筒子河西北角公共绿地处松树下，一位流浪人

① 引自 2014-07-15 北青网北京青年报，作者：李宁。

员捡拾的一堆塑料瓶和报纸等废品起火冒烟，被北京六建集团施工方保安人员及时发现，并立即利用手边常备的灭火设备进行扑救，迅速控制了火情。据周边居民说，这里似乎是流浪人员的“仓库”，故宫周边有不少这样的隐患场所。

为此，有针对性的环境治理总在进行。如景山西侧建立了120个车位的停车场，以缓解周边胡同平房区及故宫、北海公园、景山公园旅游景点车位紧张状况。

4. 保护旧城历史河湖水系

灵动的水系自古就是北京城的重要组成部分，它们既承载着供水、防洪、灌溉、漕运等功能，又带给城市美丽的风景，增添魅力。旧城历史河湖水系主要为护城河、六海、筒子河、玉河等。为此，规划拟部分恢复具有重要历史价值的河湖水面，使其成为完整的系统，如菖蒲河、御河等（图3-17）。

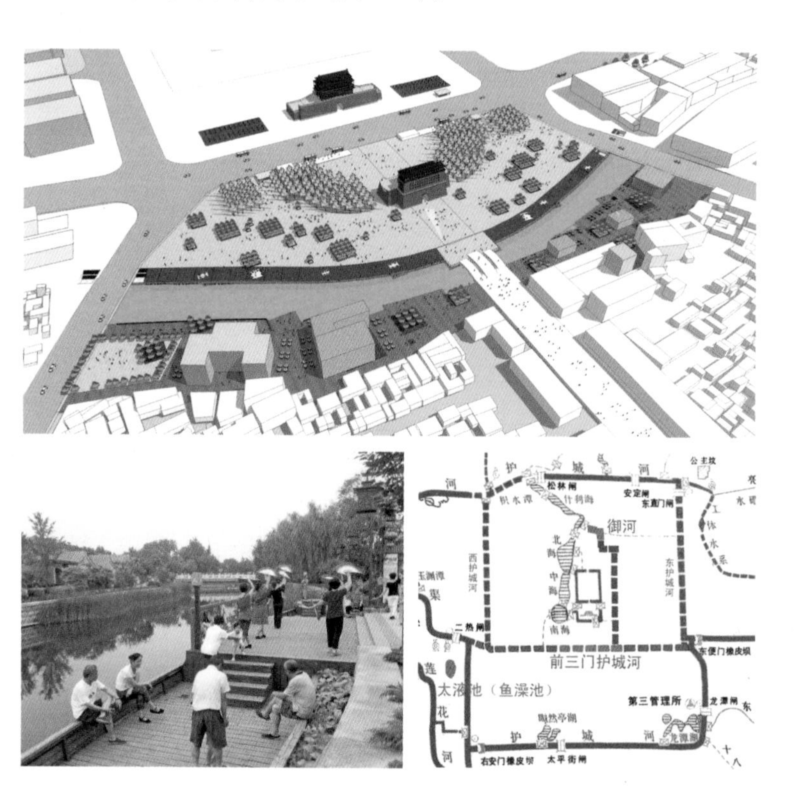

图3–17　平安大街北侧恢复的玉河段（左下）拟恢复河道（右下）前门南恢复河道景观意向（上）

2002年9月，西自劳动人民文化宫，东至南河沿大街，长510m的菖蒲河公园建成，将皇城根遗址公园和故宫、太庙、社稷坛、中南海进行了串联。

菖蒲河又称外金水河，源于西苑中海，流经天安门前，再沿皇城南墙北侧向东汇入玉河（御河），之后，经前三门护城河流往通惠河。“文革”期间，人们为了解决节日庆祝活动所用器材的存放问题，将劳动人民文化宫以东到南河沿的菖蒲河铺上了盖板，在上面搭起了临时用房、仓库、民房等，菖蒲河由此从明河变成了暗渠。

2013年，平安大街北侧的玉河公园基本完工，虽然公园修建的依然很漂亮，但并未像菖蒲河公园那样获得广泛好评，主要源于它沿线的开发建设模式。因该规划扩拆的范围过大，沿线居民全部迁走，房屋也大多拆除进行了全新的建设，建筑与人文风貌与原来全然不同。

西便门至东便门之间的前三门护城河是明代开挖的河道，也是内城排水的总出路，东西贯穿旧城，在1965年变成了盖板河。2004版《北京城总体规划》中认为，该河道无论从景观还是生态都极其重要，远期将予以恢复。在2006版中心城控规中进行了细化，规划70m宽的建设控制范围作为河道与绿带，并严格控制水系沿线（含规划）周边用地内的新建项目，但因其沿线很多地区已经进行了建设，恢复工作将是艰巨和长期的，在实际的规划管理工作中确实受到比较强烈的抵制。譬如位于崇文门的哈德门饭店进行改造时，开发商坚持要扩大面积，在区政府的压力下，规划作出了让步，规划河道进行了缩窄。2010年，也认真研究过前门南侧河道的恢复，进行了详细的规划设计方案，但因涉及交通组织、与地下管线与地铁关系及历史考证等，又搁置了。

5. 保护旧城棋盘式道路网和街巷胡同格局

北京棋盘式道路网始于元朝，定型于明清时期，虽然打通和展宽了一些道路，但基本骨架未变，依据出版的《北京旧城胡同调查实录》(2005年)，截至2005年旧城内共有胡同1353条，但保护区内仅616条，占46%。要从保护整体风貌出发，建立适合旧城尺度的道路交通系统（图3-18)。

旧城道路的规划建设原则：

2006版《北京中心城控制性详细规划》(01片区—旧城）是第一次最为明确地落实了总体规划关于“保护旧城棋盘式路网和街巷胡同格局”的要求。

图 3–18（a） 拓宽的西单南大街与未拓的西单北大街

图 3–18（b） 拓宽的东单南大街与未拓的东单北大街

（1）风貌保护为第一原则，故需调整原有路网规划和道路修建方式，采取道路降级、消除等方式，减少城市道路对旧城及保护区的穿越；

（2）旧城内路网：不再建设宽马路，以 15 ～ 25m 道路为主，并加密路网；

（3）保护区内路网：原则不再进行道路的拓宽，即便必须穿越的道路也不超过 12m，重点以梳理胡同为主，将 5m、7m、9m 的胡同纳入交通组织；

（4）风貌协调区：延续传统的风貌格局，保留价值较高的胡同，新修支路不超过 12m 宽；

（5）道路断面：同等级道路，在旧城内外采用不同的横断面宽度，尺度原则上要压缩布设（减少车道数和缩窄车道宽度）；

（6）道路红线与文物保护单位发生矛盾时，原则上道路避让文物。

这些原则在 2006 版控规编制时，就是靠交通、市政、工程、用地等各个部门争吵、妥协而来，虽然原则获得基本认同，但是一到具体操作时，曾经妥协的意见又会反弹。所以，至今，凡涉及旧城道路（胡同）调整，都需要从头至尾地把保护原则再阐释、强调一遍，再进行一番拉锯式争论。具体问题可在 4.1.5 小节、4.2.2 小节、6.3.3 小节、6.5.6 小节中寻找。

6. 保护胡同—四合院传统建筑形态

在 1.2.5 小节，对胡同—四合院有过描述，即从元代发展并逐渐完善的，以家庭为核心而营造的安静、朴实的传统居住形态，也是北方人民人文精神的重要承载场所，是北京旧城形象（甚至北京形象）的最重要标志之一。

2006 版控规时，充分认识到了这一点，明确提出既要保护其传统的格局，也要保护其承载的内涵，更应注重生活在其中的居民生活条件的改善。

虽然当时也认识到了任务的复杂性、艰巨性，如产权政策、体制机制掣肘等，但因规划编制的时间只给了不到一年，所以规划的处理方法还是比较简单的，即按照以街区主体恢复标准四合院为理想化目标来设定指标，也并未细化，如历史文化街区高度为原貌，容积率按 0.5 控制等。当时的设想是先按理想化控制，之后再慢慢研究调整，但这就忽视了控规作为法定规划的严肃性，导致很多理想化的指标在实践中是行不通的，给后期管理带来了麻烦。具体在第 4 章 4.4.1 小节会有所体现。

7. 保护传统城市空间形态（严格控制旧城建筑高度）

保护旧城传统城市空间最核心的就是保护旧城平缓开阔的传统空间尺度。虽然旧城的风貌由于高层的出现受到很大的破坏，但其轴线与核心部分尚保存完好。在 2006 版控规里，在现状的基础上将旧城分 5 个层次，采取不同方式进行建筑高度的控制：

（1）历史文化街区按传统建筑原貌进行保护；文物及保护范围按建控要求进行保护。两者总计约占旧城总用地的 44%；

（2）低层限制建设区新建建筑高度不超过 9m（重点针对传统风貌协调区）；

（3）多层限制建设区新建建筑高度不超过 18m（针对现状已经为多层区域的更新改造）；

（4）多高层限制建设区新建建筑高度不超过 30m（仅限于在现状多高层已经较为密集的区域进行的零星插建）；

（5）高层限建区新建建筑高度不超过 45m（仅限于在现状高层已经较为密集的区域进行的零星插建）。

这种分级方式，是想能够在现状的基础上风貌不再恶化，避免杂乱的空间形态，保持区域的完整性。之后，又提出要特别注意每个区域的边界应该认真对待，无论是协调还是对比，都应进行城市设计。当然，这仅仅是一种规划理念，具体操作时又是一番情景。自 2006 版控规以来，旧城内超过 45m 的建筑不在少数，80m 也有。

8. 保护城市景观线与街道对景

1）城市景观线

太行山与燕山山脉是北京城的主要背景，城市中有众多地标性的传统建筑，如楼、坛、寺、塔等，与自然山水构成了良好的城市景观。旧城整体平缓开阔的空间给观览远山与这些标志建筑创造了良好的条件，如著名的银锭观山。近现代由于多高层建筑的侵入，对传统空间形态产生了一定影响，故对那些重要的、具有代表意义的景观视线走廊应加强保护。在划定的保护范围内新建筑的高度需通过城市设计加以确定，已经存在的视线障碍需逐渐改造。

代表性的视线通廊如：银锭观山；（钟）鼓楼至德胜门；（钟）鼓楼至北海白塔；景山至（钟）鼓楼；景山至北海白塔；景山经故宫和前门至永定门；正阳门城楼、箭楼至天坛祈年殿等。

2）街道对景

同样，对于重要的景观建筑，要保护其历史形成的周边环境，控制周围的建筑高度，处理好街道与重要对景建筑的关系。如北海大桥东望故宫西北角楼，光明路西望天坛祈年殿，地安门大街北望鼓楼，北京站街南望北京站等。

有些景观线虽然很重要，但常人没有机会看到，所以给规划控制增加了难度。譬如我们一直要求控制从前门箭楼到祈年殿的视廊，可人们通常很难上到箭楼，就会有意见认为此廊道控制意义不大（图 3-19）。

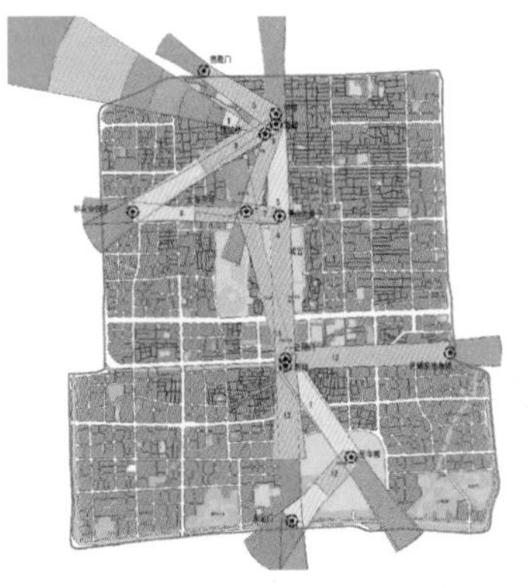

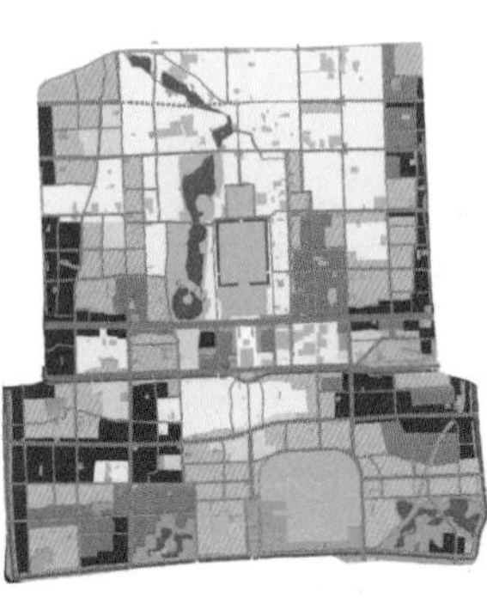

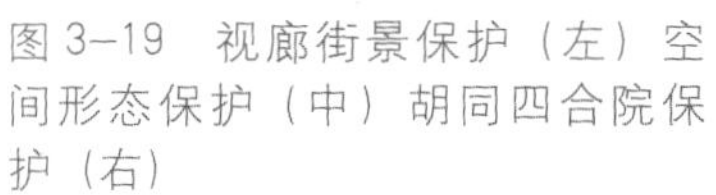

图 3–19 视廊街景保护（左）空间形态保护（中）胡同四合院保护（右）

9. 旧城传统建筑色彩与形态特征的继承与发扬

旧城内传统建筑以坡屋顶为主，色彩分类较为明确——黄瓦、红墙为主调的宫殿，绿、蓝瓦为主调的庙宇，灰墙、灰瓦、赭门为主调的民宅。为避免新建筑的形态、色彩在老城里过于突兀，2006 版控规提出：

1）屋顶：对旧城内新建的低层、多层住宅，应采用坡屋顶形式；

2）色彩：旧城内的屋顶色彩采用传统的青灰色调，禁止滥用琉璃瓦，墙体使用淡雅的色彩。

现在旧城里的民居修缮、改造，都喜欢用大红大绿的彩绘，虽然此为个人爱好，但笔者认为不够雅气，也没有全面传承老北京的民居特色。其实老北京的民宅，木作色彩很多为赭色甚至黑色。譬如现在到南城的草厂一带看看，黑漆大门随处可见。赭色、黑色，配上少许的彩绘，更显一种低调雅致。记得马炳坚先生说，他总是游说客户采用赭色、黑色，每每都遭到拒绝，故深感遗憾。

10. 保护传统地名和古树名木（图 3-20）

1）传统地名

北京的许多传统地名、街道胡同名称一度遭到大量的修改，使人们淡忘了它们蕴涵的历史事件、风土人情与地理特征。故要将其列为重要的保护内容之一，恢复或记录遭到修改的地名。

图 3–20　保护传统地名与古树名木（采用适宜北京的绿化。）

2）古树名木

长久以来北京的古树都有挂牌标识，严禁砍伐。但相当长时期对那些没有标识的现状树木保护意识不足，导致许多成年大树在道路、房屋等建设过程中遭到砍伐。因此：

（1）要制定严格的法规与程序进行保护。

（2）制定“北京市名木标准”和“准古树”确定标准，并向社会公示。

（3）完成古树和准古树卫星定位普查工作，并建立古树数据库及地理信息系统。

（4）对濒危和长势衰弱的古树开展拯救工作。

曾经为了追求视觉效果，绿化采用了不适合北方生长的植物品种和植被形式，如大草坪。加大了人工、水资源等维护成本。需鼓励采用北京传统的并适于生长的植物品种，如槐树、月季等及有利生态、节约人工和水资源的植被形式，如以乔灌木为主。

3.3.2　提出促进旧城健康发展的策略措施

在通过了抢救性地划定物质形态保护的要素与原则之后，又经历了各种保护规划的实践，人们逐渐认识到仅有物质形态的保护还远远不够，必须能够与城市的发展紧密结合，注重促进老城的活力，达到宜居乐业的目标。故在2004版总体规划和2006版控规里都注重提出了策略措施，以期使各个部门在后续的几年都能够有的放矢地开展工作。

至今，有些策略需要反思，如人口疏解目标是否合理等，但还有很多自始至终都未得到有效的推进落实，如健全的体制机制建设等。

1. 疏解旧城人口

据统计，2007年末，北京市常住人口密度为995人/km^2，而中心四个城区平均约为22539人/km^2，相差近22倍，而旧城内人口密度更高，一些街区甚至大于35000人/km^2。

1）人口密度过大势必影响生活质量，如人均居住面积低，绿地少、环境差，交通拥挤等。为创造良好的生活居住环境，总规确定2020年，旧城人口应控制在110万。2006版的旧城控规更进一步提出2010年即将旧城常住人口从138万降到110万人，2020年降低到90万，人口密度144人/公顷，远期力争80万人，人口密度129人/公顷。

2）策略措施

结合解危排险、保护修缮、文物腾退、四合院买卖、“城中村”改造、市政设施建设、政府收购等多种方式加快人口外迁。

制定货币奖励、现房安置、置换面积等多种政策鼓励人口外迁。

当时提出较大的人口疏解规模是基于提高人均居住面积的想法。因为旧城历史文化街区内人均住宅建筑面积 10m^2，街区外为 19.7m^2。而当时住建部统计北京市人均已达到 32.86m^2。但旧城显然不能与外面相比，所以规划按照旧城内人均 25m^2 计算，认为旧城内人口应从 138 万降至 90 万，即疏解大致 35% 的人口，并将其定为了 2020 年的规划目标。同时，通过测算，彼时按 90 万人口，即可基本恢复院落格局，城市面貌将得到极大改善。

2. 调整用地功能

规划认为，旧城作为城市的核心，其功能虽然齐备，但过于集中，级配不合理，因此应结合中心城的调整优化和新城发展，疏导过于集中或不适合在旧城内发展的职能与产业，鼓励适合传统空间特色的文化事业和旅游产业，以第三产业为主导发展方向。

1）适时迁出工业、公交场站、低端的小商品市场以及在旧城内因用地限制难以发展的行政办公、文教、医疗等单位，腾出用地；

2）限制对保护不利的产业，完善文化、服务、旅游、特色商业和居住等主导功能，创造更多的就业机会，特别是提升旧城居民从业人口在旧城中的就业比率。

3）充分利用文物古迹、平房四合院发展适宜产业。

3. 优化交通结构

明确了“保护第一、以人为本”的原则。为了保护旧城空间形态与肌理，在对路网结构、道路断面进行调整的同时，交通结构及相关政策必须有所跟进：

1）优化调整出行结构，加快加大地铁规划建设，优化地面公交线网布局，缩短换乘距离，增强公交吸引力。2020 年规划公交承担居民出行量的 65%。

2）鼓励步行与自行车交通，在道路建设上给自行车、行人更多空间和路权，提供安全、便捷、舒适的环境。

3）积极研究交通政策，如部分地段对小汽车限时，停车场低水平供应，提高旧城停车费用，收取进城费等，引导小汽车使用。

4. 完善市政基础设施

市政设施建设对于居民的现代化需求至关重要，采取新的技术、材料等使现代化设施适应传统空间，达到良好的效果是一项紧迫的任务。

1）制定《北京旧城城市基础设施设计技术规范》，抓紧试点，摸索基础设施改造的实施办法。

2）加紧完善基础设施，如为“煤改电”配备的变电站、开闭站等。

3）开展地下市政管廊的研究，进行试点。

5. 引导特色区域的发展

旧城整体格局完整、协调，但其悠久的历史和丰富的资源又产生了区域间的差异，各区域具有非常鲜明的特点。因此，不同区域的规划建设应结合地区的历史、现状及发展意向强化其特点，以达到错位发展使旧城更具吸引力，更有活力。因此2006版控规针对当时四个城区的不同地段和功能区提出了引导发展的建议：

1）西城区：什刹海风景旅游区、阜景文化旅游街、西单现代商业中心区、金融街；

2）原宣武区：琉璃厂文化产业园、大栅栏古都风貌游览区、菜市口商业中心区、宣武门外的传媒大道；

3）东城区：钟鼓楼及南锣鼓巷居住区、雍和宫传统文化旅游区、王府井现代化商业中心区、东二环交通商务区；

4）原崇文区：鲜鱼口特色商业街区、龙潭湖体育文化园区、崇外大街现代化商业中心区。

同时，针对皇城功能的特殊性，提出了“皇城核心功能区”。

6. 加强公共空间的规划，建立以人为本的街道环境

公共空间和街道是人们活动、交往、感知城市的重要因素，也是塑造城市形象的要素。鉴于旧城公共活动空间少，街道环境不佳，对人们感受旧城魅力有很大的影响，所以2006版控规特别对这部分工作进行了导引，提出增加与旧城空间相适应的小型广场和绿地，形成城市型、特色型、街区型三类，建立完善的公

共空间网络；挖掘特色街道，形成集历史文脉与景观为一体的体验线路。

建议优先完善一些街道：

1）皇城风貌特色街道：北长街、南长街、南池子、北池子、景山前街

2）传统居住特色街道：前、后、西海沿岸街道、柳荫街、前海西街

3）历史文化特色街道：东西琉璃厂街、国子监街

4）品牌商业街道：东单大街

5）民族风情特色街道：牛街

6）近现代建筑特色街道：东交民巷

7. 结合旧城特点确定公服规模与布局

1）依据旧城的人口结构特点设置公服，如增设养老设施；

2）依据旧城的空间特征设置公服，如学校空间分散布置，整合利用；

3）利用历史文化资源设置文化设施；

4）不必要的市政、交通站点不在旧城内设置。

8. 建立长效的保障机制和健全相关的法规与规划

针对机制体制的制约和法规不健全及规划缺失，特别提出了：

1）建立旧城内外区域的统筹机制，避免一切问题都在旧城内自行解决带来尖锐矛盾。

2）加强政府各部门的协调机制，促进工作的顺利展开。

3）调整与旧城保护有矛盾的规划内容和各项规定，研究适应旧城的标准规范。

9. 鼓励公众参与

尽管2008年《中国城乡规划法》的出台要求必须进行规划的公众参与，但在之前，社会上的公众参与活动已经逐渐展开。当时给我印象较为深刻的是NGO组织“北京文化遗产中心”，宗旨是帮助社区居民保护自己的遗产。开展了“老北京之友”项目，组织志愿者调查监督保护规划的执行情况，定期向政府部门反映问题；设立了“文保热线”，解答关于遗产保护的咨询并进行宣传等。我和同事们参加过几次活动，还应邀去做了几次讲座。志

愿者的热情和付出很让我们感动。深刻体会到，历史文化名城的保护与发展和广大市民的切身利益密切相连，也是每个人应该担负起的公共责任。

所以在2006版中心城（01片区—旧城）控规里特别提出要尊重群众的知情权和监督权，积极开展公众参与，提升政府决策的公平公正与科学合理性。控规提出：建立相应的机制，鼓励居民与志愿者的热情，引导其有效参与，是今后工作的重点。

3.4 文化遗产保护——保护体系的进一步完善①

相对于旧城而言，文物保护、历史文化街区保护、旧城整体保护三个层次的保护体系已是较为完整，随着"文化遗产"概念的兴起，又对这个体系有了进一步的完善。

从概念上看，"文化遗产"很容易理解，它包含有形的"物质文化遗产"和无形的"非物质文化遗产"，依据故宫博物院单霁翔院长的阐述，文化遗产具有以下特征：

1）在文化遗产的保护要素方面，从重视单一的文化要素的遗产保护，向同时重视由文化要素与自然要素相互作用而形成的综合要素保护的方向发展；

2）在文化遗产的保护类型方面，从重视现已失去最初和历史过程中使用功能的古迹、遗址等"静态遗产"的保护，向同时重视仍保持着原初或历史过程中的使用功能的历史文化街区、历史文化村镇、工业遗产、农业遗产、文化景观等"动态遗产"和"活态遗产"保护的方向发展；

3）在文化遗产保护空间尺度方面，从重视文化遗产的"点"、"面"的保护，向同时重视因历史和自然相关性而构成的"大型文化遗产"和"线性文化遗产"等文化遗产群体保护的方向发展；

4）在文化遗产保护的时间尺度方面，从重视"古代文物"、"近代史迹"的保护，向重视"20世纪遗产"、"当代遗产"的保护方向发展；

5）在文化遗产保护性质方面，从重视重要史迹及代表性建筑，如皇家宫殿、帝王陵寝、庙堂建筑、纪念性史迹等的保护，向同时重视反映普通民众生活方式的"民间文化遗产"，例如"传统民居"、"乡土建筑"、"工业遗产"、"农业遗产"、"老字号遗产"

---

① 参见顾军、苑利.《文化遗产报告》，社会科学文献出版社，2005。单霁翔.《文化遗产保护与城市文化建设》，中国建筑工业出版社，2008。

以及“与人类有关的所有领域”的文化遗产保护的方向发展；

6）在文化遗产的保护形态方面，从重视“物质要素”的文化遗产保护，向同时重视有“物质要素”与“非物质要素”结合而形成的文化遗产保护的方向发展。

在2006版中心城（01片区—旧城）控规里面，我们对非物质文化遗产的论述很少，将其放在了“其他历史遗存保护”的条目里。可以看出，那时，尽管对非物质文化遗产有了一定的认识，但还没有将其与物质文化遗产建立紧密的联系，这也意味着我们在保护的理念上还有所欠缺，系统性和整体性有着明显的不足。

用联合国教科文组织驻北京代表青岛泰之博士的话“一个民族的文化遗产是该民族现存的文化记忆。”同时单霁翔先生也强调：“文化遗产是一个国家、民族、区域、城市、社会共同生活人群的‘集体记忆’。因此，作为当代人，我们并不能因为现时的优势而有权独享，甚至随意处置祖先留下的文化遗产。要注重其在全球化背景下，保持文化多样性和民族独立性方面的重要作用，注重其世代传承性和公众参与性。”①

可以说，北京2008年奥运会前后北京的保护工作都是参照以上几条，以“内涵挖掘、外延扩展”的原则进行的，即从原来的关注静态遗产、古代遗产、王府、文物本体等方面的保护，到也关注活态遗产、近现代遗产、民居、历史环境等方面的保护。

但也不可否认，任何理念都会有一个逐步认识的过程。“文化遗产”保护的具体形式该怎样，在现阶段并没有达成共识。譬如前门大街及其东侧历史文化街区，以加强保护、挖掘文化内涵的名义，进行了人房分离的改造，产生了翻天覆地的变化，似乎与“保持世代的传承性与公众参与性”相去甚远。这种打着新理念名义的地产开发也是我们在新的形势下必须予以注意的！

3.5　以前门大栅栏地区为例看规划思路的演变

前几节我简单梳理了旧城保护工作体系，这一节我想用前门大栅栏地区做个案例，请大家看看随着保护体系的完善，具体到实际工作会是怎样进行的。

3.5.1　大栅栏地区的概况

大栅栏地区历史悠久，在历史上曾经是金中都与元大都间的

① 单霁翔．《留住城市文化的“根”与“魂”》，科学出版社，2010。

近郊。元大都建立初期，金中都老城内仍有不少街市，与大都之间人货往来，自发形成了若干由西南斜向东北的商业街市。明永乐时营造北京，在此处新建了几条称为“廊房”的商业街，即今日廊坊头条至大栅栏(四条)。在斜街以西开设了官办的琉璃窑场，即今日东、西琉璃厂。清代大栅栏地区是北京最繁华的市井商业区，琉璃厂是最著名的文玩古籍和民间工艺品的市场。1900 年大栅栏遭火灾。其后约 10 年时间又重新修建，商业更加繁荣。新中国成立后，大栅栏与西单、王府井一起为北京三大市级商业中心之一。

从 20 世纪 80 年代以来，这一地区逐渐失去往日的风采。首先，由于新型商业中心的逐渐兴起，前门的小商业和传统商业受到冲击，客户缩减，自身品质也不断下降，成为低廉甚至假冒伪劣产品的销售地；其次，由于外来人口的增加，导致地区人口密度为北京最高，达到每平方公里 4 万多人，造成大杂院拥挤异常，胡同空间也不断被占用，空间形态与肌理遭到破坏；由于人口拥挤、空间狭小，导致市政基础设施难以铺设，房屋也年久失修，危房增加了许多，居民生活条件较差。

尽管如此，这一地区的传统建筑、街巷格局、商业业态、民风民俗等传统元素得以基本保留。其独特性、完整性及社会认同性都使其构成北京历史文化名城的重要组成部分，对北京历史文脉的延续起着不可或缺的作用。

3.5.2　文物保护单位阶段

1995 年我第一次接触旧城的项目，有个新中实公司想开发前门大栅栏地区，委托我院进行控制性详细规划，我就是那个规划设计人。该公司表现得很有雄心，开发范围包括前门大街两侧，连道路在内总计 1.94km^2，拟将居民大部分迁离，整个区域作为以商业、文化为主，附有居住、旅馆和办公的综合区。记得那时正值房地产业喷涌向上之势，政府对该项目也全力支持，保护区的概念尚未出来，而我个人作为一个从南方院校毕业不久的新人，对旧城保护基本处于概念不甚清晰的状态。

1）道路规划：对于保不保胡同肌理，经分析认为，为适应现代社会的需要，丢卒保帅是必要的，必须规划新的路网，故依据总体规划确定的路网格局，拓宽外围的主干道：前三门东西大街拓宽至 90m，前门大街 80m，珠市口东西大街 70m，南新华街 60m；穿越整个区域有南北、东西各两条 40m 的次干道；及按 1 公顷左右加密支路网。最终形成了一个方格网，占地 30%。仅将几条有特色的斜街保留为步行街。

2）高度控制：在保护中轴线的情况下，前门大街两侧 12 ～ 18m；保留的步行商业区 9 ～ 12m；前门至天坛的视线走廊 12 ～ 18m；其余则从 18m 一直到 45m。

3）文物及历史街区保护：保留各级文物 11 处；保留斜街作为步行区 0.1663km^2；前门至天坛视线走廊一条。但除了文物外，其余均为可拆建。

幸好该方案随着开发商算不下那笔经济账而不疾而终。

3.5.3　历史文化街区阶段

2001 年，北京市商务委员会拟恢复前门地区的活力，委托北京市城市规划设计研究院开展规划。那时，已经有了《北京旧城历史文化保护区保护和控制范围规划》，对保护本人也有了初步的认识。规划认为前门地区有大量历史遗存和深厚的文化积淀，虽然基础设施条件和房屋质量较差，但不宜采取“推平头”式的全面改进方法，应采取走整修、改造、有机更新的路子，坚持保护与利用相结合、保护与发展相结合的原则，妥善保护历史风貌，发挥历史文化街区的特色。在这版规划将前门大街确定为步行街。

2003 年，我们又受原宣武区政府的委托开展大栅栏地区的规划，此时《北京城市总体规划》（1991—2010 年）已经明确提出：《北京 25 片历史文化保护区保护规划》也获得政府批准，大栅栏正是 25 片之一。

规划进一步从理念上摒弃了全面大拆大建思路，提出：“科学保护，有机更新，激发活力，提高品质”。

但这个阶段，房地产开发的热潮还未散去，即便是原宣武区政府的委托，依然没有脱离以开发促保护的操作模式，这一点从规划原则可以看出一点端倪：

1）历史文化保护的要素量化原则。

2）用地功能的弹性区划原则：侧重其特色功能的区域划分。

3）风貌控制的分级分类原则：历史风貌重点保护区、历史风貌控制区、历史风貌延续区、历史风貌协调区。

4）市政交通的技术保障原则：在最大限度保护历史肌理的前提下，以技术和管理弥补空间。

5）实施规划的循序渐进原则：选择房屋破败，易见成效的地段（月亮湾、煤市街）为起步区，结合南新华街改造，由东西两侧向中部推进。

其中第三条“风貌控制的分级分类原则”是延续了《北京 25

片历史文化保护区保护规划》的方式，其实就给拆旧建新有了借口，只有在重点保护区里才是原貌保护，其余几个区域里都是可以拆建的，且部分区域可以达到 30 ～ 45m。这也就直接导致了后面“最大限度保护”和“选择房屋破败，易见成效的地段为起步区”这样给开发提供突破的原则。

本次规划的另一个进步就是关注了地区的功能混合：保留传统风貌居住地 11.9%，传统风貌商业区 11.7%，传统风貌商住区 19.6%，综合商贸区 14%，传统文化旅游区 17.4%。

规划尽管未脱离原有的主、次、支道路网规划，但提出了“兼顾传统风貌保护与现代城市交通功能的需求”，进行了较大的调整，取消了穿越保护区的城市干道，尽量依据原有胡同线型开辟城市道路，但要避让文物建筑，缩减道路红线，与传统街巷肌理、尺度相协调（图 3-21）。

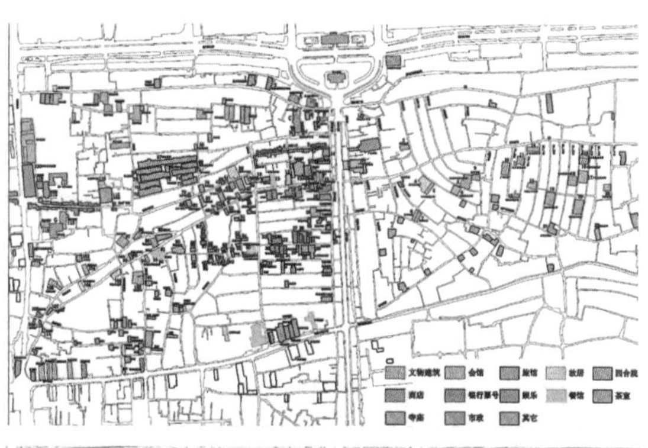

图 3–21（a） 前门地区丰富的历史遗存

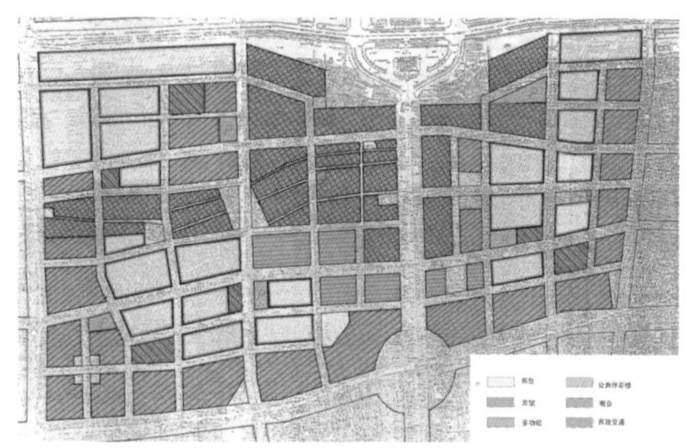

图 3–21（b） 1995 年开发商方案

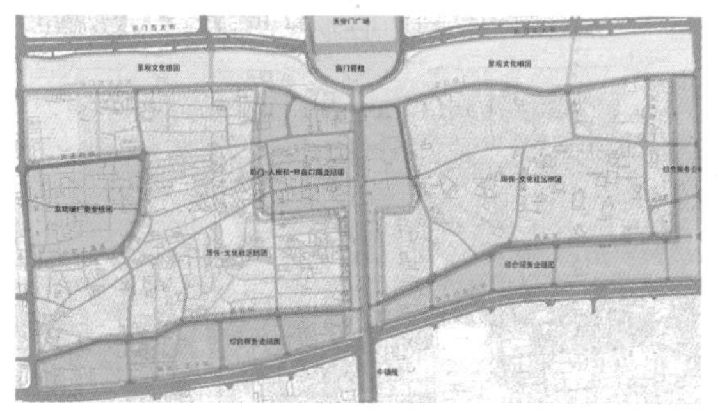

图 3–21（c） 2003 年保护规划方案

对于市政则提出“采用新技术，减小市政管线的埋设间距，尽量保持胡同的原有尺度”的要求。

3.5.4 旧城整体保护阶段

在2004版总体规划确定了旧城整体保护之后至今，负责大栅栏地区更新改造的区属公司——大栅栏投资有限公司陆续做过几版规划，均没有了大拆大建的影子，开始探索以修缮和整治为主的微循环路子。如投入了大量的资金进行市政设施的改造，制定居民自由选择留下还是离开的方案。留下的，依据自己的意愿或居住，或商业，商业模式可自营，也可与公司合作，离开的可以货币补偿或者有定向安置房源。居民腾退的院落由公司收购后引进适宜的产业，以带动地区的活力。虽然，在探索的过程中困难重重，如缺乏资金、缺乏政策等，但坚持整体保护的思想是比较坚定的。同时，积极创新工作方法，以获取社会公众和当地居民的理解与支持，赢得社会资本的入注。

譬如2009年，大栅栏街道及大前门投资有限公司一起，将地区的“微循环”改造方案展示给居民，成立了居民联络小组，对房屋修缮的方式征求大家意见。在进行市政改造时，因胡同施工，居民出行不便，成立了帮困小组，帮老人、残疾人买菜和日用品，良好的服务获得了居民的赞誉。在施工期间，大栅栏西街的112户商家停业，但无人投诉。改善后的街道，民生得到保障，风貌得到保护，产业得到提升。

2011年开始，大栅栏加入了北京国际设计周的活动，在传统街区引入了具有时尚元素的宣传和导览LOGO、前卫的展示活动，吸引了大批国内外游人前来感受这种传统与现代碰撞的氛围，取得了非常好的宣传效果，也就此引来了基金的支持。

目前街道办事处、负责该地区规划的大前门投资有限公司以及第三方NGO组织针对该地区公共空间的合理利用、居民低洼院的改造、地区旅游线路的设定、产业提升等开展进一步的公众参与活动（图3-22）。

图 3-22 (a) 杨梅竹地区的发展意向

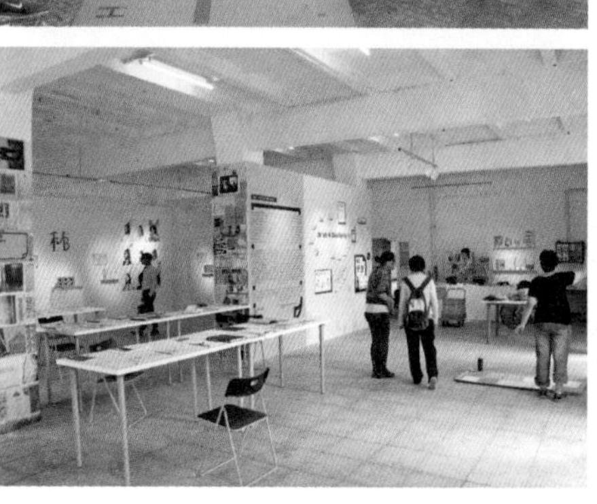

图 3-22 (b) 大栅栏北京国际设计周
(给老区带来新旧碰撞的氛围。)

第4章

制约旧城有效保护与特色彰显的问题

第 4 章
制约旧城有效保护与特色彰显的问题

虽然这些年保护工作不断完善，但制约保护的问题很多，一些貌似很小的事情就可能导致很多美好的理想难以实现。这些年一直在慢慢解扣，但一一叙述不太现实，所以本章结合自己的工作，重点对一些多年未解的难点或新形势之下出现的新问题进行梳理。鉴于每个问题都可以长篇大论，故在此仅侧重于问题的提出和观点的概述。

4.1 在保护理念和方法上未达成共识

虽然社会各界对保护基本达成共识，但到底保护什么、如何保护、却各有所见。即便是在规划界，也经常会听见有人说，我们把那些文物好好保护就行了，为什么还要保护那些破房子呢？旧城交通这么拥挤，不拓宽道路怎么解决问题呢，我们让开文物不就行了？这些观点之争对处理保护与发展的关系以及促进工作开展颇具影响。

4.1.1 什么是历史文化街区的原貌保护？

1. 对原貌保护的理解各有不同

目前大家对历史文化街区原貌保护似乎从理念上都是认同的，但具体怎样做算是原貌，各人理解不同。

极端保护派：主张原来的传统建筑不应拆除（违法建筑除外），只应该进行修缮，恢复原有面貌；胡同的宽窄和走向也应完全保留，不得更改，如此才是对历史的尊重。

发展保护派：认为中国传统老房子是砖木结构，现有的很多墙体用的是核桃砖（因经济原因使用了碎砖头），经历了百年，且在过去的几十年中又缺乏维护，很多已经很难修复或代价极大。而原来的建筑空间过于狭小，无法满足现代人的功能需求，譬如四合院的厢房，一张双人床进去就占据了大半的空间。况且也不是每个人都喜欢那么传统的形式，有些人更愿意让传统的元素穿插于现代的生活空间。同时，现在的四合院内也不全是居住功能，还会有些小型办公、画室、餐厅等，不同的功能对空间的需求也不尽相同，建筑的形式也应有所适应。而对胡同而言，为了居民改善生活条件，应铺设必要的市政管线，个别路段可以对宽度与线形进行适当调整。

对于那些插建在街区内的工厂、楼房等，观点也不一致。有人认为都应拆除，恢复成传统平房四合院的形式；另一观点即是可以充分利用。

其实，这些争论主要集中在学术界，而大多数居民、租户则基本不理这一套，多按照自己的需求、喜好和财力来改造自己的房屋，但得不到专家的认同（图 4-1）。

图 4–1　历史街区内居民依据自己的喜好建造房屋

2. 笔者所属中间派

为了让历史文化街区有一个可循的发展轨迹，必须要保持一个较为完整的由传统历史建筑和院落构成的本底。包括必须要原貌保护的文物、挂牌保护的四合院及被认定为有价值的历史建筑和院落。但这些还不够，对于没有纳入法定保护和规划认定的，要出台政策、措施、导则鼓励并引导用户以传统的风貌格局及做法建设自己的居所。以新太仓历史文化街区为例，保护规划确定需要保存的建筑和院落各占总数的40%左右。两项叠加，基本能有60%的院落是必须按原貌加以修缮和维护的，这样就有了一个很好的本底。对另外的40%，政府可以收购一部分按传统风貌保护或翻建，作为街区的样板，余下的由业主依据规划设计导则，结合自己的需求自行发挥。

对于文物、挂牌四合院、有价值历史建筑，应采用传统的技法、用材。因此要制定鼓励政策并建立保障制度，培养建立专业的设计、施工队伍，确保传统建筑的工艺和其中的文化内涵得以保存和挖掘，以使其世代相传。

日本伊势神宫的“造替”制度，即每隔20年，将旧神社拆除，在邻地上以传统的材料和技法重建一个，至今已经有120次了。

对于完全使用现代技术、材料，如钢筋混凝土建造的建筑，则没必要强求去做一个仿古形式，关键是提升设计水平，有设计和管理导则使其在尺度、色彩、建材等方面与街区协调。个人以为这类的新建筑，尺度和色彩必须与街区传统建筑协调，建材可以丰富多样，玻璃的、铁皮的都可以，但做工要精细，如此整体感观就不会差。

原有的胡同街巷格局应最大限度地保留，并制定设计与管理细则，对面向街巷胡同的房屋空间及面貌严格管理，保持原有的胡同肌理、尺度和形式，让街区的历史风貌具有整体性，但一些影响安全的堵点可以打通，个别带来安全隐患的胡同可适当拓宽，以疏导交通、铺设管线。

案例：2011年3月31日9点，西城区双旗杆东里某居民楼发生火灾，因道路狭窄，消防车难以进入，消防员接起近500m的水管才将火扑灭。2011年4月5日，东城区葱店二巷5号院因煤气罐爆炸引发火灾，院内有7~8户居民，胡同较深，路旁堆放杂物，最窄处仅1.5m，院门前小路宽不足1m，消防员只能接起600m的水管将火扑灭，居民一度有6人被困，其中3人轻伤。

对于原来的工厂、多层楼房等，除非对重要的历史景观有严重破坏的需要拆除外，可以保留，鼓励进行改造，引进与地区相适应的功能。即便是拆除的地段，也没必要一定要建成四合院，只要与街区的尺度、色彩协调即可。

历史文化街区是人们生活的地方，是活态博物馆，所以建筑形式与空间格局应该结合现代的功能需求，采取“原貌加风貌的保护”。所谓“风”可以理解为风格、气质，“貌”可理解为实体的建筑或可描述的肌理格局，将传统以“风”的形式贯穿于“貌”。如果我们能够坚持做到以上几点，我认为历史文化街区原有的空间尺度、肌理格局、色彩基调等就能够得到很好的保护和延续。

4.1.2 要真实的生活还是要亮丽的布景？

其实这个问题也属于“什么是原貌保护”的探讨范畴，即历史文化街区遭遇运动式改造，动则一条街，或整个街区一下就改头换面梦回明清、民国了。搞得历史文化街区也如同历史教科书一般，成了任意打扮的小姑娘。房屋修缮也是突击花钱、成片展开、限时完成。所有这些动作产生的成果就如同虚假崭新的舞台布景一般，毫无居家过日子的感觉，甚至为了让其看起来更像个布景，将街区的居民全部迁出，进来一批演员，如前门大街及其东侧。这种现象大多是政府主持的工程，并作为政绩得到宣扬。而北京的做法又遭到外省市的效仿，山西大同学南池子、安阳学前门大街，而用街区居民的话来讲就是：“这是在秀生活，而我们要的是真实的生活，不是秀”。但操盘手们却很是欣慰：我们让街区回到了它最辉煌的年代，且再过 50 年，我们现在建的也就是文物了。殊不知，这种让城市由一个个没有穿插联系的片段组成，完全偏离了文化遗产保护的理念，也扭曲了一个城市健康发展的轨迹。这样的“文物”后人会如何评价呢（图 4-2）？

图 4–2 前门大街的大拆大建工程（左）前门大街东侧的阿里山广场（右）

利益追逐之外的审美洁癖：

将街区大规模改造作为政绩来看，私下里有经济利益的追逐，明面上体现的是改善了民生和市容市貌。抛开敏感的利益攫取，笔者认为，有时这些布景搭建是不是源于我们的政府有一种审美洁癖症？具体有多种体现：

1）要求电线都入地。我们知道，胡同的空间有限，即便按照新的市政规范标准，目前也不是所有的胡同都能够满足所有的管线入地，否则有些胡同就必须适当予以拓宽。我们在前门东侧地区调研时，主导地区改造的天街公司说，2008 年修缮草厂三至十条，进行市政改造是按新的市政规范进行的，胡同完全未拓宽，但解决了居民的市政需求，只是有些胡同太窄，所以电线没有入地。市领导看了以后觉得不错，但提出电线应该入地，这样就好看了。为此第二期他们报批的方案就进行了胡同的拓宽，6 ～ 7m。但规划部门和文物部门对方案有异议，所以一直都没有得到批复，搞得他们很痛苦。

其实，天空上飞的多是弱电线，如电视、电话、网线等，如果能够统一进行规划，或者每次接线员能够费点心思把电线梳理干净，而不是一团乱麻状，空中的电线不一定那么难看。想像着窄窄的胡同、高高的电线杆，蓝天下一排小鸟如五线谱般落满电线，反而是一幅美丽而有生气的画面（图 4-3）。

2）要整齐划一的街景。通常，在一些大事件如北京 2008 年奥运会等以及国庆前夕，街道居委会都会获得资金进行街道整治，小动作是沿街刷墙，大动作是沿街立面翻修。整治的结果就是各家长得很像，墙面被刷得粉扑扑的，再勾上墙砖线，像描眉画眼的半老徐娘。2008 年奥运会前夕我在南城还见到了一片街区的胡同全被刷成天蓝色。对此，我只能说，我们的审美观需要认真探讨。

图 4－3　历史文化街区
如果我们把街道收拾干净了，管理到位，小小的胡同里不在乎是不是有天线，房屋是不是崭新瓦亮，一样温馨舒适（左）。一次性改造成舞台布景反而显得虚假（右）。

3）要清理五小产业①，以业控人。如今走在胡同里问个路，十有八九是操着外地口音的人回答说不知道。街面上见到的也是各种小门小脸的五金店、发廊、百货等，也就是被政府称之为“五小”的业态。总体而言，这些店面不甚规矩，常把货品摆放在店外，影响交通、景观。这种现象在全市也很普遍，所以北京市政府提出“以证管人、以房管人、以业管人”的流动人口管理模式。2011 年特别提出学习顺义区经验，全面清理五小产业，针对旧城尤其严格，对于到期的和新增的，工商不予注册，目的是将这些人和他们的产业一并挤出旧城。

但我们是不是要分清楚，是我们不能忍受这些产业，还是不能忍受这些混乱，或是不能忍受带来以上两者的人。目前留在街区的原住民，有相当一批教育水平不高、经济条件较差、无力改善生活条件，靠出租房或开小店补贴生活；租户中也有很多外来打工人员，同样教育水平低，技能差，他们从居民手中低价租来居室和小店面，过着水平不高但比家乡幸福百倍的生活。我们是应该在规范管理和引导上下功夫，还是眼不见心不烦地轰出去了事？其结果是街道或许干净了，但活力和便利是不是也没了（图 4-4）？

图 4-4　历史文化街区
（送奶车、废品回收车等以及从业人员的随意行为确实影响胡同景观。但是设想一下，有谁不需要呢？）

譬如，白塔寺街区居住着大量在金融街工作的服务人员，如保洁、保安。如果把他们挤出城，第一会增加他们的生活、交通成本，反过来金融街公司的雇工成本也会提升。如果大量挤出的话，城市的钟摆式交通也会加大。

如果大家有兴趣可以去杨梅竹斜街看看，所谓的五小产业还在，但经过规范，街道环境总体上保持了整洁。曾经我在街上的

① 五小产业：即小餐饮、小洗浴、小发廊、小百货、小建材。

小建材店里与户主攀谈，他的孩子长大离开了，夫妻两人把前脸出租，每年可得 3 万元，加上低保，打打零工，日子过得平实顺心，平日里还养养鸽子。与租户关系也很融洽，聊天时，租户的孩子一直亲密地靠在他身上。

4）追求条件改善一次性到位。旧城一直在提人口疏解，其目的是改善居住生活条件（见 3.3.2 小节）。

但是近几年经过我们的调查，大部分居民并不愿意搬出旧城，因为大多数留下的居民经济条件较差，旧城作为城市的核心，功能齐全，生活便利，土地房屋价值正在提升，他们可靠出租房屋和做些小生意维持生计。另外，由于收入较低，他们对居住条件的要求也不是很高。在对西城区珠市口西南角的留学路调研时，有居民说，只要人均 $15m^2$ 的居住面积就可以，而且有些居民甚至不要求独立的卫生间，一是已经习惯了，再有就是去公厕可以节省水电费。北京建筑大学的师生在西四北进行过一个研究课题，在与居民共同协商的基础上，如果只迁出 20% 的人口，每户基本可达到 $15m^2$ 左右。再经过精心设计，可以安排厨房、卫生间，居民对规划设计方案都非常满意，但是这样的方案如果实施了，看上去可能还是会比较拥挤，不那么美观。

因此有必要重新思考、决策，我们的举措应该以居民满意为第一，保持良好的常态管理，做到干净舒适即可，不必过于追求光鲜亮丽，似有政绩工程之嫌。

4.1.3 历史文化街区的人口应该置换吗？

这个话题涉及的其实就是历史文化街区绅士化的问题，是个全球化的难题，笔者这里就只能点个题了。

有人认为，历史文化街区的历史价值很高，所以人员素质应与街区地位相称，那些素质不高的原住民应该迁出，低素质的外来人员也应采取措施控制进入，同时制定政策吸引高收入、高素质人口进入。说实话，从这些年的实践来看，政府更倾向于这个观点，所以总是成批地向外拆迁居民，出台不同的政策想阻击外来打工者。

保护激进派则认为历史文化街区就应该保留大量的原住民，只有这样才能保住原有的人文气息，即邻里往来其乐融融的胡同文化。外来者对北京文化既不了解，也无感情。虽说没钱的把环境搞得脏乱差，但有钱的也一样：建二层，挖地下、修车库，大门紧闭，与邻居老死不相往来，一出门南腔北调的，如此怎还有北京的味道（图 4 -5）？

图 4–5　大门紧闭的宅院（左）出租房和小产业带来了大量的外来人口（右）

笔者以为，这两种观点都有其偏激的一面。一个城市、地区应该是丰富多彩的，各种类型的人都有其自由选择的权力。况且，自古北京就是个移民城市，不论地点、不论种族，她都以其博大的胸怀予以接纳。正是因为如此，北京的历史文化才如此丰富动人。因此，工作的重点还应是在管理上下功夫，加强宣传和引导，让大家了解北京的历史和文化价值，让原住民热爱自己的家园，让外来者理解尊重地域文化，各方都规范自己的行为。倒是不妨研究些政策措施，创造条件，吸引一些中等收入、教育水平高的年轻人进驻，以带动地区活力和环境面貌的提升。如提供一些舒适、面积适中的公租房等，但绝不是简单地动用拆迁的手段把人清走了事。

街区的人口结构变化应基于市场规律，人员的流动可以通过政策、措施鼓励引导，但绝非靠政府一厢情愿地强力推出拉进。

4.1.4　文化（创意）产业与保护相容吗？

文化产业的简单概念可参照西方文化经济学的创始人之一大卫·索斯比（David Throsby）所言：即“文化产品的经济功能，如增加产出、促进就业、创造利润以及消费者的需求”。

在《北京“十二五”历史文化名城保护建设规划》征求专家

意见时，有专家一再提出：我们要发展文化事业[1]，不要提文化（创意）产业，似乎它是洪水猛兽，最终我们没在“十二五”规划里提大力发展文化（创意）产业。确实，近年有不少是打着文化产业的名号，却干着房地产开发的实事，让人们想起了房地产开发给旧城带来的噩梦，而且这种噩梦一直在持续。譬如近几年被很多地方政府极为推崇的历史文化街区改造方式就是将原住民腾空，拆旧建新，完全是景点式的建设。如果作为地产项目无可厚非，但这些都是举着保护历史风貌、挖掘文化内涵、大力发展文化（创意）产业的旗号，摧毁了千百年建立起来的人与建筑和谐共存的纽带与环境。

但是我认为不能“因噎废食”，应该正确认识文化（创意）产业。从产业特征上看，文化（创意）产业既可支撑高端服务业的发展，也可提升传统服务业的水平，是改善传统街区环境，升华街区品质的重要触媒。大多数创意产业在创业和成熟运营阶段，均是以独立工作室的形式运作，而大小不同的四合院及位于旧城内的一些工业厂房正可充当承载这一新兴产业功能的物质空间。

将现代功能有机地注入传统建筑与街区，可以让弥足珍贵的传统空间得以高端、高效利用，既让传统文化得到新生和延续，同时也能给产业自身带来独特的魅力，在同业中可独领风骚，给社 会经济发展注入更多的文化内涵，达到多赢的局面，这也是当前众多历史文化城市都在寻求的目标。

以方家胡同 46 号的改造为案例：

东城区方家胡同是元朝所辟，已有 700 多年历史，宽 7~8m，曾拥有王府及众多的深宅大院。46 号，抗战前是英国人经营的铁艺公司，后被日本人变为军工厂，新中国成立后成为中国机床厂，占地约 9000m^2，建筑面积 13000m^2，包括礼堂、锅炉房、恒温车间、办公楼等，由此方家胡同曾是北京工业史上著名的“机床胡同”，在北京工业史上也有重要地位，“文革”间曾用名“红日北路七条”。

随着北京进行产业结构的调整，旧城内的工厂逐步向外迁离，第一机床厂也停产了，一直处于闲置状态。这时北京城市创意港发展有限公司，一家宗旨是“建立交流互动平台，整合资源形成产业链”的民营企业开始接触厂房人员，经过磨合洽谈，签订了

---

① 依据百度百科定义，文化事业是为社会公益目的、由国家机关或其他组织利用国有资产举办的、在文化领域从事研究创作精神产品生产和公共文化服务的公益性事业。依据联合国教科文组织关于文化产业定义：按照工业标准，生产、再生产、储存以及分配文化产品和服务的一系列活动；国家统计局《文化及相关产业分类（2012）》的定义：文化及相关产业是指为社会公众提供文化产品和文化相关产品的生产活动的集合。

20年的租期。之后，该公司一期投资100万，聘请了国际设计师进行厂房改造设计与环境景观设计，其中建筑改造预算50万。目前已引进了40多家企业和机构进驻，包括小剧场、艺术团体、艺术中心、文化沙龙、建筑与平面设计公司，以及酒店、餐饮等配套设施。

厂区总体可分成6大空间：表演艺术、音域艺术、艺术设计、跨界试验媒体艺术、公益文化、综合科技文化。目前有两个小剧场，成为北京现代舞团的排练基地和一些小话剧的演出场，还定期举办一些展览。院内的活动包括话剧、电影节、装置和新媒体项目、舞蹈、音乐、视觉艺术等，同时经常举办公益活动。

因空间不宽裕，院内不许停车，起初虽为无奈的选择，但由此产生的悠闲氛围被大家接受喜爱。如今这里成为一个地标性的文化活动、观光、休闲的场所。同时，这个院子也成为胡同孩子的乐园。逐渐的，一些创意工作室等纷纷进驻方家胡同及周边地区。

这与最初发起进驻的聚敞现代艺术中心所提倡的立意很相符，即“敞”就是要打破各种圈子，有互动交叉，以产生新的力量，达成“跨界艺术、分享未来”，集创造功能（空间和视觉艺术）、体验功能（娱乐和交流）、实践功能于一体。

同样的案例还有很多，如地处西城区宣武门西北角的繁星艺术村。在我们进行调研时，该公司表示，他们希望创造出一个良好的人文环境，让聚在这里的人们通过交往发生思想的碰撞，产生灵感。大家在交往的过程中，出发点不全是生意，目标也不全是生意，而结果往往是最大限度地将创意转化为生意。

由此，我们应该反思一下，旧城一直是北京的文化中心，政府大力投入打造文化事业，为什么在某种程度上反而没有民间的充满魅力（图4-6）？

图4–6　西城繁星小剧场（左上）东城方家胡同46号创意产业园（左下）棉花胡同小剧场（右）

因此，笔者认为，政府的精力不应放在拆旧建新打造文化上，而是应该创造条件，因势利导为适合的产业和历史街区牵线搭桥。譬如政府应该梳理资源，建立档案库，向外打包推介，有效引进社会力量。

文化事业与文化（创意）产业应该是能够相互补充完善的，这样才能具有对外来文化兼收并蓄的能力，展现首都文化的开放性与先进性。

4.1.5 拓宽马路就能解决旧城的交通吗？

为落实《北京城市总体规划》（2004—2020年）“整体保护旧城”的原则，在2006版《北京中心城控制性详细规划》编制时，特将旧城作为1号片区独立编制。规划本着“保护第一”的原则，对旧城沿袭几十年的道路网进行了调整，取消了部分穿行历史文化街区的规划道路，缩减了规划的道路红线，具体参见3.3.1小节中的——5.保护旧城棋盘式道路网和街巷胡同格局。

但因其完成的时间短促，很多基础工作不甚完善，譬如未进行土地的权属调查，没有开展相关的专项规划，所以市政府一直担心其可能引起的矛盾，没有下决心批复，仅批复了街区层面的控规①，即对街区的总量予以认可，如人口总规模、建筑总规模以及公共设施规模等。

但为了旧城的整体保护，1号片区—旧城的规划单独上报了北京市政府，获得认可。尽管市政府没有完整地批复《北京中心城控制性详细规划》，但北京规划委专门下文：“旧城依据2006版《北京市中心城控制性详细规划》进行管理”。可这纸公文在规划部门的内部就引起了争议：用地管理部门从旧城保护的角度出发按该文参照2006版规划的道路红线进行管理；而基础设施管理部门则从交通市政的需求出发依据1999版控规确定的道路红线进行管理。

坚持2006版规划的理由是旧城保护应是第一位的，宽阔的马路破坏城市的传统肌理已经是不争的事实，况且，交通应该靠管理来解决，而不是靠加宽道路，路多宽才能解决交通呢？宽马路还会引来更多的车辆，路一通就堵是大家都看到的。对于市政设施及管线铺设而言，依据新出台的《历史文化街区工程管线综合规划规范》，现有的胡同宽度基本可以满足需求，大的城市干管

---

① 按区域的功能以城市主干道为界将中心城划分为42个片区，再将每个片区划分为若干街区，街区由地块组成，规划指标落实到了地块。

在25m的道路断面下基本可以排下[1]，所以应该将旧城内的道路宽度缩减。

坚持1999版规划的也很无奈，保护是第一位，但改善民生也是非常重要的。如水电需要增容，各种电信需要入户，管线铺设都需要空间。而且，目前旧城的管线都比较老旧了，没有空间就很难整改。另外，现在有很多市政设施（变电站、变电箱等）都缺少地方安置，谁都不要，因此应该给政府留下更多可支配的公共空间。如果保留原来的宽红线，那么就算机动车道不那么宽，余下的空间可以放置这些设施。还有，现在地铁建设突飞猛进，而所有的规划都只能在道路下面，因为地铁如果从居民的房下穿过，会遭到抗议，5号线和4号线都出现了这样的情况。最有力的一点就是：谁能保证将来平房区都能按保护规划执行呢？在旧城内，保护区边缘甚至内部高楼大厦的审批建设一刻都没停止过。在当下领导批条还管用的年代，这是谁都不敢打保票的。

笔者以为，此种争论更多在于价值观取向，如果以旧城风貌保护为第一原则，那么其余的困难都可以在这样的前提下研究解决的方案，而不是以很多暂时的矛盾和一些推测来影响价值判定的标准。另外，或许正是由于我们对交通条件的限制，反过来控制了大型建筑的进驻[2]。

目前旧城内的道路执行的是双红线管理方式。即如果建筑风貌属于传统的平房，则可以依据2006版的窄红线建设，但地下空间必须依照1999版的宽红线控制；如果建筑为不符合传统风貌的多高层，就必须退至1999版的红线，但是这样的方式依然会带来众多的问题。

如二红线之间的用地是建设用地还是市政用地？如果为市政用地，则业主无法办理土地证，没有土地证，则进不了北京市规划委的窗口，无法进行翻建等事宜。而另一方面土地证的办理并不需经过北京市规划委，而是直接从北京市国土局获得。所以如果想控制二红线之间的用地，必须与北京市国土局达成共识。另外要对业主表明，房下空间未来有可能是地铁、市政通道。在此地上的建设不允许买卖。但是，这是不是侵害了业主的权利？

如果是建设用地，一旦将来城市需要进行地铁、地下道路等

---

① 胡同宽度小于3m的，尽可能优先上水管和雨污河流下水管；胡同宽度3~6m的，有条件做上水、雨污河流下水、燃气；宽度大于9m的，除了热力管以外的其他市政均可排下（热力不同情况管径不同，所以未必能下）。

② 目前，我们对要求调高容积率的建设项目都要求做交通影响评价，可这些交评大都依据1999版控规的路网结构和红线宽度进行，所以项目的通过率很高。

地下工程的建设，不论是动迁居民还是采取相应的避防措施，都需要花费大量的资金。北京地铁大兴线高米店北站附近的青岛嘉园居民自地铁开通后就一直在抗议、请愿、起诉。因为震动实在太厉害了，过车时能听见玻璃的抖动声，外墙装饰砖被震脱。最近的楼距铁道 125m，该区段位于地下 14m，仅铺设了 200m 上行的减震轨道，就投资约 100 万，而目前地铁的投资已经达到每公里 7~8 亿元，如果都进行改造则需 20 倍的投入。1989 年，修建西单站时，居民即反映杯子移动。2008 年，天通苑西三区北部的居民站在小区塔楼里即可听见地铁的噪音，关闭门窗也没用。2007 年底，5 号线立水桥北站至天通苑北站补装 1.5km 隔音设备，耗资 500 万。

4.1.6 旧城的地下空间可以充分利用吗？

旧城地上空间十分有限，为此东西城两区政府这两年一直在探讨旧城地下空间有效利用的问题。认为可以将一些市政设施，如变电站、停车场，以及商业设施在地下解决，以弥补地上空间不足的问题。如前门大街东侧的台湾会馆一带，因是整体改造，所以除了几处文物，其余地段结合地面改造全部开挖为地下 3 层，局部 4 层。同时，为解决交通拥堵，近年地铁加速建设，穿行东西二环路的地下道路也被提上日程。除了这些大的动作，很多平房四合院的改造也充分利用了地下空间，有些地下被整体挖空（图 4-7）。

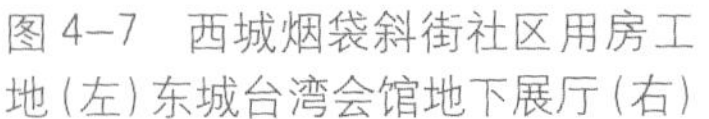
图 4–7　西城烟袋斜街社区用房工地（左）东城台湾会馆地下展厅（右）

但是，对于在旧城内，特别是历史文化街区内，对地下空间的大幅度利用是存在争议的。

其一，对文物有影响，这一点在 3.1.3 中有所表述。

其二，地下空间的大量利用会带来建筑规模增量，并且其利用方式（停车或商业）也会引来交通流，与旧城的“不增加建筑规模，减少交通进入”的原则冲突，也给市政供给带来压力。

其三，如在四合院内全开挖地下室，对植树绿化会有一定影响。因为平房区内的绿化以四合院内的高大乔木为主，如果没有实土的庭院就很难确保有很好的树木，不可能有高的绿化覆盖率，雨水也难以渗透，对街区乃至整个旧城的生态环境都有较大影响。

笔者以为，旧城的地下空间应该将着重点放在地铁站点周边和几个已经成型的功能区，如王府井、金融街等。主要是为行人出行、休闲创造宜人便利的条件和环境。不应在传统平房区进行大面积的地下空间开发，也不应在现状和规划绿地下进行整体开发，要注重生态环境及防灾避险的要求。另外对学校的操场、体育场地下设置停车设施也需慎重，应先做好环境影响评估。

4.1.7 文物迁建是该禁止还是可以容忍？

目前有一个非常不良的倾向，即为了腾出建设用地而将文物或有价值历史建筑迁建，而且有泛滥现象。

这样的例子实在太多，如清顺城郡王府从西城迁至朝阳公园成了酒店，位于金融街的挂牌四合院孟端胡同 45 号院拆至历代帝王庙东侧成为宾馆；戊戌变法重要见证地粤东新馆被打着迁建的名义拆了却未重建，其具体内容网上均可查到，不在此详述。但由此也可看出，即便是舆论广泛质疑依然阻挡不住这股力量，并得到政府和一些专家的推崇，说这也是保护。

我想用《威尼斯宪章》中的一段话来评论：“一座文物建筑不可以从它所见证的历史和它所产生的环境中分离出来。不得不整个地或局部地搬迁文物建筑，除非为保护它而非迁不可，或者因为国家的或国际的十分重大的利益有此需求。”而我们现在更多的是为了一个地产项目而迁建文物，这是非常令人悲哀的。

笔者记得曾经参与过顺城郡王府迁建选址规划。那时反对的声音很大，但无济于事，所以就整出很多动静，譬如有传言说拆迁时闹狐狸精，似乎还有过伤亡，当时同事们开玩笑提醒笔者小心。后来常去朝阳公园网球场打球，总要经过迁至此地的王府，但笔者从没想进去过，似乎有种心结。

4.2 政策缺失、导向不明，或不连贯

4.2.1 功能集聚，统筹协调乏力

北京的发展基于旧城，且一直是单中心发展，虽然近几版总规确定了向边缘集团和新城发展，但总体而言外围的发展并不尽如人意，这些地区都没有形成良好的职住平衡，相应的公共服务也没有跟上，大多成为“卧城”，工作、上学、看病都要回到中心城。而在这种状态下，旧城内的各项功能也越发强大，但又缺乏很好地统筹协调，进而成为损害自身健康的顽疾。我们看一下东西城的几组数据可以对旧城功能的集聚状况有个简单的了解。[①]

旧城总面积是 62.5km²，仅占中心城 600km² 的 10%；常住人口 138 万人，占中心城人口的 8.1%。

1）昼夜人口比高[②]：根据北京市社科院所做的《北京市 2020 年经济发展、人口及城镇建设用地规模研究》，旧城昼夜比大于 1，且东城北部地区达到了 2.18，北京各城区最高。表明旧城是一个功能混合的区域，局部地区成为“中心地”。

2）工作人口多：如果按正常指标计算，旧城现有的各项功能加起来可提供约 83 万个就业岗位，但实际每天有 118.3 万人在旧城工作（其中约 37 万人居住在旧城内）。这说明两个问题，其一，旧城内的工作环境虽不是很好，但有很强的吸引力；其二表明强大的功能使得每天有约 81.3 万人往返于旧城内外，制造 140 ～ 160 万人次 / 天的交通量，上下班的潮汐现象非常明显，给交通带来极大的压力。

3）大型商务办公多：尽管现在已经认识到北京金融街或许选址错误，但已为时晚矣。金融街作为国家金融管理中心，聚集了包括国家金融龙头老大的一行三会（中国人民银行、证监会、银监会、保监会），以及绝大部分银行的总部。这对于国内外众多的金融保险机构都有着很强的吸引力，其结果就是高楼大厦的强力进驻。2007 年金融街地区的税收占西城区财政收入的 28.1%，占全市税收的 19.3%，从这个数据可以看出在追求 GDP 的时代，它的示范作用极大。所以当初紧随金融街的就是东城区

① 数据引自《北京中心城控制性详细规划》（01 片区—旧城）2006。

② 昼夜人口比 = 工作地从事第二、三产业人口 / 居住地从事第二、三产业人口，一般昼夜比大于 1，则可认为该地为“工作地”，昼夜比值最大处为“中心地”。

的东二环商务区以及沿长安街一线的各种高强度金融商务办公楼的建立。

4）教育资源多：尽管现在已经不分重点中小学了，但原来遗留下来的划分影响力还在。以西城为例，曾经有2个市重点幼儿园、2个市重点小学、4个市重点中学、2个区重点中学，只有1个不在旧城。根据《北京区域统计年鉴》（2009年）分析，东、西城基础教育招生人数占全市的14.2%。很多已经在旧城外购房的家长为了让孩子能进好学校而保留了东、西城的户口。还有其他区域的孩子家长花高价挤进来，并在周边高价租房，或者每天往返于市内市外接送。只是到了2014年，东、西城才确定并严格遵守不能跨区择校的规定。

5）医疗资源多：东城区有9个三甲医院，全在旧城内，如协和医院、北京医院、同仁医院、天坛医院等，西城区总计14个三甲医院，一半在旧城。两区每千人拥有医院床位数都是20张出头，而全市仅不到4.7张。全市乃至全国的人都会涌到核心区来看病，医院周边也是高房价区。可是就近的居民看病反而很困难。

即便如此，旧城内原有的功能还在不断地扩张。以协和医院为例，1995年，因为要扩建干部疗养楼，不顾规划部门的反对，经多方运作，最终将毗邻的中央美术学院迁离，以60m高的楼座取代了原本尺度宜人的多层教学楼。而中央美术学院租址办学长达6年，最终于2001年落户望京。一个本该向外疏解以减缓旧城压力并带动外部发展的大型医院，却将一个本该留下给旧城增添文化气息的美术院校挤出，既恶化交通环境，也进一步破坏了旧城风貌。

另外，由西城区政府一手打造起来的金融街已经确定要向南扩展至菜市口，因为需求源源不断的增加。而菜市口西侧的宣西风貌协调区在这种扩张下很可能会受到冲击。除了以上这些外，旧城内中央、部队的单位也大量聚集，且需求不断，带来相当大的压力。

因为功能的过度集聚，更主要的是优质公共资源的集聚，使得人口难以向外疏解，很多居民即使迁出旧城居住，但依旧保留户籍，以便就医和孩子上学，还有居民为了孩子就学或自身工作便利而租住在旧城。距最新的第六次人口普查显示，东西城人口密度为2.3万人，跟东京、中国香港相差无几。

旧城功能聚集，人口密集，所以规划总提要疏解。但真的该疏解吗？这也是笔者最近比较困惑的问题。因为在与很多大城市对比的数据来看，旧城的功能聚集度和人口密度并不是最高的，譬如东京、曼哈顿。但为什么这些城市的运转要比我们正常呢？甚至某些城市还在制定政策吸引人口。所以我们是不是更应该从公共交通条件、功能匹配关系、部门协调力度和城市各项管理水平等方面入手，而不是简单地提出疏解。

4.2.2 交通政策不明，车满为患

旧城功能聚集、人口众多、道路狭窄，所以交通状况并不好，但实事求是地说，也并不比其他区域更差，譬如国贸地区。其地面道路拥堵程度大体可分三级：最为拥挤的是环绕旧城的二环路和旧城内一些公共服务设施周边，如景点、医院、学校等，学校自然是有时段的，上下学期间；其次是穿行旧城的几条主干道，如东西向的两广路、前三门大街、平安大街，以及南北向的东、西单大街，应了道路越宽、拥堵越严重的说法；而其余内部次干道和支路状况尚好，但突出问题是停车难，很多人行道上停满车辆，给自行车和行人带来安全隐患，更谈不上舒适了；胡同里多是车满为患，常会因停车带来一些拥堵，以致许多居民自行安装了地锁，影响了胡同景观。老旧居住小区配建的停车设施普遍严重不足（图 4-8）。

图 4–8 东单路口（左）南锣鼓巷北口（中）居民自安的地锁（右）

总体看来，旧城地面交通最大的问题是停车问题，但对此的交通政策导向始终不清晰：在旧城，空间狭小，是不是应该限制机动车拥有量，没车位不能买车；是不是应鼓励旧城居民购买小型车辆，像奇瑞 QQ、Mini 等车型，可现在路虎这样的车都钻胡同；另外，进城要不要收费？虽然中心城地区大幅提升了停车费，但旧城内中央和北京市的政府机构与企事业单位聚集，他们往往都有自己的停车场，所以停车费的提高对这些单位的车辆并没有太多的控制力度，如果收拥堵费或许还可以减少一部分车辆；还有，一方面说要控车，一方面又在旧城大面积开挖地下停车场，两者间是什么关系？

案例：伦敦中心区曾经因为拥堵，折算每周因此损失200~400万英镑。2003年2月17日开始收取进入中心城区的拥堵费，由此，在收费时段进入或穿行地降低了15%~18%，收费区内交通延误比以前下降了30%。

虽然我们鼓励自行车和步行，但目前机动车随意乱停的状态，直接影响了这两类出行率，该如何管理？

提倡公交出行，在地铁之间及与公交之间的换乘便利度上又缺乏协调力度，且公交线路过于混杂，也缺乏有效的整合。

不过，鉴于北京交通的拥堵尚未找到解决的方案，在旧城内没有好的对策也就可以理解了。

笔者常年乘坐地铁上下班，有个困惑一直没有解开，也想请读者思考：虽说旧城内功能聚集、居住人口密度大，但环绕旧城的地铁2号线是最为宽松的线路，且其他线路一进入旧城也立刻宽松一下，这让笔者有点费解，准备研究一下。

4.2.3 产业发展缺乏清晰的导向

在这几十年里，保护与发展似乎一直是一个不可调和的矛盾，尤其是近十几年经济发展，这种矛盾更加突出，这其中一个重要的原因就是我们没有认真思考旧城自身的特征适用于什么样的产业发展，应该怎样引导。

我们一提高端产业，想到的承载体就是高楼大厦，导致传统建筑和空间被侵蚀，因此出现了金融街；另一方面，一说传统平房四合院似乎就意味着只有那些低端产业散布其中，即前文提到的“五小”产业。

而实际上，旧城内这些极其珍贵的历史资源如果能够充分合理地利用，将会是非常有效的生产空间，尤其是当北京的生产结构转向服务型、进而向创新型迈进的时刻，老城的优势将会更加凸显。

首先，新的产业类型，如创意产业、科技创新产业，其前端的设计研发与末端的推广销售一般都不需要很大的空间，旧城内的平房四合院和多层建筑、厂房等，通过整理大多能够容纳这些企业进驻。其次，这些产业的工作人员多是受过教育的中青年，收入较好，个性鲜明，思维活跃，愿意跨界交往，喜欢文化氛围浓厚、特色鲜明的地区。同时，这些产业的工作特点大多是工作与休息的界限模糊，所以需要周边公共服务设施完善。而旧城恰好这些条件都具备：深厚的历史氛围、多样化的都市风情、齐全便利的配套，这些都会对这些创业人员产生强烈的吸引力。

而他们的进入也会给历史地区带来活力和新的理念，美化和活化区域环境，吸引观光，提高地区价值，进而再吸引其他高端人才，最终形成良性循环（图 4-9）。

图 4–9　传统空间与现代功能能够良好结合（位于西城区杨梅竹斜街的咖啡馆、艺术品小店，给历史街区带来新意。）

因此，旧城应注重挖掘能够适应传统空间形态的产业，设立鼓励政策，如减免租金、减免纳税等，引导其在旧城发展，让保护与发展相得益彰，甚至让保护成为发展的动力。对那些与旧城空间特征不适应的产业应该在外部给予出路。但是目前整体观念尚未扭转，对空间拓展的关注远超于引导政策和措施机制的研究。

4.2.4　产权政策及人口政策模糊

1. 产权政策不明——经租房遗留的问题[①]

目前旧城传统平房区里的房屋有多种产权形式，区属直管公房、单位（国家机关和市企事业）自管产、军产、宗教产、私产等，且几种产权之间的关系非常混乱，某些院落同时存在几种产权，很难厘清，且里面的住户身份不同，需求各异。可以说，产权的事情对大多数人来讲是一笔糊涂账，仅各种概念就能把人搞晕。所以笔者也只能进行一个大致的脉络梳理，重点是想说明，理不清这些概念，产权关系不倒腾清楚，未来旧城内的人口疏解、房屋保护修缮及改造利用等工作都将受到影响。

1）“文革产”的处置

“文革”后，开始落实房屋政策，但步伐极其缓慢。1979 年，政府下文要求清退被挤占的自住房屋，即“文革产”中的一种，

① 南风窗的文章：经租房业主的维权之路，张积年。

也就是"文革"期间经租房户又被侵占的那几件可怜的自住房，有报道说被非法侵占的私人房屋达7000余间。

1984年开始清退"文革产"中的另一种"标准租私房"，但属于"带户发还"。这从1985年"城乡建设环境保护部"下发的《城市私有房屋社会主义改造遗留问题的处理意见》(以下简称《处理意见》）可以看出，《处理意见》中对于需要退还的改造房产中的第二条是："原属出租的房屋，只退产权，不负责腾退房屋。房管部门应协助住房与房主建立新的租赁关系，住户应向房主交纳租金，房主不得强撵住户搬家"。而租金依然是由政府确定[①]，产权人还需要负责修房以保障承租人的安全，因为房租低廉，房主一般都无力修房，且在原来被经租期间，房管部门的修缮也是很不得力，所以房屋破损严重。如此，产权人的使用权和收益权没有得到保障，且租赁双方关系紧张。但《处理意见》要求"对于广大群众，尤其是原房主要做好深入细致的思想工作，教育他们要顾全大局，体谅国家困难，积极配合政府做好这一工作"。1987年《关于进一步处理好城镇私房遗留问题的通知》中再一次强调了这个说法。据市标准租私房督查办的负责人说，2004年底，标准租房屋返还任务完成了约95.7%，累计迁出居民13095户[②]。

据统计，截止1999年底，北京有标准租私房约3.9万间，建筑面积约56.61万m^2，承租户1.9万户，其中96%分布在东西崇宣四个城区。[③]

自1990年至2003年，为了将标准租房屋返还房主，北京出台了一系列政策文件，市政府与城八区政府签订落实标准组私房腾退责任书。为了解决承租人的外迁用房，在朝阳区管庄常泰小区、平乐园小区、丰台马家堡91号等地建设了安置房。

2）经租房的处置

处理了"文革产"，对于新中国成立初期，社会主义改造时期产生的经租房则迟迟没有动静。1982年，城乡建设环境保护部发布了"关于转发《关于进一步抓好落实私房政策工作的意见》的通知"，其中第1条"凡是符合国家和省、自治区、直辖市人民政府的政策规定，已经纳入社会主义改造的私有出租房屋（即国家经租房屋），根据中共中央发（1966）507号文第2项'公私合营企业应当改为国营企业，资本家的定息一律取消'的规定精神，可明确宣布属于国家所有"。

① "文革"前0.11元/m^2/日，1999年2.17元，而那时的市场价为20~30元。
② 参见人民网房产城建频道首页／新闻／标准租私房：历史遗留问题能够解决，康琪雪，2005-1-17。
③ 豆丁网，关于解决标准租私房。

1985 年，城乡建设环境保护部下发了《城市私有房屋社会主义改造遗留问题的处理意见》的通知。指出“我国城市的私房改造工作，作为整个社会主义改造的组成部分是完全必要的，正确的。但是，也有不少城市的私房改造工作，由于当时开展工作的时间比较仓促，调查研究不够，工作粗糙，加上‘左’的错误思想的影响，遗留下一些目前急需解决的问题”。其第一条再次强调了：“过去凡是符合国家和省、自治区、直辖市人民政府的政策规定，已经纳入社会主义改造的私有出租房屋，一律属于国家所有，由房管部门统一经营管理”。

以上两个建设部的文件使经租房主十分不满，认为国家从未有明确的政策法规说经租房被收归国有，建设部无权做出如此决定，故对此并不认同。

同时，依据 1982 年 12 月颁布的《中华人民共和国宪法》第 10 条“城市土地归国家所有”，首先将房主的房产与土地权分离。此前，房主拥有的是一张证，叫“房地产所有证”。1982 年之后，被换成了“国有土地使用证”，这一条也加深了经租房主的怨气，认为自己的利益被进一步剥夺。

2005 年 12 月 14 日，建设部又颁布了《建设部关于“经租房”有关问题的处理意见》。其中第三条为：“‘带户发还’（指发还房屋产权，但不负责腾退房屋，目前承租人仍继续使用房屋且实行政府规定租金标准的）的原‘经租房’，当地人民政府应当根据有关政策规定，结合当地实际情况，按照瞻前顾后、兼顾产权人和承租人正当权益的原则，制定具体处理办法，积极化解租赁矛盾”。第四条“按照‘属地管理，分级负责’的原则，省级人民政府，要加强对市县人民政府的督查。各地人民政府要从保持社会稳定出发，高度重视‘经租房’有关问题的处理工作。要加强思想政治工作，把握好舆论导向。对少数提出无理要求、蓄意闹事、影响社会稳定并经劝阻无效的，要依法处理”。[①]

3）各类产权房与经租房的关系

单位产、军产、宗教产相对而言产权比较明晰，因为多数是新中国成立后没收而来的敌逆产，或者购买来，或者是文物归为国有。最为复杂的是直管公房，其中少量的公房不排除是在这

---

① 同样是经租房，广东、福建等地就大部分归还了。广州市 1997 年 1 月 29 日通过了《关于加大本市落实侨房政策力度实施方案》，2006 年 6 月 1 日，国土资源和房屋管理局出台了“关于进一步明确落实侨房政策发还房屋有关问题”的通知。福建与广东基本相似。包括发还房产，发放补偿款等。即便是在北京，一些归国华侨或者有影响的人士，其经租房也有归还。

几十年中从私房主那里作价买来的，这一类产权也很明晰，但余下的大多是经租房（包括原房主及其亲属暂时找不到的）和代管房[①]，单位产也有少量是这类房产。这两类房产，除少量的院落作为单位办公和首长独立住宅外，大部分都是多户共居的大杂院。

私产中，有一些是完全回归到房主手中了，如标准租户，成为独门独院的私家宅院。有些则在房地产大潮中，依据“城乡建设环境保护部的 87 号文”，在房主不知情或知情却无力抗争的情况下被政府卖给了开发商，这样的情况甚至现在还在发生。

4）经租房问题难解决的原因

政府至今不解决经租房问题是有难言苦衷的：收归国有，于法无依，难以服众；发还给房主，相当于否定了最初的公有制，易于引发政治思潮；且经租房的量远比标准租私房的量要大，政府需掏出一笔不小的费用。

另外，经租房成为大杂院，人口众多。作为特殊时期特殊政策的产物，国家提供给租户的住房一直是作为福利的一部分，这里就是他们生活了几十年的家，所以，他们基本是没有途径和理由离开的，需要政府妥善解决，这也让政府有些力不从心。

5）经租房留下的众多难题

前文说到，绝大多数直管公房是经租房，因产权不清，导致后续很多工作难以展开。譬如，政府给经租房承租人修缮房屋时就遭到了部分经租房主的反对，认为政府将承租人非法搭建的房屋也进行修缮就意味着侵犯了原房主的权益。另一方面，给社会资本的进驻也制造了障碍，因为没有人愿意购买产权不清晰的房产。即便是政府属下的公司也面临困境，如大栅栏投资公司将一些院落的租户腾退出去后，并不能获得产权，因为产权（准确地说应该是使用权）在政府的房地中心手里，可要转到大栅栏投资公司名下就会遭到经租房主的反对。没有产权，使得大栅栏公司虽然投了钱却无法很好地利用。

2. 人口政策模糊——缺乏针对性

针对平房区内产权的混乱，人口结构的复杂及需求多样性，目前的人口政策缺乏细化、有针对性的研究。如此就很难有效疏解人口，改善生活环境和地区面貌，达成一个居民、政府都满意的结果。譬如：对那些经济条件差，无力自我改善的承租户，政

---

① 除了经租房，还有一种叫代管房，即房主在新中国成立后去了中国台湾、海外，房屋归为房管局代为管理，虽然目前按公房管理使用，但理论上属于私产。

府是在外给保障房还是就地改善条件，抑或就近安置？

一些有能力离开的租户，有的住进了单位另分的福利房，有的在外购买了商品房，因此他们将原来的公房出租了。譬如西四北头条胡同的一户人家将房屋改成农民工宿舍，一间 $10m^2$ 的房间安装了上下通铺，容纳 21 个人，这不单带来更多的人口，也带来了邻里纠纷和安全隐患。对这样的租户应该如何对待，他们承租的公房是收回还是做某些限制？

还有些居民因为孩子上学、就医便利而不愿离开，对这样的居民应该如何保障其意愿和进一步改善其生活条件？

案例 1：如果按照合法建筑面积来看的话，杂院里的住宅面积通常是非常拥挤的，但因为绝大部分居民进行了违建，增添了各种设施，如厨房、卫生间，因此大多不愿走了。根据西城区对烟袋斜街的 37 个院落、271 户居民的调研，其中私房主无人愿意迁离，公房中 70% 不愿迁离，理想的补偿拆迁是 10 万 $/m^2$ 起，平均 15 万，最高要到 40 万，如果迁离也是二环以里。

案例 2：王女士，75 岁，住在西四小拐棒胡同的一处公房院，院内总计 10 户人家，有一处公共厕所（一个蹲坑，不分男女）。王女士的房屋是其婆婆留下来的 3 间房，共 $26m^2$，她和子女共三人居住，后来与其他人家一样，自己又在院内搭建了 $5m^2$ 的厨房。由于儿子不常住家，王女士将一间 $9m^2$ 的房子出租给了在附近商场上班的外地夫妇，月租 850 元。

其实，王女士在大兴有一套单位分的三居室福利房，为什么她还要住在这里呢？首先，王女士身体不好，经常要看病，而大兴家周边仅有一家小医院，难以满足要求，而西城好医院可多了，离家一站地就是北京大学附属医院，十分方便；其次，周边各种小商店挺多，购物方便；另外，附近有二十几条公交线和地铁 4 号线，利于儿女们上下班和自己出行。

4.2.5 对非物质文化遗产的扶持缺乏针对性

2005 年，国务院办公厅下发了《关于加强我国非物质文化遗产保护工作的意见》（国办发〔2005〕18 号），文化部下发了《文化部办公厅关于开展非物质文化遗产普查工作的通知》（文办社图发〔2005〕21 号）。据此，2006 年北京市人民政府办公厅发布了《关于本市加强非物质文化遗产保护工作的意见》（京政办发〔2006〕1 号），提出要建立科学有效的保护体系和保护制度，之后于 2010 年启动了“非遗调研计划”，同年 6 月 12 日第五个“文化遗产日”时，归属北京文化局的“北京非物质文化遗产保护中心”

挂牌成立，同日，北京市财政局、市文化局联合颁布了《北京市非物质文化遗产保护专项资金管理暂行办法》。2011年6月1日《中华人民共和国非物质文化遗产保护法》实施。2012年6月12日，北京市文化局制定了《关于加强非物质文化遗产保护传承的扶持办法》。

从一系列的行动看出非物质文化遗产保护工作在北京已经全面启动并取得了很大的进展，但是毕竟"非遗"的概念晚于物质文化遗产出现，保护工作的开展在我国是21世纪才开始，所以理念认识都处于完善过程中，政策措施等都还有很多不足。

1）入选名录的标准不严。联合国教科文组织提出非遗申报应有具备艺术价值，处于濒危的状况，有完整的保护计划。但是目前有些项目并不符合这些条件，尤其是不属于濒危状态，更多的是出于商业目的而进行申报，良莠不齐，同时也导致真正濒危的不能入选以致更加岌岌可危。目前是餐饮类占比重较大，技法的少。

2）重申报，轻保护。申报项目应该有一个较为完整的保护规划，并参照执行。但目前保护规划是粗线条的，进入名录后，很多就被束之高阁，或者缺乏足够的关心爱护。

3）重视展示，忽视实际的帮助。每年的文化遗产日，就会有各种展览，多是图片展，穿插有些非遗制作或表演。但节日一过，展览就撤，各回各家，明年再见。很多项目离开展览后就无人问津了，一直处于半死不活的状态，最大的作用就是充个数量。

4）注重表演，忽视回归生活。每次韩国、日本一旦申遗，咱们就嚷嚷。其实，很多非遗项目起源于中国，但并未在百姓生活中得以延续。很多曾经充满历史故事和文化内涵的节日，除了吃就没延续什么了。

5）重锦上添花，缺雪中送炭。这一点可以说是因为重经济效益所致的。对能带来经济效益的扶持力度大，反之则缺乏关注。

6）缺乏有针对性的扶持政策。缺乏认真的调研总结，不知道非遗项目和它们的传承人都面临哪些困境，该怎样帮助。2010年，我们对东城区的非物质文化遗产进行过一次调研，总结出一些问题。

案例：北京市级非物质文化遗产"绒布唐"绒布工艺是一种以泥为胎、外用绒布制作的供品摆设和玩具，起源于清朝入关以前的军队中，已有300多年的历史。"绒布唐"是从清朝中后期开始的，被唐家用作维持生计至今，已经有160多年的历史，传了五代。被专家誉为北京近代民间玩具的"活化石"。

唐家在传统满族绒布工艺的基础上，结合了汉文化，因此除了有马、骆驼等造型外，还有汉族传统吉祥造型，如“马上封侯”、“麒麟送子”等。第四代传人唐启良将这门手艺发展完善，民国时期，在京城的手艺界里，“绒布唐”、“耍货儿唐”的名号达到顶峰。

除了布绒车马玩具，唐家的金马驹、兔儿爷非常著名。西城马连道地区曾经有个五显财神庙，每年正月初二，人们去庙里拜财、求财、请财。唐家为其专供金马驹、兔儿爷。因需求量大，需全家老小提前数月准备并制作。1956 年前，还专供北京百货大楼和天津的劝业场，经常有顾客拿着钱上门等待。1956 年成立了生产合作社，1958 年取消私营企业，随停止制作。

1978 年唐启良退休后，作为业余爱好重新开始制作。期间中国美术总公司徐枫、玩具协会会长林加梅提议，希望能恢复这些传统工艺。

目前第五代传人唐玉婕从小就在父亲的指导下，学做绒布工艺品。2003 年，她帮助父亲创立了“北京盛唐轩传统民间玩具开发中心”，用父母的 15m^2 的住房改成一间小店面，同时还寄卖其他 7 位民间工艺师的产品，她是想为年岁已高的民间工艺师提供一个展示平台。父亲去世后，盛唐轩由唐玉捷负责经营管理。

但是面临诸多困境：

第一，缺乏传承人。唐玉婕表示不想固守过去子承父业老传统，希望能有真正对这门手艺感兴趣、又有思想和耐性的年轻人来接班，但因为工作耗时耗力，收入不高，又被人看不起，故家中下一代和外面的年轻人都不愿意继承。

第二，生存环境丧失，产品缺乏创新应变。“绒布唐”的产品原来多是作为军中、庙会等制作的祈求吉祥的供品，随着风俗习惯的消失，它也就失去了生存的环境。另有部分产品是一些非常简单的机械小玩具，已经不适应现在的孩子和年轻人的需求。因此产品从样式、工艺都急需进行创新以适应新的需求。但是，目前仅靠唐玉捷个人的能力，无论是产品创新能力还是经济能力，都无法完成这样的转变。

第三，缺乏相关机制保障，体会不到作为“非遗”的优势。唐玉捷曾经想过申请专利，但被告知不符合专利申请的条件，也不能注册商标，由此牵扯到一系列问题，如标志设计、各种宣传、包装都无法沿用品牌，失去了有效的保护。而市面上却流通着大量依据“绒布唐”产品进行改造的产品。另外，对于本来生存条件就比较差的状况，纳税不减免、房租不减免，还得应付房管局的各种费用，以及办理众多繁杂的手续。

“绒布唐”的困境也是众多非遗项目面临的，特别是那些家族传承的技艺。所以我们的政策措施一方面要深入挖掘民俗文化予以保护，为遗产的继承创造有生存意义的环境；另一方面也要注重让传统的内容与现代的需求进行互动，如此才能生命不息。非物质文化遗产的传承是脱离不开人的，人在文化在，所以我们也不应该仅停留在办个展览或者媒体上报一报的层面，应该更加关注提高遗产传承人的生存条件，让他们为自己的工作、能力及生活状况感到骄傲。

案例 2 以老字号前门大街败走“麦城”[①]为例。“东单西四鼓楼前，王府井前门大栅栏，唯有小小的门框胡同一线天。”这句话描绘的是传统小吃在前门地区的盛况。在这全长约 165m、宽约 3m 的胡同里聚集着 30 多户老字号小吃，这里被誉为京城“食街”，包括“豆腐脑白”、“爆肚冯”、“奶酪魏”等。2009 年 10 月 15 日，前门大栅栏西街大街改造后，布局了两家经营老北京传统小吃的美食城,“青云阁”与“前门小吃城”（又称“美食百老汇”）总共有 13 家老字号进驻，生意一度红火。但不到一年，前门地区所有传统小吃全部撤出。

究其原因，是过高的租金，令这些小本经营的商家难以负担。传统小吃费工、费力，可价格低廉，利润微薄。前门大街经改造，每平方米每天的租金达到了 37 元，意味着一碗豆汁儿要卖到 90 元才能不赔钱。按北京老字号传统小吃协会会长侯嘉的计算，对老字号小吃来讲，租金应该维持在每天每平方米 5 元左右的水平才更合适，而商家自身的期待是每天每平方米 3 元。此外，部分老字号企业抱怨，管理方收租方式存在问题，比如青云阁的收租方式为倒扣流水 30%，他们认为这样的比例不够合理。

同时，一位业内资深人士认为，前门大街不合理的管理制度也造成目前人气低迷的现状。“经营小吃是要耍起来才能出彩儿，而这条街的管理很严格，不允许老字号出门来吆喝，不许往门脸儿外面摆摊，诸多限制使老字号经营得不够灵活，很难拉拢人气。”

也有人认为，小吃产品单一、非正餐也是问题，所以必须整合经营。但我们看到，小吃之所以能受到大家的喜爱，就是因其“好吃、解馋、不贵、便利。”他们本身就应该存在于各处，而不是汇集在一起，但这就需要给他们以生存的空间。北京小吃鼎盛时有品种 600 多，正是 20 世纪 90 年代开始的大拆迁给小吃带来毁灭性的打击，至 2003 年已经不足 30 户。而在中国香港、中国台湾等地，都市里的小吃亦随处可见，就是因为他们赖以生存的环境是稳定的。

---

① 参见 28 商机网 餐饮咨询 2010 年 6 月 13 日文。首都建设报 2010 年 8 月 2 日“老北京小吃变？不变？”

4.3 法律法规与实施保障机制不健全

4.3.1 法律法规及导则不健全

随着保护体系的日趋完善，相关的法律法规也一直在跟进，如北京依据国家层面的法律法规，有《北京历史文化名城保护条例》、《北京市实施〈中华人民共和国文物保护法〉办法》(2004 年) 等，使文物、街区、名城保护都有法律依据。但随着保护理念的提升，保护内容的增加，还是有亟待完善的地方。

1. 优秀近现代建筑缺乏保护与管理方法

依据优秀近现代建筑划定的标准，北京远不止 71 处，但自 2007 年第一批名录公布以来，一直没有开展第二批的划定工作。其关键原因前文说过，即产权人有抵触情绪。

实际上我们有四个主要问题未解决：

第一，缺乏让产权人易于接受的认定方式。优秀近现代建筑的认定是自上而下划定，还是自下而上由产权人自我申报，需要研究。这在国际上也是有不同做法的，譬如英国与日本是在指定制的同时拥有申报制度，法国则是自上而下的指定制，依托国家建筑与规划师制度。两种方式各有利弊，应结合第一批名录划定工作的经验以及我国体制机制和社会发展的阶段来确定。

第二，缺乏具体的保护办法。即产权人不了解建筑利用和改造的原则及相应的程序，不明白自身的责任义务。

第三，缺乏相应的法规，对违反规定拆除或有其他破坏行为的没有处罚办法。以儿童医院的烟囱为例，该院与北京规划委仅相隔一个小公园，所以那个烟囱就是在我们的眼皮底下被慢慢拆除的。可因为缺罚则，我们没有办法制止，最终也无法处罚，这两年原址上已经建起了新的大楼。

第四，缺乏引导鼓励政策，产权人缺乏意愿或抵触保护与合理利用。譬如，像东直门自来水厂自愿建立博物馆的行为，政府就应该给予一定的资金支持并进行大力宣传，维持其积极性，带动其他部门和个人。

如果不解决这几个问题，不单很难进行以后的认定工作，现有的 69 处也会岌岌可危。如西便门的国管局宿舍，因为年久失修被国管局列为危房改造的范围，自然对被列入保护名录十分不满，这些年一直在与北京市规划委进行谈判，两边各不相让，楼内的居民也分为两派。正反两方斗智斗勇了将近 8 年的时间，这组建筑一直处于拆与不拆的拉锯状态。其实，目前北京市国管局主要是迫于社会舆论的压力，但真要是强行拆除了，众人也奈何不得。

为此，北京市规划委委托北京市规划院研究编制《北京优秀近现代建筑保护管理办法》。虽然成果有了，但一直处于研究成果，而没有进行实际的成果转化，作为执行文件。

2. 有价值历史建筑缺乏鉴定和管理

《历史文化名城名镇名村保护条例》里提出，城市、县人民政府应当对历史建筑设置保护标志，建立历史建筑档案。《北京市历史文化名城保护条例》里也明确应加紧有价值建筑的鉴定工作。为此北京市文物局编制了有价值建筑鉴定的标准，但未得到市政府的批准。因为依据《条例》，北京市规划委应编制有价值建筑的维护修缮办法，因此市政府要求将标准与办法同时批复。可规划委认为房屋修缮维护工作在北京市住房与城乡建设委员会，因此不应由规划委来承担该项工作。

所以迄今对有价值的历史建筑也没有相关的规定和相应的部门进行管理，导致这些资源因缺乏认知和爱护而逐渐消失。如 2011 年 4 月，《新京报》上质疑西城粉房胡同一带聚集这 30 多个会馆，但依旧面临着拆迁的命运。还有前文提到的东总布胡同的梁思成、林徽因故居，虽然拆除期间被叫停，但最终还是未能逃脱厄运。只有当文物局紧急将其升级为文物，才给其有了异地重建的说法。

3. 更新改造的设计导则缺乏落实

在 4.1.1 小节里提到，应加强政策和设计细则的研究，鼓励并引导用户以传统的风貌格局及方式建设自己的居所，对于那些被列为有价值的建筑，以及建筑面向街道上的立面应有强制性的设计导则，严加管理。

其实，目前还是有一些相关的图册、手册、导则，介绍了传统四合院正确的建设、修缮方式，如《北京四合院建筑要素图》、《北京旧城房屋修缮与保护技术手册》、《北京旧城房屋修缮与保护技术导则》等，但是还没有一本成为被推广的设计导则。有些居民也很喜欢传统形式，但通常就交给了施工队，赶上不专业的装修队，就将房屋建造的不伦不类。对于有价值的建筑，或者面向公共空间的部分，也没有相应的需严格执行的设计导则。走在胡同里，尤其是像南锣鼓巷、五道营这样已经被店面占据的胡同，很多沿街的建筑被改造得面目全非，风格来自世界各地，如印度风格、希腊风格等，管理部门也很无奈（图 4-10）。

图 4–10　失去了北京胡同味儿的装修

4.3.2　两城区与各部门缺统筹

1. 东西两区协作不力

东西城行政边界是以传统中轴线为界的，但由于考虑经济、责任承担等方面的原因，行政区划的边界不甚合理，两区的合作也难说理想，其最直接的影响就是中轴线无法很好地统一进行规划设计、环境治理及建设管理。

首先是边界划分与职责管理带来的问题。中轴线的大部分都在东城界内，如钟鼓楼、故宫、天安门广场等，但景山归在西城；地安门大街两侧的店面都由西城管理，而前门大街两侧的店面则由东城管理。原来的崇文在前门大街改造时，不会顾及西侧宣武胡同的入口塑造，由此大栅栏入口处原本的小广场会被两栋小楼和变电箱挤在里面。如今，西城对地安门大街环境整治时就截止到街面，所以我们可以看到中轴线上的标识是不同的，景观塑造也是不同的。经常会因为是街面上发生的问题还是街边上发生的问题而推诿责任（图 4-11）。

图 4–11　大栅栏街区
（原本大栅栏入口有个不大的小广场，非常醒目。前门大街改建之后，小广场没有了，立了两栋多层，还放了一排变电箱。）

其次是中轴两侧的规划设计的问题。中轴线为对称布局，且左右建筑在文化内涵上具有很高的相关性。每个时期对它的改造都是基于这些原则，包括新中国成立后对天安门广场的改造。因此凡涉及中轴线的规划设计应统一考虑两侧的关系，但因东、西两区工作重点与时序并不相同，经常会缺乏衔接。譬如钟鼓楼西南角的马凯餐厅与东南角的时间广场两个项目，在初期规划设计过程中始终没有统一考虑过，只有到了方案报批阶段才由专家提出缺乏整体性。珠市口外大街西侧的天桥地区建了多层的商场办公楼，而东侧则为自然博物馆，从功能、建筑体量、形态等都没有相关性。

长此以往，中轴线的完善与提升很难达到理想的状态。

2. 部门机构缺乏统筹

首先，以市政部门协作为例。前文说过，目前在旧城内市政设施可基本满足日常生活需求，但提升规模与质量有困难，因为空间不足，难以扩容和整改。表象是缺乏用地空间，实质是缺乏部门间的统筹。

为了深入研究旧城规划道路红线缩减的可行性，在 2009 年 3 月的一次调研会上，我们请来了电力、热力、燃气、给排水（包括中水）、电信、电讯等相关专业委办局，请他们谈谈解决之道。大家都认为，只要能够统一规划、统一施工、依据旧城的特殊性，结合新技术、新材料、新做法确立新的技术标准，现有的城市道路宽度就可以满足需求，无须拓宽。

统一规划：可以对有限的空间合理分配，但目前没有部门牵头。

统一施工：可以节省空间，避免拉链现象，但目前都是各家有需求时申请立项，发改委的拨款是一报一拨。

新的标准：依据新的标准可以节省管线间的空间，且目前新技术、新材料都有，但都是各家独自进行试点，可若依据现行规范都属于不合法。

另外，如果在城市道路下建立综合管廊的话，将会节省很大的空间，但是我们的各个部门却难以协作，每个部门都要求独立的空间。最为著名的案例就是在中关村曾经尝试过综合管廊，虽然叫综合管廊，但不是所有的管线共用一个管廊，而是众多个部门独立的小管廊共用一个大的廊道，空间一点也没节省。

个人以为，不妨单独成立一个部门，也可在发改委下设机构，各个市政专业局统一申报，统一核算经费，做到统一规划、统一施工、统一管理、统一维护。并且制定材料、技术创新的奖励机制，设立相关的研究经费。

其次，以搭建基础数据平台为例。没有正确的基础数据，就不可能做出科学的规划与决策。恰恰就是这一点，是我们面临的一个瓶颈。目前，我们的数据来源五花八门，有统计局、公安局、工商局、街道和居委会，但因为缺乏统一的标准，同种类型的数据每家统计口径不一，相差很大。那么设施配套、人口疏解的规模以哪个数据为准呢？而且每家都把自己的数据看管得很严，对外的仅仅是一些最终的结论。而恰恰是一些分项数据有助于规划分析。如常住人口里面，哪些是外来打工的人员，哪些是经济条件较好的、喜欢老城氛围的人员，他们的需求是不同的，规划时考虑的应对策略也是不同的。通常来讲，作为一线基层单位，街道和居委会的数据相对准确一些，但实际工作时又必须按照统计局的官方数据，否则无法出台。2009 年在街道做调研时，有些街道的实际失业率高达 5%，而统计局的登记失业率不到 0.9%，北京市的为 1.86%，可是对外汇报却只能用统计局的数据，那么相关指标的测算也必须以此为基础，否则就全圆不上了。

再有就是我们的数据缺少细分。譬如，至今任何一家都不会有针对旧城 62.5km^2 的统计数据，都是以行政辖区进行统计，所以，对于规划部门来讲，旧城除了可以 GIS 提出用地的数据，其他如人口、经济等都只能是推算，无法做到准确。

其实，各个部门不愿意相互协作是担心自己的垄断地位受到威胁，其实这种思维不符合信息社会的模式，也是对社会不负责任的一种表现。其实，只要统筹协调作战，就能事半功倍，达到多赢的局面。

4.3.3 公众参与制度很不完善

1. 对公众的利益诉求缺乏尊重和理解

简单而言，公众参与是一种让受到政府决策影响的人能够有效介入到决策、实施、管理、监督、评估和利益分享的全过程中去的方法与途径，是政府与民众主动交流的过程，也是一个各方利益博弈的过程。其目的是在决策的源头保证各方利益的平衡。它的本质是“一切权力属于人民”宪法精神的贯彻，是群众的知情权、言论权、监督权等民主权利的落实。

旧城如火如荼地更新改造迄今为止都是政府、开发商在其中博弈，而被涉及切身利益的百姓基本没有发言权。记得2011年3月9日的一次会上，几个部门讨论即将召开的“汇聚力量，建设人文北京；凝聚智慧，共言名城保护”研讨会方案，承办方是《北京规划建设》杂志。杂志主编说，因为这次是想广泛听取各种声音，所以请来了各个层面的人，包括东四九条的一位叫夏洁的居民，她的主题是面对拆迁，通过斗争，保护自家的房子，重建自己的家园。北京市建委的一位年轻人马上提出质疑：当初东四八条至十条危改项目手续完全合法，就是因为这个夏洁带头闹事，结果项目黄了。现在让她讲，岂不是……？

由此可以看出，我们的规划和实施直至今日都缺乏对民意的尊重，如果该项目在规划之初就与居民沟通，是不应该出现这种情况的，且如果是合法的，又怎能被一个小百姓搅黄了呢？我们所谓的合法，仅仅是缺乏了公众参与程序上的合法。

公众参与在西方实行得较早，20世纪60年代就崭露头角，20世纪70年代有了制度的完善，在20世纪80年代蓬勃发展，20世纪90年代已经比较成熟了。但因其较高的经济成本、时间成本和公开性、公平性，在我国实施较晚。

美国波特兰市曾有一个“好莱坞地区改造计划”，采取公众参与形式，其中公众接待日、讨论会、公共会议、听证会总计超过60次，规划过程历时两年半。

再对比北京。笔者2001年接手位于旧城的金融街中心区规划，2003年完成规划，而此时对居民的拆迁也基本完成了。2005年中心区基本建设完毕，金融企业开始入驻。在整个规划建设期间没有进行过一次公众参与活动，虽然金融街的建设极大地促进了西城和北京经济的发展（2007年金融街地区的税收占西城区财政收入的28.1%，占全市税收的19.3%。）但谁也不可否认，金融街从选址到完成建设，对旧城的破坏是极大的。

当然随着《中华人民共和国城乡规划法》对公众参与程序的要求，这种状况正逐渐转变。而政府也开始学会并愿意利用公众参与的方式来化解矛盾。

以金融街为例。2009 年，金融街拟向外扩展，准备先期启动三个项目，可直至 2011 年一个都未能启动，原因就是，此时公众参与已在规划编制与管理审批中有了一席之地，虽然还比较简单，仅仅是要求规划公示并征求相关利益人的意见，但是，足以起到了抑制作用，任何人在行动前都有所顾忌。首先开发商不提供公示征询意见结果，规划部门就不可能审批，涉嫌违法。而开发商不思前想后谋划好，根本不敢与利益人面对面。

2. 公众参与尚处于起步阶段，制度不完善

经过多年的实践，北京的公众参与已有了多种形式，取得了一些成绩，但还处于基础阶段。

简单列举几种类型，评判一下各自的优缺点。

1）专题讨论会、专家评审会：参与人多是行业专家和相关政府部门、行业机构的负责人、工作人员，由于他们具有相关的专业知识，且会议的主题明确，所以意见和建议都比较有的放矢，有一定的高度，讨论结果也会比较明确、有效。但这类参与还有很多弊端需要摒除。首先，参与者多是有一定资历和职位的人，大多并不深入现场，主要依靠以前积累的经验、一些书面汇报材料和不断赶场开各种会得到的信息来思考问题。譬如一些在历史文化名城保护方面有发言权的专家甚至多年没有在老城走走，对最新的功能、房屋、人口变化以及基层开展的各种实践根本不掌握、不了解，所以经常高屋建瓴地说一些看似正确但很虚的道理、原则，对具体的执行措施就难以说清或避而不谈。所以当专家们大声疾呼要原貌保护的同时，居民却说："咱们换个位置，你来我们这里住几天试试？"。另外，有时会出现到场专家专业类同的现象，这样产生的结果会是比较偏颇的。记得曾经专家会审核过某版前门大街东侧地区规划，由于到场的均为文物专家，仅关注了风貌保护，对公共服务设施的配置缺乏概念，结果导致上一层级规划按规范标准配置的学校、市政站点统统不见了踪影。最为可怕的是由于缺乏良好的进入和退出机制，专家相对固化，导致思路僵化，且官员、专家身份混同，甚至有个别专家摸准了政府、开发商的脉络，丧失了应有的立场，有些则抱着惹不起躲得起的心态，一看事情比较棘手，索性不参会。

2）听证会、问卷调查、网上公示：这几类算是面向公众和的，但各自有些弱点。首先，我们的听证会存在参与者被精心挑选之嫌，所以经常会出现网上公众意见是反对，而听证会上是绝大多数代表同意的现象；而问卷调查和网上公示都不是直接交流，填写问卷和上网的人对事件本身的了解程度有限或根本不了解，所以对结果的总结就要打些折扣。最为关键的是，目前我们的网上公示更多的还是走形式，记得2008年在制作《北京市中心城控制性详细规划》网上公示材料的时候，就用了很多时间来讨论筛选公示内容，因为要把那些容易引起公众质疑的内容隐去，内容也尽量简化，导致公众从网上很难得到实质性内容，故我们经常要接待想了解规划的来访者，如用地指标、限制条件等。其实这就是因为我们不是全程的公众参与，在编制规划之初没有征询公众意见，结果出来后就心虚。网上公示的另一个问题就是很多经济条件不佳或知识水平有限的人受到制约，如没钱上网、不会上网等，因而无法参与意见。像2011年，编制《北京"十二五"时期历史文化名城保护建设规划》，从网上得到的群众意见总共才十几份，且一部分跟名城保护不相干。

3）公众接待日、热线电话、常设的信访接待：公众接待日通常是在固定地点、固定日期接待来访（如某个周一）；热线电话要么是永远占线，要么被转来转去，各部门相互推诿，不知所终。最重要的是这几个方式接待的公众，大多是带着问题和怨气而来，以提意见而非建议为主。

综合归纳：有限参与、事后参与、被动参与、形式参与，总之，不是全过程参与。

对规划而言，2008年颁布的《中华人民共和国城乡规划法》对规划的公众参与提出更明确和更高的要求。要求报送审批前、实施过程中、定期评估、修改等过程均需要进行公众参与。但具体落实上还很不完善，无法真正做到全过程的参与；再有就是我们的方法还停留在上面所列的几种方式，缺乏与公众面对面的沟通，常常不能达到预期效果。

3. 因缺乏公众的有效监督，导致保护处于有法不依，执法不严的状态

在2006版《北京市中心城控制性详细规划》（01片区—旧城）里明确提出"旧城内不再增加建设量"。但时隔8年，情况怎样呢？以各种途径求得更改并最终完成的上百项，绝大多数是要求增加容积率、高度或减少绿地、道路的。初步统计增加了600万 m^2。

且不说这些项目突破了旧城的高限，很多就位于历史文化街区边缘，甚至就在街区里面，而且这种要求增量增高的项目还在源源不断地出现。

但因为缺乏公众的监督，很多不合理的调整在层层的压力之下无奈成真。在北京，这似乎是一个更难遏止的现象。

4.3.4 缺乏良好的投融资机制

历史文化名城的保护需要大量的资金，这是任何人都知道的。这几十年来正是由于资金的缺乏，导致保护工作举步维艰。虽然随着经济的发展，政府的财力越来越雄厚，不断加大投入，但是经济发展也使得所需资金水涨船高。

以人口疏解为例，根据2006版控规，旧城需从138万减少至90万，至少疏散48万人。按照2010年政策和货币补偿标准粗略计算，每疏散1万人，平均安置费用在15亿元以上。即总安置费用约720亿元。按规划目标人均35m^{2}计算，需要定向安置住房约1680万m^2。2010年安排600万m^{2}定向安置用房，还需安排约1080万m^2，按住宅用地净容积率2.8测算，需要住宅用地至少约3.85km^2（每年居住用地审批规模约15～18km^2）。而实际的费用肯定要高于常规计算。如东城区地铁8号线扩拆，拆迁费均价10万元/m^2。

再看文物的投入，2000年至2010年，连续十年时间市政府投入文物建筑修缮专项资金超过12.3亿元，争取社会配套资金50余亿元，但分摊到每年的话，平均也仅6亿多。2008年启动旧城修缮整治工程，每年专项补助资金10亿元，市政投资另计。这些资金对庞大的工作量来讲还是杯水车薪。

在编制《北京“十二五”时期历史文化名城保护建设规划》的时候，我们对五年期间要完成的工作进行了一个粗算，仅市级重点项目采取市区两级联合投资实施的方式，大约需要资金约742亿元，每年148.4亿元，这还不算区里的项目。在征求意见阶段，各个被落实了责任的区县、单位都表示资金远远不足。

由此，我们看到仅仅依靠政府财政投入来完成历史文化名城保护工作是不现实的，必须建立有效的投融资平台，大量吸引社会资金投入到保护工作中来。

4.4 规划指标不当及规范标准缺支撑

4.4.1 指标缺失或不适当

城市用地规划编制时需遵守相关的行业标准，如教育部对学校的标准、卫生部对医院的标准等。规划指标通常有这么几项：用地性质、高度、容积率、绿化率、空地率。常年来，这些标准和指标在旧城、中心城、新城基本是通用的。但旧城基本是建成区，用地极其拥挤，与外部城区的相对开阔是不能相比的，且内有成片的历史文化街区（其他传统平房区），具有不同于其他区域的空间特征。所以，通用的标准和指标就给旧城的规划管理和建设带来诸多的困境。

在 2011 年，这些问题还很突出，但经过长期努力，这几年有了较大的调整。但笔者想把当时的问题和现在的努力成果结合着论述或许更加清晰。用几个具体的案例说明：

1. 公共配套设施的行业标准

随着人口的增加以及生活水平的提升，城市对于公共设施的需求越来越大，要求也越来越高，所以公共服务设施的标准通常只有增加，少见缩减。虽然上文说到，有必要结合旧城空间特征的特点有针对性地制定标准和规范，而不是整个市域一个标准。但长期的状况是各个专业部门对家门看管的都比较紧，维持最好，提高更佳，难得会有主动缩减的。当然这有利于保护公共设施规模及布局的合理性，但相对于旧城而言难免有难应对的局面。

以教育设施的标准为例：如，依据教委原来的标准，18 班小学占地标准为 0.011km^2，2006 年教委出了新的《北京市中小学校办学标准》，将新城与中心城有了区分。按新标准，18 班小学在新城占地为 0.0189km^2，中心城调整为 0.0145km^2。但对旧城而言，原来按旧标准都很难达标，按新标准无疑更困难，如果要达标的话就得拆房子扩建，在历史文化街区，那就要拆除一片传统院落。2011 年，我们分别进行了东、西城教育设施专项规划，鉴于旧城的难题，我们与北京市教育委员会协商，旧城内采用北京市规划委员会印发的《北京市居住公共服务设施规划设计指标》（市规发〔2006〕384 号文里的标准，即低限值为 9500m^2，高限值为 12500m^2，容积率可以比教委的 0.8 提升些到 0.9。

2. 规划控制指标

除了公共服务配套的行业标准外，规划控制指标也有很多需要细致研究以适应旧城的特殊状况。

1）用地性质

规划通常以道路、权属边界等划分地块，赋予其性质。包括大类，如商业办公用地（C）、居住用地（R）；中类，如商业金融用地（C2），低层住宅（R3）；小类，如零售商业（C21）、中学（R51）。原来在控规里，每个地块的性质都很清楚，2006版《北京中心城控制性详细规划》为了适应混合功能的需求，增加了F类用地，叫混合用地，其中又分为（F1）公建混合，（F2）居住占60%的混合，（F3）居住占40%的混合。那么旧城里的平房区都是成片的平房紧密相连，功能却穿插布局，有居住，有小商店，有办公，难以分开，虽然也可算是混合用地，可是却很难像（F）类那样能够分得出一个百分比，而且怎样才能体现保护区的独有性呢？为此2006版控规中为历史文化街区设立了（RC）类用地性质。但是，仅凭这样一个分类，管理部门却犯了难：街区里面允许多少非居住类进驻呢？在国土部门也有问题：一是在土地征收条例里没有RC这一项，二是土地出让金也因性质不同而不同，所以征收出让遇到RC都犯难。如果遇到诉讼，法院的土地类别里也没有这一项。

2）容积率

在编制2006版控规时，对旧城平房区的容积率该如何设定一时难以确定，但为了赶进度（要求一年完成），没时间开展专题研究，最开始设想就暂不提容积率了。但是在数据库录入时，必须有数值，否则数据库无法工作，为此匆忙地按标准四合院的布局估算了一个容积率为0.5，但特别注明了，此为估算容积率，规划审批管理时可结合实际情况进行调整。但管理部门基于法规执行的严肃性，就将此数值作为一个不可变的规章了，导致后期很多正常的更新改造无法进行，原因就在于当初估算的容积率并不完全合理，因为大小不同的四合院其容积率是不一样的，一进院可能0.5，多进院可能有游廊，就会高一些，达到0.67～0.7，若是局部地区允许进行一些商业功能，可能还更高一些。所以，近几年基本达成共识，即地面容积率多按0.65管控。

3）绿化率

原来要求地块的绿化率不得低于30%，后来有些集中建设区提出了降低地块内绿地率，集中到小区的公共绿地上，形成更好的街区景观效果。再后来提出，旧城内用地紧张，绿化率可降低至 20%。这两年不再要求绿化率了。实际上，自始至终旧城尤其是传统平房区的绿化率就不可能达到规定的指标。我们知道，传统平房区的绿化形式是院内种植一两棵大树，宽点的胡同可能间断着种两排树，窄点的胡同种单排树，这样这个区域基本都能覆盖在绿荫之下。那么如今旧城内特别是平房区内的绿化到底应该怎样管理控制呢？

4.4.2 规范标准老旧僵硬

1. 道路断面及道路定线有待改进

经过多年的努力，旧城路网结构和道路红线等较之前有了改变，与旧城特征更加契合。但道路断面的形式还采用的是标准形式，有待认真研究。譬如旧城内车速慢，机动车道是不是就可以略窄，从 3.5m 降至 3m，这样可以把空间让给骑车人或行人？

按常规的方式，道路都是按平行线定线[①]。但旧城道路经常会碰到文物、有价值建筑、古树，甚至整段需要保留的院落，道路常规的平行红线是不是可以据此进行调整，局部突出或凹陷？

胡同虽然在旧城尤其是历史文化街区内起着至关重要的交通作用，但一直未纳入城市路网体系，所以也不定线。但结果就是胡同的空间被侵占，如院落或建筑的台阶、小型的违章搭建等。

2. 市政设施布局混乱、体量大

煤改电后有大量的变配电设施，如开闭站、箱式变压器、柱式变压器、地箱、墙箱等，安置都比较随意，甚至将老城里仅有的一点活动场地、绿地全部占满，对历史文化街区及旧城的景观和环境影响很大。虽然由于空间狭小，难以摆布，但如果部门协调，并用心设计施工，也是可以避免一些问题。目前在历史文化街区，很多大型变电设施已经被要求入地（图 4-12）。

再有，我们在设施小型化上还基本处于零进展，相比日本、欧洲等发达国家差距较大，但这项工作涉及面更广，所以还需时日。

---

① 道路定线：指对规划城市道路用地范围的边界进行界定，从实施层面对道路红线予以明确并控制。

图 4–12　胡同内的市政设施缺乏精细化的规划布局

4.5　规划层级死板、规划研究不深入

4.5.1　保护规划难落实

目前我们在中心城区的规划可以分为以下几个层级：总体规划、控制性详细规划、修建性详细规划，以及一些专项规划，如保护规划。而且每种规划的内容、深度基本是有要求的。总规是指明发展方向和宏观战略，控规是将总规的意图落在空间上；修规则是项目的具体实施方案；专项规划自然是更加专注于深化某一特定领域或地域的规划。我们的规划审批管理也是按照这样的层级进行的，即只有这几层规划是可以报批、并经审查批准后具有法律效力的。

那么保护规划该如何落实呢？对于历史文化名城保护规划这样的宏观性保护规划，其内容会纳入城市总体规划，其原则会指导城市的控制性详细规划；历史文化街区保护规划与文物保护单位的保护规划既要指导城市的控制性详细规划，也会纳入其中。但目前在北京的难题是历史文化街区保护规划的落实性较差。依据《历史文化名城名镇名村保护规划编制要求》的要求，历史文化街区保护规划的深度应达到详细规划的深度，按《历史文化名城保护规划规范》的要求，应该包含两个层次：第一层次是控制性详细规划，第二层次是修建性详细规划。但总规、控规、修规，这样简单的层级划分以及其对应的相对机械的内容更适用于新建区，对旧城及历史文化街区复杂的状态而言，是难以满足要求的。且对规划管理审批部门而言，修规更多的是针对具体建设项目开展的规划，从法律程序上讲，一旦批复，再进行调整是很困难的。所以从目前大多数保护规划的成果来看，其深度多停留在控规层面上，主要是确定保护对象，给街区未来的发展明确保护目标、保护原则。

但区政府、街道等实施主体通常会因为有实操需求，希望能在保护规划的原则下开展一些更具针对性和实效性的规划，但这样的规划又不在法定的规划层级内，规划管理部门无法审批，给实施工作的推进带来困难。

譬如，想在历史文化街区进行某条胡同的市政管线改造，上报市规划委，得到的回答可能是需要有区域市政规划。可市政规划编制单位会说因为没有用地规划，所以不知道该区域的功能定位、功能布局和建设规模，难以进行市政规划。为此用地规划编制单位需要针对实际需求对保护规划进行深化。但用地规划管理部门又没有办法审批，因为这样的规划可能不符合任何一个法定规划。

2008年，我们曾经接受东城区雍和科技园管委会的委托做《中关村科技园区雍和园规划》。作为一个位于历史文化街区内的中关村产业园，管委会很困惑，不知怎样才能将保护与发展比较好地结合。这个地区上位有法定的2002年编制的街区保护规划和2006版控规，但两者都无法指导园区的具体工作。因此他们希望通过该规划具体地指导下一步的工作。那么这个规划应该是哪个层级的呢，名称叫什么，不是法定规划，能够报批吗？这个难题一直都纠结于整个规划编制的过程中，甚至规划审批管理部门都不愿意深入，因为怕给自己带来额外的麻烦，最终，规划不了了之。

因为规划层级过于死板，给基层的实施工作带来困难，要么无所适从，让工作停滞，要么就是先干了再说，但这样的结果往往会带来后患。

近年我们也在尝试寻找既能让保护规划起到原则控制的作用，又能真正操作实施的方法。2013年，大栅栏投资有限公司想请我们做杨梅竹地区的实施性保护规划，在协调了各个部门后，没有哪个部门主动出来明确该规划的地位，以及承担协调其实施的责任。最终，公司因担心花了钱却无法审批而放弃。

4.5.2 旧城缺整体设计

3.3.1小节中简述了曾经提出的旧城整体保护的10项内容，但这10个内容更多是停留在对旧城传统空间形态进行保护的层面上，而结合旧城现状及未来发展思考，即缺乏一个整体的空间秩序的规划设计。目前的状况是人们只了解被罗列的传统特征，对于旧城在现实的状况下其空间形态的走向缺乏系统的思考、认识，缺乏整体和长期的谋划。譬如，未来统领旧城的骨架是什么，是传统的虚实相间的南北中轴线还是有新的补充，如东西向的长安街的地位；不同特质区域的空间形态该如何发展控制，包括历史文化街区、老旧居住区、高层区；哪些是应该着重或近期建设的重点以使其成为带动周边的火种，是重要的文物建筑还是公共广场；用什么方式打造理想的状态，环境治理还是景观优化；如何建立它们之间的联系使之成为一个有机的整体等。

因为缺乏这样的整体设计，我们的政策制定和实施推进是无序的，而且面对各种破坏旧城整体保护的无形压力和诘问，技术及管理部门缺乏完整有力的依据予以回应（图 4-13）。

图 4–13　旧城内建筑形式五花八门

4.5.3　应对破坏缺理论

关于北京发展建设史的研究资料很多，但作为对城市规划建设具有影响力的规划设计人员对相关知识的了解、总结还缺乏系统性，导致很多的工作依据都停留在浅层理论上，无法深入全面地阐述城市的历史文脉和传统文化的内涵，由此面临破坏保护的力量时缺乏有理有据的抗争。

譬如在 3.2.1 小节里说过，《北京城市总体规划》（2004—2020 年）编制时曾经想多增加几片保护区，遇到很大阻力，其中一个反对理由即是它们都已破旧不堪，没有保护的价值了。当然这只是反对保护之人的托词，但作为规划设计人员，却没有形成足够强有力的反驳依据，主要是因为研究深度不够，说出的话不硬气。

今天，我们依然会面对很多反对保护的声音和驱动力，譬如宣西风貌协调区就面临金融街南拓的严重威胁，但我们依旧没有对该区历史资源做系统调查，对历史文脉进行深入研究。

4.6 设计施工水平低、管理过于粗放

在城市快速发展建设时期，"有没有"是第一位的，"好不好"则被排在了后面。旧城是建成区，也是个历史区，更多地应是在城市建设的细节上下工夫，创造美丽的建筑、干净和舒适的环境，凸显老城的历史风韵，但我们在这点上有着明显的不足。

4.6.1 设计水平低、施工不精细

按理，旧城作为历史文化名城的重要载体，其建筑和景观的设计与施工都应该是精雕细琢并与传统风貌协调，但事实却不尽人意。原因主要有以下几点：

其一，旧城内的项目都比较小，资金有限，自然设计费也低，若碰见古建类的项目更是亏本的买卖，因繁复的形式和构件使绘图量大增，而取费并不因是古建就有所提升，所以很难找到大型设计院和水平高的设计师。因此，对一些小型建筑，有些用户大致描述一下功能，就让施工队直接修建了；略大些的，找个取费不高的小设计院或干私活的设计师就解决了。因项目小，施工队也不大，常常是街边的几个临时工拼凑的。当然，现在已经有一些高品质的设计院和设计师愿意为旧城贡献力量，但远远不够，故从政府的角度应对这种行为进行实质性的鼓励，以吸引更多的技术人员。

其二，目前有古建资质或者对古建较为专业的设计、施工单位不多，其他的单位也不愿聘请专业的古建师傅，因为工资高，所以很多都是不理解内涵，照猫画虎，出来的东西自然也很怪异。

其三，也不排除建筑师过于追求自身的风格，忽略了与旧城风貌的协调，造成很突兀的景象。譬如宣武门西南角的新华社大厦、东二环的银河 SOHO。

其四，现在旧城内建设用的材料也极其不讲究，施工粗糙，如什么都用水泥一抹，过几天一开裂，什么形象都没了。房子小，更要看重材料和做工等细节，其实，现在好的成品建材并不缺乏，但因为价格贵，一般人家不愿意使用，这就需要政府能有相应的鼓励政策，如给予适当的补贴。

4.6.2 管理粗放，缺乏细心思考

除了前文所说的各种技术性问题，目前旧城与整座北京城一

样，更缺乏的是精细化管理。以环境品质营造与维护为例：目前旧城内车辆、杂物违章停放现象严重，商业广告随意布置，违法搭建频出不穷，施工工地尘土飞扬。其实，关于这些都是有法规可依的，但如果缺乏认真执行，法规就是一纸空文。

但除了执法力度不强，缺乏积极主动的工作意识和创新精神，缺乏部门统筹协调也是管理不佳的重要原因。

以查处违章为例：旧城传统平房区内，违章建设很多，大体分为两类，一种是居民为改善自身居住条件，如家庭成员增加而修建二层，这类基本占 20%，但其中真正困难的就 5%；另一类是搭建后出租经营。对此，城管会有很多的推脱：老百姓自住，我们不好意思拆，会引发矛盾；出租经营的，我们也很难管，一般他们是先立广告挡上，后面盖违章，还有就是，违章可能一夜就盖起来了，再拆的话执法成本太高。其实如果能有积极创新的意识，就应该分析问题找对策，如将其分类处理：对出租经营的坚决拆除并处罚，对非刚需自住的限期拆除并处罚，对真正困难的与保障房挂钩，缓期拆除并处罚。既能体现法规严肃性，又能体现公平性和以人为本还能制止违章建设的无序泛滥。

2013 年全市开展查违拆违行动，东西城执行力度很大。如东城区建立了发现、拆除、追责“三位一体”工作机制，加大督查考核力度，严格落实各部门工作职责，起到了很好的效果，制止了新的违建。

再譬如，上文说到，北京市清理“五小”产业，工商部门在旧城的传统平房区从 2012 年不给办执照了，对正常经营的也不给年检。可很多小业主并不认同，所以店还继续开，但那显然属于违法经营。但真要进行查处呢似乎是合法不合理，会引发强烈的抵触情绪，不利于社区和谐，城管也犯难，就闭眼不管了。还有的居民用自己的住宅申办营业执照而实际却用违章建设经营，同样给后期的管理带来困难。这些都显示政策制定时过于简单，且部门各管一摊，缺乏沟通协调和统一执法。

还有，管理与服务一样，注重细节是至关重要的。举几个例子对比说明一下：

案例 1：在日本奈良的历史地区，见到这样两个画面。其一，一辆工程车在狭窄的巷内维修线路，因工程车很小，所以进退自如，还可留出一个车道的空档。一个警察骑辆小摩托，自始至终地行进在这辆工程车的前面，当工人作业时，警察就站在路边或路口指挥交通，其实小巷里很干净，鲜有车辆行驶，但警察却很认真。工人们也很认真，检修完毕总是将电线整理得很整齐（图 4–14）。

图 4–14　日本街区
（在狭窄的街巷，施工有交警跟随指挥；工人也将电线梳理得很干净。）

案例 2：我去鼓楼地区踏勘，被一辆正常尺度的掏粪车堵在了胡同，前后被堵的有汽车、自行车，乃至行人，一群法国游客乘着胡同游的三轮车也夹杂其中。粪的味道一股一股地飘散，人们无奈却无路可去。不远处停着一辆交警的车，车上的警察稳稳端坐。整个过程大约持续了 20 分钟。结束时，掏粪工将抽粪管和一根搅屎棍随意地往车上一扔，一路滴着粪汤离开了。

案例 3：南锣鼓巷的中部，曾经在环境治理的时候，开辟出一个小的空场，栽种了几排竹子，摆放了几个石凳，很温馨。但没多久，该空场就被一个巨大的变电箱所占。一是环境治理的部门与煤改电的部门缺乏沟通，二就是风貌保护的意识还没有很好地普及。

我们不能总以旧城空间拥挤、人口素质低等作为旧城环境品质差的借口，严格的管理、有效的引导在很大程度上是可以弥补一些不足，关键是有没有这样的管理意识（图 4-15）。

图 4–15　北京胡同
（我们的胡同里，这样漫天飞舞的线网随处可见。）

第5章 对旧城保护与发展目标的分析和思考

第 5 章
对旧城保护与发展目标的分析和思考

2008 年北京奥运会成功举办之后，北京已经站上了一个新的平台，如何以更前瞻的视野和更高的标准来促进经济、社会的转型发展，以更高的质量进行城乡建设，是政府与民众的新任务。因此，对自身经验教训的总结和对先进国家与城市的经验借鉴就显得特别重要。并且，有必要结合新形势、新要求对发展目标进行完善和修正。

在这样的背景下，北京市规划委在市政府的要求下开展了一系列的规划评估和总结工作，为下一次北京市总规修编打好基础：

2010 年，北京规划委组织开展对《北京城市总体规划》（2004 ～ 2020 年）实施情况进行评估；2013 年，北京规划委组织开展了历史文化街区保护规划实施评估工作；2014 年，北京市规划委员会组织开展《北京城市总体规划》（2004 ～ 2020 年）修改工作。

本章介绍一下在进行这些工作时，我们对旧城的功能定位和发展目标做了哪些思考，这也是我们在《北京历史文化名城保护规划》、《北京城市总体规划》（2004 ～ 2020 年）之后，又一次较为系统地对旧城功能定位与目标导向进行的一个再思考与深化。事实上，本章的内容和第 7 章提出的各项策略，基本上已经体现在这几年的各项规划中。如《首都核心功能区发展战略规划研究》[①]、《东城区空间发展战略规划》（2010 ～ 2030 年）、《北京“十二五”时期历史文化名城保护建设规划》、《北京城市总体规划》修改等。

5.1 对总规与当前形势的理解

旧城是北京的核心，它的定位与目标设想必须与北京的性质、目标紧密结合，并融入其中。所以，我们对 2004 版总规的目标进行了再理解。

① 2010 年，北京核心四区东、西、崇、宣并成了东、西两区。鉴于核心区行政辖区的变化，势必带来其功能定位、空间布局等方面的调整，为此合区之后我们做了该项研究。

5.1.1 总规展现的愿望

北京的性质和目标在《北京城市总体规划》(2004 ～ 2020 年)中是十分明确的，即“国家首都、国际城市、文化名城、宜居城市”。笔者认为它体现了多方面的愿望和追求：

1）首先，体现了首都对国家的承诺。作为国家首都，北京的一举一动对地方都有着很强的标杆示范作用，具有导向性，因此它必须确保自己是一个安定和谐、健康发展的城市，这样才能让整体国民放心；而首都的形象也是国家形象在国际社会的集中体现，受到世界目光的关注，必须用心维护。

2）其次，体现了北京追求卓越的雄心。2004 年在进行总规编制的时候，北京已经具备了进一步扩展国际影响力的实力，也具备了打造全球先进城市的底气。

3）第三，体现了北京对自身历史和特色的珍惜。尽管北京在发展的过程中犯了无数的错误，丧失了众多珍贵的历史文化资源和传统习俗，但经历了痛苦的反思之后，重新树立了保护与传承民族文化的信念，并坚定了重塑历史文化名城的决心。

4）第四，体现了北京全体市民安居乐业的美好愿望。城市规划建设的目的都是要为全体人民创造一个舒适宜人的工作与生活环境，让大家过上丰衣足食、愉快安心的日子，因此，宜居城市是我们努力的最终目标，也可以说是其他目标最根本的基础。

5.1.2 北京面临的形势

2008 年北京奥运会之后，北京的发展环境和发展基础发生很大改变，使得北京要有所变革。首先，中国现已经被推到了国际社会讨论和处理重大问题的前台，无可回避，作为国家的首都，应该加强培育与其地位相适应的国际交往和文化中心的职能；其次，中国正处于加快经济发展方式转变的关键时期，北京也要从服务型城市向创新型城市转变；其三，北京面临着众多的大城市病，在人口、资源、环境等方面矛盾极其突出，严重影响了健康发展。

鉴于此，新一届中央政府也开始不断对北京提出新的要求。2010 年习近平来京提出了“五个”之都：“国际活动聚集之都、世界高端企业总部聚集之都、世界高端人才聚集之都、中国特色社会主义先进文化之都、和谐宜居之都”。这几条的意图可以理解为以下几个方面：

第一，希望北京能加快产业结构转型，缓解人口、资源、环境的矛盾；

第二，希望北京提升保护历史文化资源的力度，挖掘民族文化内涵，传承并予以弘扬，兼收并蓄外来文化，形成在国际社会具有文化影响力和引领作用的国际都市；

第三，希望北京能够全面提升政策制定、制度保障和城市环境水平，以达到吸引人才、聚集人才的目的。

2011年的十七届六中全会提出文化强国战略，要求北京发挥全国文化中心示范作用，要做到“传承历史、指引未来”；2012年“十八大”提出要提高国家文化软实力，发挥文化引领风尚、教育人民、服务社会、推动发展的作用；2013年十八届三中全会提出要推进文化体制机制的创新，建立健全现代公共文化服务体系、现代文化市场体系，推动社会主义文化大发展大繁荣；同年的中央城镇化工作会议上，习近平说出了“让居民望得见山、看得见水、记得住乡愁”这句充满激情的话。

2014年初，习近平视察北京，对北京在发展中的文化传承讲了一些话：“北京作为一个保有古都风貌的现代化大城市，是中华文明的一张金名片，传承保护好这份宝贵的历史文化遗产，是首都的职责。要本着对历史负责任、对人民负责任的精神，传承城市历史文脉，处理好历史文化和现实生活、保护和利用的关系，做到城市保护和有机更新相衔接”。“提高城镇建设水平，依托现有山水脉络等独特风光，让城市融入大自然，让居民望得见山、看得见水、记得住乡愁；要融入现代元素，更要保护和弘扬传统优秀文化，延续城市历史文脉。”

5.2 国际名城保护发展的启示

为把握国际城市的发展趋势，使我们在目标、策略制定时有所借鉴，我们对那些具有世界影响力和世界声誉的城市及其核心区进行了分析。本节与5.2.3小节，是他们对老城的态度和做法。但任何一个城市中心旧城的保护与发展都不可能脱离整座城市的定位与目标。所以前面两小节的叙述还是必要的，且笔者以为其内容也比较有趣，可以拓展思路。

5.2.1 “顶级、楷模”是目标

我们对比的这几个大都市与北京一样，多是以老城为核心向外圈层发展，同样面临人口增长、老龄化程度高、交通拥堵、设

施老化、环境恶化等城市病，但这些并不妨碍每个城市都以高标准确立自己的宏伟目标。下面我把这些目标进行分解和归纳，便于读者快速理解它们的要点和特征（图 5-1）。

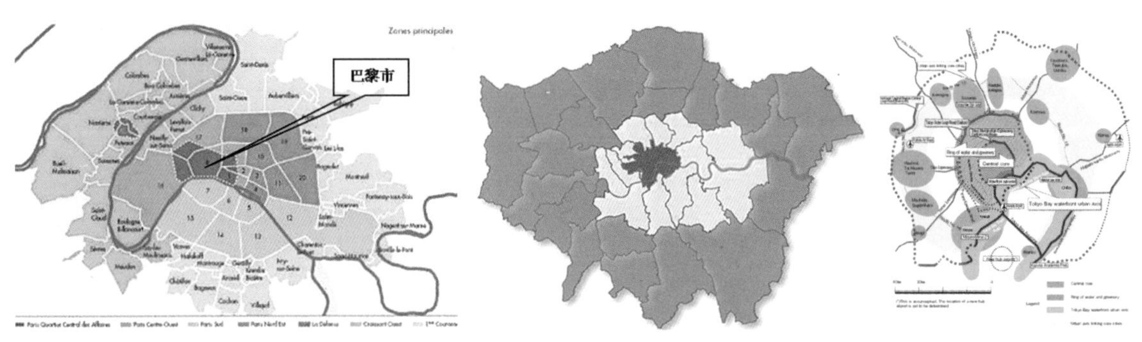

图 5-1（a） 巴黎　　图 5-1（b） 伦敦　　图 5-1（c） 东京

各大城市与北京一样，面临共同的问题：

1）伦敦

自 1989 年以来伦敦人口持续增长，2003 年已达 730 万，预测至 2016 年将达到 810 万人。由于人口增长给市政、交通等基础设施带来了压力，对城市能源的稳定可持续性、住房的保障等提出了要求。

据预测，至 2016 年伦敦工龄人口将增 51.6 万人，其中 80% 将是黑人和其他少数族群。相对而言，这些人多处于贫困状态，带来了诸多弱势群体的问题。

2）东京

东京的首位度很高，故人口不断涌入，东京都的人口约 1300 万。目前东京人口密度 5564 人 /km^2，中心区域达到 13063 人。东京的老龄化也很严重，65 岁及以上的老年人口比例持续增加，2000 年达 184 万人，占东京总人口的 14.9%，预计到 2018 年将达到最高峰，为 258 万人，占都总人口的 22%。

尽管东京的地铁非常发达，但地面道路的修建还是赶不上需求，比起辐射状道路而言，环状方向的道路修建明显不足，因此造成慢性交通堵塞。

随着办公和其他商业设施的增加，很多地区居住功能在减退，水域和绿化逐渐减少，致使舒适的生活空间逐渐消失。

（1）伦敦发展的总目标——要成为顶级全球城市

伦敦发展的分目标：

①（公平）克服经济增长和人口增长带来的挑战；

②（繁荣）具有国际竞争力；

③（宜居）具有多元化、安全和便捷的社区邻里；

④（魅力）赏心悦目，有效维护历史建筑物、街区并拥有最优秀的现代建筑；

⑤（绿色）在改善环境方面世界领先；

⑥（易达）为所有人提供可能的工作机会和高效的交通系统。

（2）东京发展的总目标——以承办 2020 奥运会为契机，成为领先世界的楷模城市

东京发展的分目标：

① 创建抗灾力强的城市，提高首都东京的信誉；

② 成为世界上对环境负荷最小的低碳城市；

③ 恢复成为清水环绕、绿意盎然的美丽城市；

④ 建立一个低生育和超老龄社会的都市典范；

⑤ 利用新技术、新构想建设引导世界的产业都市；

⑥ 建设一个人人都有热情、具备挑战精神的社会；

⑦ 建立一个人人都可享受运动，能给孩子梦想的社会。

（3）纽约发展的总目标——更绿色、更伟大的城市

纽约发展的分目标：

① 提供安全、舒适、可支付的居所；

② 建立最安全、最完善的公路、地铁、铁路网络；

③ 为市民、上班族、游客提供更快捷的交通；

④ 为全体市民提供高质量的供水系统；

⑤ 住区建立 10 分钟步行距离公园系统；

⑥ 让全体市民能享受到更环保、更可持续的能源；

⑦ 2030 年实现温室气体减排 30%；

⑧ 成为美国空气污染最小的大型城市；

⑨ 清洁所有被污染的土地；

⑩ 90% 以上的河道进行再造，使河水更加清洁。

在分析这些城市目标时，可看出他们十分重视“经济繁荣、环境宜居、文化多元”。目标再细化时，各自还有一些独有的特色。

1）注重以人为本、文化引领、科技创新

（1）以人为本

人是城市发展的动力之源，只有注重了人的需求才能使城市健康生长，而公平对待每个人则充分反映了社会文明的进步。因此这些城市在目标制定上很注重创造机会满足人的多样性需求，关注各类人群的感受及潜能的发挥。

① 伦敦——社区要为所有居民、工作者、访问者和学生提供机会，无论他们的来源（种族）、背景、年龄、状态。

② 东京（新宿）——任何人都受到尊重，自我可以得到发展的城市；以区民自治为主要方式去思考并行动的城市。

③ 大阪——要实现在大阪谁都能就业的战略（学生、老年人、残疾人）。

（2）文化引领

文化增强城市的竞争力已成为共识，所以在这点上确立了三个层次：首先强调本民族和地域文化的保护、传承与弘扬；进而加强国际交往，积极吸收外来文化，建立文化的多元性；最终达到创新，形成世界影响力，确立引领地位。

① 东京（新宿）——活化街道往昔的回忆，创造美的城市；

② 大阪——实现博物馆之城（美梦佳玉之城）；

③ 京都——建立世界文化自由都市；

④ 巴塞罗那——“城市即文化，文化即城市”。

（3）科技推进

秉承科技创新是社会发展动力这一原则，这些城市对建设上的科技运用提出了更高的标准，即在当今这个信息爆炸的时代以及能源危机的时代，要注重科技在城市建设管理中的全方位运用，包括网络化建设、智能交通系统建设、低碳环保技术的应用推广等。

① 东京——利用新技术、新构想建设引导世界的产业都市

② 巴塞罗那——构建“知识城市”的战略决策

2）注重实施、特色、精细化和机制建设

（1）注重解决具体问题：这些城市在宏伟目标的前提之下，非常注重解决现实中比较紧迫或矛盾突出的问题

① 纽约——清理被污染的工业用地；减少水污染和保护未开发区域，以实现90%的河道向公众开放。

② 东京——创造领先于世界的超老龄社会的都市典范；通过三条环线道路彻底缓解东京交通堵塞。

（2）注重强化城市的性格与特色

① 东京（新宿）：提供丰富的生活方式和交流机会，形成新宿特有的城市风格。

② 旧金山：保护与促进那些确立城市质量和独特个性的经济、社会、文化和审美价值。

（3）关注细节，在规划设计与建设管理上全面精细化

① 纽约（曼哈顿）：规划要能够深入到停车场分布的层面；精细化设计，鼓励高水平的建筑设计。

② 东京（新宿）：确立人性化的城市建设方针，普及无障碍设计。

（4）关注有效机制的建立

① 东京（新宿）：优化行政运营机制，提升服务窗口的便利

性和办事效率并建立定期的反思机制。

② 悉尼：建立和监控部门合作关系，确保议会财政能力的永续性发展，建立更广泛参与的管理改革过程。

3）形式指标化、生动化，易于市民理解

城市发展目标的实现需要每个市民共同努力，因此这些城市目标的表述语言通俗生动，直接而明晰，易于广大市民理解。

（1）目标指标化，清晰

① 纽约——开放空间：保证每个居住区 10 分钟步行距离内有公园；

② 东京——为残疾人士建立 3 万个新工作岗位；

③ 巴黎——每年新房兴建数量将翻一倍，增至 7 万套；

④ 新加坡——10-15 年间规划新增 130900 个居所；

⑤ 悉尼——城市温室气体的排放，与 20 世纪 90 年代的水准相比，到 2030 年会减少 50%，到 2050 年将减少 70%。

（2）目标以场景描述的形式，生动有画面感

① 首尔——连接首尔全城的地铁，还有迎着江风欢快地奔驰在自行车道上的自行车，将会使人们的生活更加便利多彩；

② 东京——让东京恢复成为清水环绕、绿意盎然的美丽城市。

5.2.2 强化新城，缓解中心区

从空间格局看，伦敦、巴黎、东京都是以老城为中心向外圈层扩展，因历史悠久，条件完善，故中心区既为政治、文化中心，也是经济中心。但是这些城市十分注重加强外围新城或副都心的建设，并形成了各自的特色，因此有效地分解了中心区的功能，且避免了同质化的竞争。

1. 巴黎[①]

巴黎市面积 105km^2，人口 217 万[②]。巴黎大区由巴黎市和 7 个省组成，总面积 12072km^2，人口 1100 万。

巴黎 1965 年开始建设新城，至今外围有五座新城，城内工作、服务、娱乐、学校等一应俱全。同时几个新城各有特色，并无恶

① 参见网易新闻“巴黎五座新城 北京可以借鉴”一文，2010 年 3 月 10 日。

② 北京市域面积 16410km^2，核心城区东、西城合计面积 92.39km^2，其中旧城 62.5km^2。

性竞争之势。如，马恩拉瓦莱建有欧洲迪士尼乐园，大力发展旅游娱乐，每年吸引上百万游客，直接提供 1 万多个就业岗位；埃夫里以科技研发著称，建有欧洲著名生物科技园，是风投的目的地；伊夫林金融、保险和房地产业的就业人数占总就业人数的三分之一。

为了很好地发展新城，政府制定了有效的机制和政策。如，政府专门成立了新城开发公共机构，全权负责新城的统一规划和开发建设。因新城建设具有公共利益属性，故通过立法对土地交易进行规范，以避免炒地现象，确保价格变化平稳，同时确保新城开发公共机构以合理的市场价格优先购买新城土地。

这些新城与中心区距离约 25km，政府大力发展公交，从市中心经轨道交通不到半小时即可到达，即便夜间也有公交车。同时集中力量打造新城中心区、轨道周边，在短时间内形成交通便利，商业、服务、教育等设施完善的新城中心区、交通节点，以发挥集聚和辐射效益。

以上一切，加上清新的空气，都有效地吸引了市区的人口。自 1962 年至 1982 年，巴黎中心区人口减少了 56 万。这些新城的发展也吸引了大批欧洲企业的进驻，成为巴黎大区的经济增长点。

2. 伦敦

大伦敦市面积 1580km^2，人口约 760 万，分为伦敦城、内伦敦、外伦敦三个圈层。如按发展特征可分为金融主导的伦敦城、政治文化主导的伦敦中心区、工业（工人住宅）主导的西伦敦和东伦敦，以及工商业和住宅混合区为主的北区和南区，按产业功能区划分还有港口区、金融服务区等。

为解决功能人口过于集聚，伦敦在 1946 年起开始在周边建设新城，至今伦敦外围有 11 个新城，承接了市区外迁的人口和工厂，1961 年至 1971 年 10 年之间，人口降低了 101 万。[①]

3. 东京

东京都总面积有 2187km^2，2008 年统计人口 1258 万。主要功

---

① 2011 年 5 月 6 日，《新京报》，A06 版，中国人民大学人口学院院长翟振武。

能区包括中央商务区 (CBD) 和三个附都心，其中中央商务区由千代田区 (Chiyoda-ku)、都港区 (Minato-ku) 和中央区 (Chuo-ku) 组成。副都心包括新宿、涉谷、池袋，其中新宿为商务办公型副中心区后，构成了中心区和外围区多点扩张的中央商务区格局，东京人口 1965 年至 1990 年城区人口下降 60 万。

5.2.3 让老城在保护中求发展

很多城市的老城与北京旧城一样，空间有限，人口密度高，但经济活力旺盛，在城市的多个层面都担当重任，政治文化影响力遍及全国及世界，所以很多经验值得借鉴。

1. 以伦敦为例

伦敦的商业和金融服务业占据主导地位，其金融区的 GDP 占伦敦 GDP 的 14%，占整个英国 GDP 的 2%。其中伦敦金融和商业服务部门的产出占总产出的 40%，从业比例从 1985 年的 13% 上升到 2009 年的 21%。其金融服务业就业人口占全英国的 1/3，比例从 1971 年的 16% 上升至 2009 年的 34%。

旅游业曾经是伦敦的第二大产业，每年有 2800 万游客带来 94 亿英镑旅游收入。其中批发零售、餐饮酒店等生活服务业占比 20% ～ 25% 左右，近年比例基本维持稳定，随着创意产业的兴起，目前退居第三大产业。

伦敦的创意产业[①]近年来发展迅速，已经超过旅游业成为伦敦的第二大产业，每年产值超出 210 亿英镑，成为核心产业和经济增长点。据伦敦发展局调查显示，创意产业中的数字内容、音乐、设计和时装设计等未来几年将会维持 4.5% 的增长，到 2012 年伦敦奥运会期间将达到 300 亿英镑，有可能超过金融业产值。

在伦敦，创意产业的艺术基础设施占全国的 40%，由此集中了全国 90% 的音乐商业活动、70% 的影视活动。另外，全国三分之一以上的设计机构位于伦敦，产值占设计行业的 50% 以上，其中四分之三都在海外设有分部。同时，它还是英国的游戏产业中心，聚集了英国电影产业三分之二以上的全职工，包揽了英国 73% 的电影后期制作活动。伦敦是全球三个广告中心之一，三分

---

① 参见百度：（中国人民大学）产业管理处 文章“伦敦经验：如何建设全球创意中心”。

之二以上的国际广告公司总部落户于此。

据统计，伦敦创意产业的就业量从 1995 年的 41.4 万人增加到了 2000 年的 52.5 万人。成为商业服务业、健康与教育产业之后的第三大就业产业。期间，个别创意部门的就业增长率高于全国水平。1995 年，创意产业人均产值 3.1 万英镑（英国工人为 2.4 万英镑），2000 年，人均产值达到 3.8 万英镑（工人为 2.6 万）。

创意产业的发展使伦敦经济结构发生了根本的转变。而最值得借鉴的是，这些产业的发展自始至终都没有脱离伦敦老城，伦敦城与西敏市的发展就能很好地说明问题。

1）伦敦城

伦敦城是伦敦最古老的街区，占大伦敦面积 0.18%，却是英国乃至世界的金融中心。伦敦金融服务业 67% 聚集在此，GDP 总产值占全英国的 3%。金融城的外汇交易额、黄金交易额、国际贷放总额、外国证券交易额、海事与航空保险业务额及基金管理总量均居世界第一。因国际总部众多，这里非常的国际化，常住人口中英国人仅占 68.3%。区内有 5 个商业聚集区，1776 家各类商业设施，酒店 15 家，还有图书馆、博物馆、剧院、画廊、教堂、医院和学校。Barbican Centre 是欧洲最大的多元艺术积聚地，常年举办美术、音乐、电影等的展览。无线网络信号覆盖 95% 的区域。

2）西敏市 ：80% 属于保护区

位于泰晤士河北岸，有国会大厦、首相官邸、西敏寺等重要机构和景点，是英国行政中心所在地，也是英国和世界商务商业、文化艺术及娱乐中心，使馆及外交机构密集。其总面积 21km^2，总建筑面积 2700 万，平均容积率 0.82。居住人口约 23 万，人口密度 10796 人 /km^2，平均每天活动人口超过 100 万，种族多样，外来移民占比伦敦最高。这里有企业约 4.7 万个，类型多样，其中 70% 为少于 5 人的小型企业，85% 为少于 10 人企业，创造了 57.7 万个就业岗位，占伦敦就业岗位的 14%，超过伦敦城和金丝雀码头的总和。GDP 占英国总量的 22%，约 160 亿英镑（合 250 亿美元，人均近 11 万美元）。这里公交发达，有 35 个地铁车站，4 个郊区铁路车站。

3）位于西敏市的重点功能区 SOHO 区

历史可追溯至 1681 年，目前是整个伦敦的文化中心（电影、剧院产业）、世界级传媒中心。包括英国电影分级委员会、20 世纪福克斯公司、Bloomsbury 出版社等众多知名企业。也同时吸引了如 Expedia.com 等互联网企业，围绕众多企业，也聚集了酒吧、俱乐部等服务设施。

在保护街区 Regent Street 的 Kingly 庭院，按保护区限制改造，集中了 28 家时尚店铺和 8 家餐饮，成为 SOHO 区、甚至伦敦的潮流中心和游览目的地。

SOHO 的发展理念是：继承历史，创造可持续的未来；职住平衡；培育企业和产业成长；观光目的地（图 5-2）。

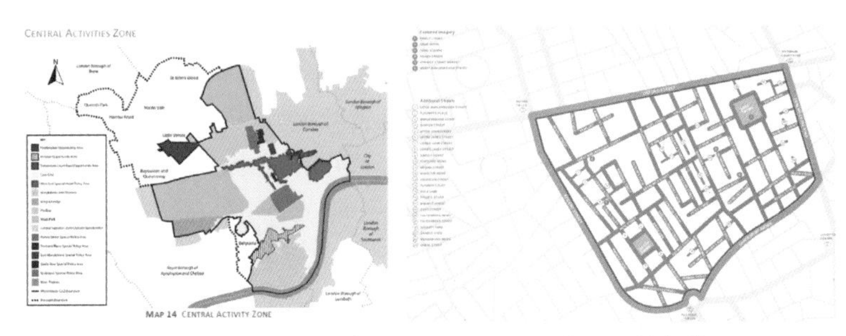

图 5-2（a） 80% 为保护区的西敏市

图 5-2（b） 位于西敏市的 SOHO 区

图 5-2（c） 伦敦 SOHO 广场
（17 世纪发展至今的 SOHO 广场，变化不大，历史建筑保留完好。）

图 5-2（d） 20 世纪福克斯在 SOHO 广场的总部
（不同于现代办公楼，外观朴素。）

图 5-2（e） 古旧建筑

图 5-2（f） Kingly 庭院
（位于保护区的潮流购物地。）

2. 小结——保护与发展并不对立，有效地保护可以让发展更加健康

1）保护遗产的传承性和完整性是第一位的——如此才能具有独特的吸引力，有让人敬佩和崇拜的基础。

2）合理利用，保持遗产的活力是非常必要的——遗产的保护和利用并不矛盾，只有融入现代生活需求，才能体现出遗产的价值和保护的意义。

3）有效保护与焕发活力依赖于良好的经营——寻找合适的途径将现代功能和需求与传统空间形态完美结合，或将传统文化与民俗活动在现代生活中继续推广，都需良好的经营，是具挑战性、需要有创新思路的工作。

这些城市的目标定位及他们对待老城的方式给我们的启示是：旧城保护与发展的目标应注重让保护的成果能够与人们的工作生活紧密衔接，为城市产业发展、公共活动促进等做出贡献，才可充分体现历史文化资源的价值，体现保护的意义，全方位扩大城市文化的影响力。

5.3 旧城保护发展的目标构想

通过对总规的再认识、对当前环境的理解，以及他国城市的经验分析，回过头来再看旧城，会有全新、充满希望的心情。

5.3.1 旧城作用与地位分析

旧城作为北京的核心地位是不可动摇的，对北京迈向世界城市的目标具有极其重要的作用。

首先，旧城处于北京的核心位置，是北京都城的发源地，历经各个朝代、几百年的变迁，是都市规划设计的杰作。尽管经历了各种浩劫，但依旧保持着较为完整的传统风貌与格局，拥有众多的文物古迹和丰富的文化传统，因此它是北京传统文化聚集和展示的最重要区域，是北京历史文化名城保护的主要载体。

其次，旧城是中央政府办公所在地，是绝对的政治中心。由此，旧城集中体现了北京作为首都所必备的政治、文化中心性质。

第三，我们除了看到中央及市级单位，以及各种功能聚集带来的负面影响外，也要看到其积极的一面，那就是各项公共设施的齐备、相对完善的生活环境和便利的生活条件。

第四，旧城已经基本完成了产业结构的调整，金融、商业、

服务业、旅游业成为主导产业，文化创意产业正在兴起，这与北京历史文化名城保护以及整体发展方向是吻合、并走在前列的。

所以，作为北京的地理核心、功能重心，旧城一定是北京职能定位和发展目标的集中与最高体现。

5.3.2 旧城的职能定位分析

结合总体规划给北京确定的职能定位，旧城应该是 ：“国家首都政治活动的主要载体、国际城市的窗口平台、文化名城的集中体现、宜居城市的标杆示范”。

具体职责应该体现在以下几点 ：

1）文化推动——这将是旧城地位和作用得以全面提升的关键，也是北京获取国际影响力的关键。重点是保护古都风貌，挖掘文化内涵并加强传承和弘扬 ；同时加强国际交往，兼收并蓄多元文化，彰显新时代的精神，在国际社会产生影响并力争形成引导作用。

2）民生保障——此为根本，没有百姓的安居乐业，保护与发展就无从谈起。重点是提升公共服务与城市管理的水平，完善基础设施建设，发展社会事业，美化城市环境，理顺交通秩序，维护安全稳定，建立一个公平、宜人、和谐的首善之区。

3）政务服务——现阶段作为中央政府的所在地，承担政务活动是旧城无可回避的责任。重点在于保障政府各部门高效开展工作，使首都城市性质得到充分体现。

4）经济促进——旧城保护在经济的大潮下受到严重冲击是不争的事实，但我们不能因此就将旧城的经济发展需求一棍子打死。经济繁荣应该是旧城保护与健康发展的基础，重要的是要将旧城的经济发展方式与旧城的特征有机结合，以强化、优化现代服务业的高端环节为主，以自身特征在城市分工中形成无可替代的作用，进而创造充分的就业机会，成为推动城市经济发展的重要引擎之一。

5）科技创新——这是旧城得到有效保护和在有限的空间内永续发展的支撑。重点要加强各个领域内的自主创新，将低碳、绿色、智能的理念与技术高标准，全方位地贯穿于旧城建设的各个层面。

5.3.3 旧城的目标构想分析

旧城的发展应更好地融入并服务于北京的宏伟发展目标。借鉴前文归纳的一些世界名城的经验，作为历史文化名城的最重要载体，旧城的发展目标应该有其侧重，最应关注三个方面，即：文化、宜居、活力，同时体现“新转型、新发展、新生活”，形成“彰显中国文化魅力的首都核心”。

这一目标可分解成一些专项化的分目标，以便有针对性地开展工作。

1. 社会安定团结、氛围祥和友爱的城区

1）有一个安全、高效的政务服务环境；

2）有一个各阶层、各行业人群相互理解、和谐共处的发展环境。

2. 历史风韵凸显，散发独特魅力的城区

1）传统风貌格局和有价值建筑得以精心维护和环境提升；

2）新区的尺度、氛围宜人，与传统风貌区有良好的衔接；

3）有一个清晰的、连接便利的历史文化足迹网络。

3. 多元文化汇聚，国际交往频繁的城区

1）传统文化与现代文化、地域文化与外埠文化、中国文化与国际文化有和谐相融的氛围；

2）不同人群有充分发挥、展示和交往的空间。

4. 生活安心便利，享有良好服务的城区

1）有步行可达的公共交通网络和方便的换乘站点；

2）有步行可达的日常生活用品购买点；

3）人人都能享受便利的医疗服务、优质的文化和体育设施；

4）每个孩子都能有进入好学校的机会。

5. 环境优美舒适，处处鸟语花香的城区

1）有清新的空气，人人都注重健康的生活方式；
2）有绿荫覆盖的街道和步行可达的河湖及绿地公园系统；
3）有安全、便利、舒适、美观的步行和骑车环境；
4）有舒适优美的适于公共活动与交流的空间网络；
5）城市建筑设施先进、低碳环保、管理得当、美观大方。

6. 居民积极参与，努力自我管理的城区

1）有居民参与公众事务的平台和机制，居民自治及建言建策的潜力得以发挥，与政府关系融洽；
2）有丰富的社区活动，让居民愿意聚集，享受生活乐趣；
3）居民互助，包容互爱。

7. 理念先进超前，展现聪明智慧的城区

1）数字化网络遍布全区，智能化运行，让有限的空间得以无限发展；
2）充分运用新科技，提出新构想，在创新和研究领域具有领先性，能充分进行文化传承、培育、发展及传播，吸引及留住国际化人才；
3）鼓励创造与国际合作，参与全球知识交流；
4）城市的各类空间得以高效的利用及合理搭配；
5）低碳环保的理念与技术深入社区；
6）有良好的部门合作机制和高效的工作效率。

8. 经济繁荣发达，充满机遇活力的城区

1）有集约高效、多样综合的商务中心区；
2）有活力四射的现代综合商业中心、特色鲜明的商业街区；
3）有充满创意和乐趣的综合服务街区；
4）有数量众多、类型丰富的博物馆、美术馆等文化设施；
5）有良好、丰富、充足的就业岗位，高端人才汇聚。

针对旧城保护发展的目标构想，笔者想说个小花絮：

记得2010年在开展《首都核心功能区发展战略规划研究》时，工作组的同志们在分析国际名城的规划目标时有两个比较深的感触：一是以人为本，处处体现了公平、关爱；二是表述通俗生动，充满画面感，利于公众理解。因此在讨论旧城职能定位上特别侧重让保护、发展都建立在民生保障的基础上，在目标定位的表述上也改变一些语境，面向公众。不过，在汇报时并未获得认同，被评价是政治觉悟太低，没有将四个服务[①]摆在第一位，小资情调。

不过这也再次提醒了我们，旧城的演变与其是政务中心有着密切的关系，因此今后各项工作的开展，也都不能抛开其是中央政府所在地这个事实，只有正确认识，采取有针对性的工作方法，才可能将理想化的内容渗入到实际工作中有序地推动。

① 四个服务：为中央党、政、军领导机关的工作服务，为国家的国际交往服务，为科技和教育发展服务，为改善人民群众生活服务。

第6章

促进旧城有效保护和特色彰显的策略

第 6 章
促进旧城有效保护和特色彰显的策略

核心旧城职能丰富、作用重要，所以它的目标是多元的，围绕它开展的政策、机制、技术等的研究与制定也是非常繁杂而环环相扣的。但笔者认为要把住关键点，即旧城是北京历史文化名城的核心载体，应特别注重文脉保护、文化创新、建设品质与管理水平的提升，及必须认识到的政务环境保障。所以旧城的策略应以“保护为要、文化引领”及“加强保障、整体提升”这两个方面为重点。

本章所列的策略不是面面俱到，也谈不上具有很强的逻辑性，重点是关注个人认为当前掣肘与紧迫的难题上。

1. 策略一与策略二的主题是“保护为要、文化引领”，侧重目标导向。

   第一，保护、挖掘、传承、弘扬，展现北京传统民族文化魅力；
   第二，包容、汇聚、融合、创新，展现文化的开放性与先进性。

2. 策略三、四、五、六的主题为“加强保障、整体提升”，从政策支撑、制度保障、技术创新三个层面开展。

   第三，针对旧城保护与文化建设的掣肘问题提出政策建议；
   第四，对保护及规划上缺失和不完善的法规制度提出建议；
   第五，针对旧城特征提出规划设计方法及规范标准的创新；
   第六，对旧城公共空间环境的精细化设计与管理提出建议。

6.1 策略一——加强旧城整体保护与传统文化内涵挖掘

旧城保护体系是由文物保护单位保护—历史文化街区保护—旧城整体保护三个层次演进的。在这个体系已经比较完善的基础上，本节想强调的是要全方位地强化旧城的整体保护，有两点：其一，是在物质层面上更加强化对旧城宏观格局的把控和在微观层面的不断深入；其二，要将物质遗产保护和文化的传承与创新进行有机的结合。

6.1.1 加强骨架保护，展示城市历史之魂

旧城自清末民初至今，整体的骨架格局因道路的修建有了较大的改变，南北向除了传统中轴线，还有东、西单大街，东西向除了长安街（复兴门至建国门），还有平安大街（车公庄至东四十条）、朝阜路（阜成门至朝阳门）、前三门大街（西便门至东便门）、两广路（广安门至广渠门）。若从文脉保存及延续的角度来看，南北中轴线、东西长安街、朝阜路可算是骨架中最需要加强保护提升的，故在本节重点论述。

1. 加强传统南北中轴线的保护、完善与整体提升

在 1.2.2 小节、1.3.5 小节和 3.3.1 小节里分别对旧城传统中轴线的确立、演变及相关的规划进行了介绍，已经比较充分地展现了它的重要性。其空间形态与发展的脉络都是这个城市的重要构成，它不单贯穿于城市空间，也贯穿于城市的发展过程，是中国传统哲学思想体系在城市空间的具体落实。因此，需得到切实的保护、内涵的挖掘与品质的提升。本节介绍一下我们在《北京中轴线保护规划》中的几项具体内容（图 6-1）。

图 6-1　加强南北轴线的保护、完善与提升

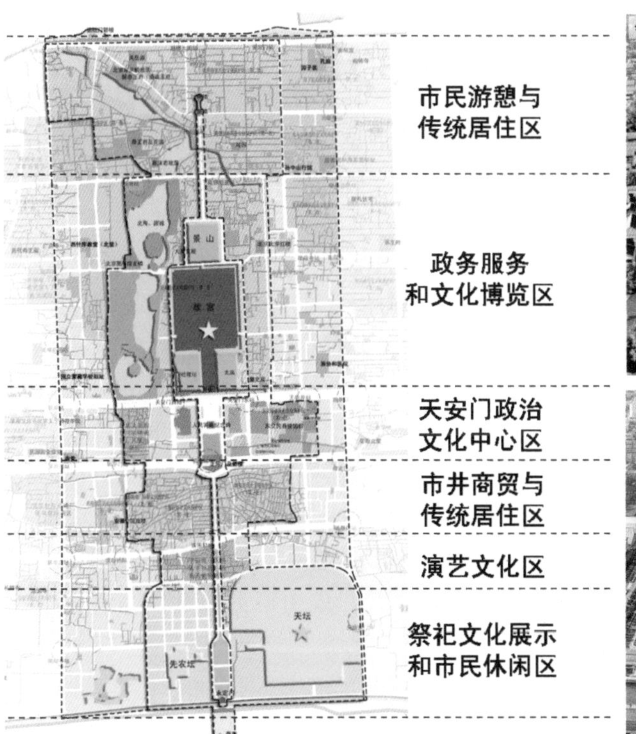

首先，依据地域条件轴线大致可分成 6 个特色区域，并据此进行地区的功能引导：

（1）钟鼓楼至地安门以市民游憩与传统居住为主；

（2）皇城内以政务服务和文化博览为主；

（3）天安门至正阳门为政治中心；

（4）正阳门至珠市口以市井商贸与传统居住为主；

（5）珠市口至天坛北为演艺文化区；

（6）天坛至永定门则以祭祀文化展示和市民休闲为主。

其次，结合不同地段开展风貌保护、城市景观提升及功能优化等工作。

对于中轴线上一些被拆除的重要元素，如建筑、城门等，可考虑采取某些形式进行标识。如轴线上重要的建筑地安门及燕翅楼已不复存在，而地安门城楼原址就在现平安大街与地安门大街的交口，因此可考虑在街道地面进行特别的铺装，或在街边设立标识牌。有些人认为一些缺失的可以复建，但个人以为复建应慎重，首先，失去某种东西也是历史，没必要再刻意修改。其次，再恢复的建筑已经失去了它原有的环境，会显得非常尴尬，如复建的永定门，尽管它的复建在某种程度上完整了传统轴线，但并未得到广泛的赞许，关键是城楼周边的整体环境发生了巨大的变化，让人对复建的意义产生了质疑。第三，如果为了复建而对现在的城市功能大加改动，更是得不偿失。譬如地安门、正阳门瓮城如原址复建，就需要改变现有的道路形式，给城市交通带来影响。但是对于一些有利于城市功能和景观提升的传统空间意向性再现，笔者以为可以逐渐进行。譬如恢复正阳门南侧的护城河，恢复先农坛西北坛墙处弧形路，把天坛坛墙内的单位清退等。

通过对一些地段的环境治理、建筑风貌整治、绿化的完善，强化中轴线的景观，营造良好的步行环境。环境治理和建筑风貌整治包括地安门大街两侧、北海夹道、景山西门至北海东门的陟山门街、珠市口外大街至天坛西门段等。绿化的完善包括天坛西侧公共绿地、永定门南侧燕墩遗址公园建设。

对于成片的历史街区，要优化功能、加强房屋修缮、改造市政交通条件，重点以钟鼓楼、什刹海、前门、珠市口地区为主。

重要的文物建筑要加紧腾退、修缮、合理利用，加强中轴线的开放性。如用作北京少年宫的景山寿皇殿（已腾退、修复中）、京师大学堂、被部队占用的大高玄殿（已腾退修复中）、皇史宬等。

2. 增强东西轴线进深，促进南北融合发展

长安街作为新中国成立后建立的东西向政治轴线，是一条不同于传统中轴线的实轴，很好地将旧城与外围中心城连接起来。但一直以来我们都注重长安街沿线一层皮的建设发展，使得这条轴线的文化内涵相对于传统中轴线而言显得较为单薄，更像一条城市交通干道。且其 120m 的宽度，也使它在某种程度上割裂了城市，再加上传统的南城穷的观念，导致很多投资不愿意跨过长安街，使得南部地区的社会经济发展一直落后于北城，甚至金融街如此强劲的带动力，在向南拓展时都难以吸引金融大客户。

其实，在长安街两侧的深处，有很多历史文化遗产，如东侧建国门处的古观象台、西边的南闹市口历史文化街区，在长安街与前三门大街之间有众多近现代史迹，如东交民巷使馆群、新老北京火车站等。伴随着众多史迹的必然有丰富的人文故事。因此有必要以长安街为中线扩展东西轴线的范围，挖掘文化内涵，使之内容更加丰富，让旧城两条具有骨架作用的轴线融传统与时代气息为一体，同时，能够有效地加强南北区域的融合。

结合历史资源分布及现状路网等多项因素，可优先考虑将长安街与前三门大街之间的地带作为东西轴线的拓展区域（图 6-2）。

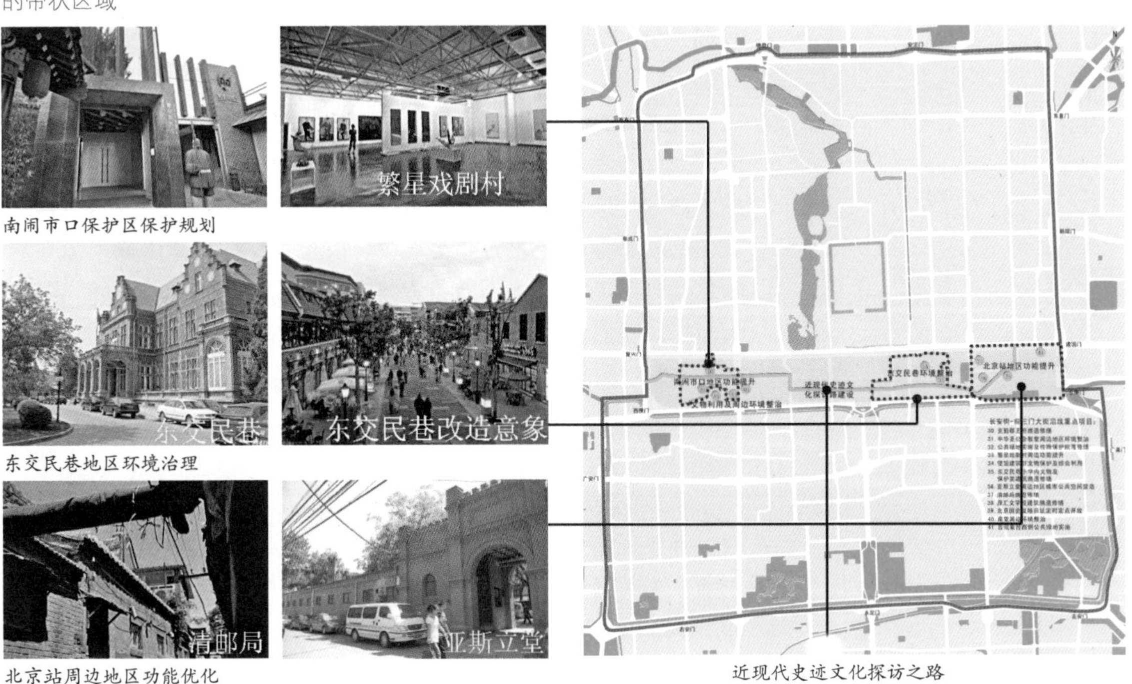

图 6–2　长安街至前三门大街之间的带状区域

这一轴线的强化可通过对几个街区的优化提升展开：

南闹市口历史文化街区：该区域是辽金元明清五朝城址的汇集地，于北京而言非常重要。可这也是目前唯一一片未编制保护规划的历史文化街区，应加快编制以挖掘历史，优化地区功能。包括加紧文物及挂牌四合院的腾退、修缮、利用，如克勤郡王府、马连良故居等；提升文物和重要建筑周边的环境景观，如中华圣公会教堂周边；优化宣武门西北角繁星戏剧村周边功能。如此可在金融街、西单商圈和宣武门商圈之间建立一个文化功能区，以文化脉络搭建功能区之间的桥梁。

国家大剧院西侧地区：国家大剧院和北京音乐厅之间是一片传统平房区，被划为风貌协调区。可借助这两个设施的影响力，引导鼓励发展一些相关的功能，如音乐书店、音乐咖啡、画廊、小型音乐学校等，为城市增加一个充满艺术氛围和活力的区域，不过这个区域因位于中南海对面，能否如此引导具有不确定性。

东交民巷使馆建筑群：街道走向形成于元代，1900 年被列强占为使馆区，形成了与周边面貌完全不同的“国中国”。“文革”期间遭到冲击，现作为历史文化街区。应加强文物保护，适当腾退一些不合理占用，适当引入一些文化、休闲功能，以及东交民巷小学内文物及保护类建筑的腾退修缮，提升城市景观。这里用了很多“适当”，也是因为该区有市政府及其他政务机关，腾退难度大，功能似乎也不能过于丰富。如果可以的话，王府井、东单商业区可以顺着台基厂大街、东单大街向南与崇文商区产生互动。

北京站地区：该地区在明清时一直以居住为主，新中国成立后北京站及后期周边的建设极大改变了地区功能和面貌。但北京站以西的地区依然保留有大量的平房，也有文物散落其中。最为著名的就是亚斯立堂与汇文学校。应深入挖掘文化内涵，为今后的更新打好基础。近期可推动亚斯立堂周边地区公共空间营造、大清邮局腾退修缮以及原汇文学校建筑腾退修缮等。

3. 扩大宣传，提升朝阜路的文化影响力

阜成门至朝阳门沿线集中了大量的历史文化遗产：穿越了皇城，沿线还有阜成门内大街（白塔寺）、张自忠路南、东四三至八条、东四南历史文化街区；另外还有一些特色街区，如美术馆后街、隆福寺商业街以及城市的重点功能区，如金融街、王府井、东二环交通商务区等。在街道两侧一个街区之内的范围里，即有

国家级文物15处——北京鲁迅旧居、妙应寺白塔、历代帝王庙、广济寺、西什库教堂、北平图书馆旧址、北海团城、大高玄殿、景山、北京大学红楼、崇礼住宅、孚王府、中南海、故宫、智化寺；市级文物35处；以及区级和普查登记文物、挂牌保护四合院、优秀近现代建筑几十处。被称为北京最美的街道之一（图6-3）。

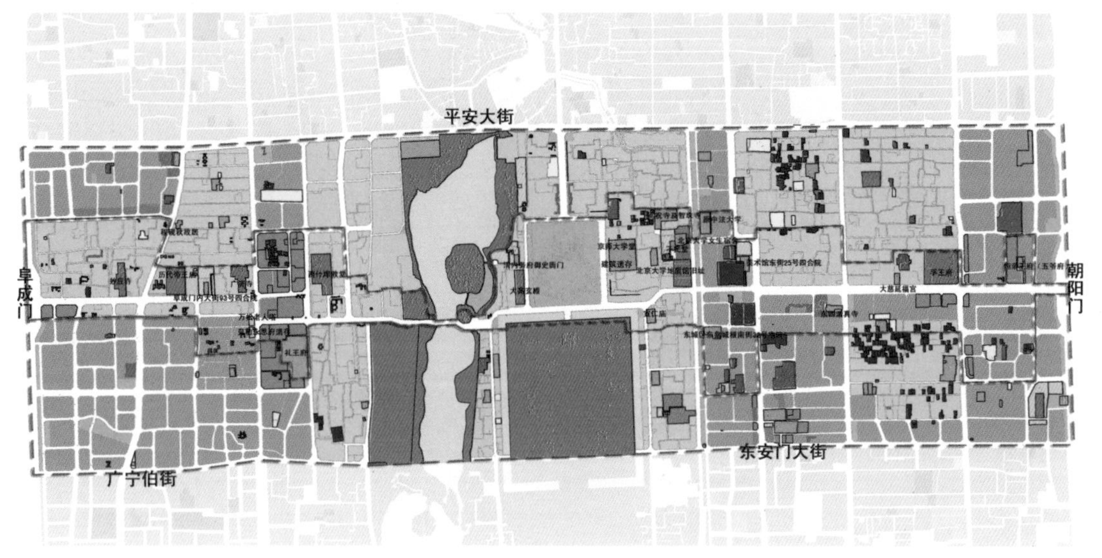

图6–3　朝阜大街：国家文物15处、市级文物35处、区级等几十处

关于这条线的规划做过很多，对这个地区的政府财政投入也很多，如妙应寺白塔山门的恢复和白塔的修缮、历代帝王庙的腾退等，但它的文化价值一直都没有得到很好的显现。总体感觉是缺乏很好的资源整合、设施配套和对社会的宣传。所以应该加紧开展以下工作：

1）推动文保单位的开放及周边环境的改善

（1）对沿线已经腾退的文物加紧修缮和开放进程，如国宝景山寿皇殿、大高玄殿等；

（2）对特别有影响力且已经对外开放的文物，要尽快改善其周边环境，如国宝白塔寺、历代帝王庙等。如此可以吸引更多的人前来参观，扩大影响力；

（3）对尚未腾退的文保单位，要清除安全隐患，加强修缮和管理；国宝及市保应制定腾退计划，逐渐启动，如被作为办公场所的国宝孚王府。

2）让近现代建筑和工业遗产成为活力带动点

利用沿线的近现代建筑和工业遗产，植入适宜的产业，给地区注入活力。

（1）被列入优秀近现代建筑名录的白塔寺西侧的公社大楼和朝内大街81号，可尝试改成精品酒店，作为地区活力的带动者；

（2）保留美术馆后街部分工业遗迹，利用闲置厂房设置中小型美术馆、展览馆，以及用于拍卖、学术交流、艺术培训的多功能厅等，吸引艺术家、创意设计等工作室入驻。目前，后街的北京胶印厂成为 77 文化创意园，与国家美术馆、三联书店一起形成一个文化区。

3）引导沿线历史文化街区和功能区的特色

沿线的历史文化街区特色不同，以居住功能为主的，重在提升居住环境与品质，如东四三条至八条、东四南历史文化街区；有些临近城市功能区的可适度植入适合街区空间的配套服务设施，如与金融街一街之隔的阜成门内（白塔寺）历史文化街区可尝试设置一些小型的会议、文化交流等空间，为南侧的商务办公人员服务。

沿线的城市功能区可以引导升级。如隆福寺地区，原来是一个传统饮食、传统商业的聚集地，应着力恢复其昔日的繁荣。与美术馆文化区、王府井商业区错位发展。

4）设计游览线，完善服务设施，改善环境

这是非常重要的一步，因为众多的文物更多是在学术界能够引起重视，如果没有很好的宣传，沿线的服务设施跟不上，出行环境欠佳，就很难吸引市民和游人，再丰富的文化遗产也无法发挥其最高价值。

因此，要进行精细化的城市设计，确定应补充的功能，需改善的内容和地点。包括增设公厕、小型公共活动空间、小绿化、街道家具等，设置标志标识，形成连续的文化展示及体验流线，充分展现朝阜线各类文化遗产、多元宗教文化、近现代史迹、自然生态环境交织的美丽景观。

6.1.2 分类引导，强化历史文化街区特色

近十几年，随着经济的发展和人们生活需求的变化，很多历史文化街区注入了时代的元素，如什刹海沿岸的餐厅酒吧聚集，南锣鼓巷的特色商店聚集，以满足人们的旅游休闲需求。对于这样的功能变异现象有人非常反对，认为历史文化街区的保护应坚持“保护历史信息的真实性、保护传统风貌的整体性”的原则，认为现代元素的大量注入破坏了传统居住区的氛围。

笔者认为，随着社会的演变，地域特征发生变化是必然。如什刹海地区，它也并不是自古就是安静的居住区。其金代为皇家的离宫别苑；元代为繁华的码头和商业区；明代转为清净的居住区；清至民国时又沿着海有了赏荷游乐的荷花市场，成了著名的

消夏胜地；新中国成立后又增添了冬季的冰场，20 世纪 70 年代之前北京的孩子大多在此有过游玩儿的经历；现今这里又布满了餐厅酒吧。前门地区作为市级商业中心一直持续到 20 世纪 90 年代初期，随之受到大型商业购物中心的冲击而衰落，步入转型。曾经是娱乐中心的天桥地区，也随着电影院、游乐场等新型娱乐形式和场所的出现而逐渐消亡。这一切都是因着社会的变迁、人们需求的变化而产生的，所以不必过于纠结。

但是，这种转变应该是自然而缓慢的，是现代与传统的有机结合，如此才能既保住传统特征又散发现代气息。若是急功近利地无原则、过度地消费利用历史文化街区的资源，就会带来恶性转变，而不可持续。

对街区进行分类引导在 2006 版控规里就提出来，2011 年再度被关注则是基于政务的要求。那年，要在皇城内进行一些改造，并召开了专家研讨及评议会。为了给专家解释情况，汇报时在控规分类的基础上进行了调整：既然北京的第一要务是四个服务，旧城是当仁不让的核心地区，而皇城自古就是为国家政务服务的地区，有政治需求就满足吧，故将皇城划为首都职能型。

不过这也提醒了我们，为了避免商业娱乐一窝蜂地闯进历史文化街区，或者政务功能过于扩散，对其他街区产生冲击、改变街区特色，确实有必要结合各区的传统特征与现状条件进行分类，引导每个区域延续自身的主导特色。

据此，我们可将现有的传统平房区基本分为三大类：传统居住型、首都职能型、综合发展型。

1）传统居住型：尽量保持传统居住区的居住功能

有些区域自北京建都以来都是以居住职能为主，且迄今也没有过多受到其他元素的影响，虽然现状房屋破旧，但整体居住风貌保存较为完整，历史遗存也较多。如西四北一条至八条、东四北三条至八条、东四南、张自忠路北、张自忠路南、新太仓。对于这样的区域，应注重保持传统居住的特性，重点以完善社区服务功能为主，提升地区居住环境水平。

这一点尤其是区政府应该认同接受，打消从这些区域获取经济利益的念头，如此才可避免采取把街区交给开发公司，进行疏解居民、腾退院落引进商业活动的运作模式。

案例：东四南历史文化街区的功能定位是——保留并延续发展传统居住形态的和谐住区，老北京文化的精神家园和活态博物馆。规划原则是——保护为中心，民生为根本，以居住为主体，文化为触媒。

2）首都职能型：服务首都政治功能和文化事业发展需要

作为国家首都的核心和中央政府的所在地，旧城内必定要为中央行政及相关的功能提供服务，尽管有观点认为中央行政机构应迁出旧城，以减免因功能扩张与传统空间形态之间的矛盾。但在目前不现实的情况下，不妨在一些区位条件和资源禀赋特征比较适合展现首都政治与文化中心职能与形象的区域积极引导，如包含中南海的皇城，这里自古以来就是中央行政办公聚集的场所。同样的区域还有紧邻长安街的南闹市口历史街区、中南海南侧和国家大剧院西侧的历史街区以及市政府周边的东交民巷历史街区。除了行政功能，这些区域应结合文物腾退等，引入文化功能，满足文化事业发展需要。

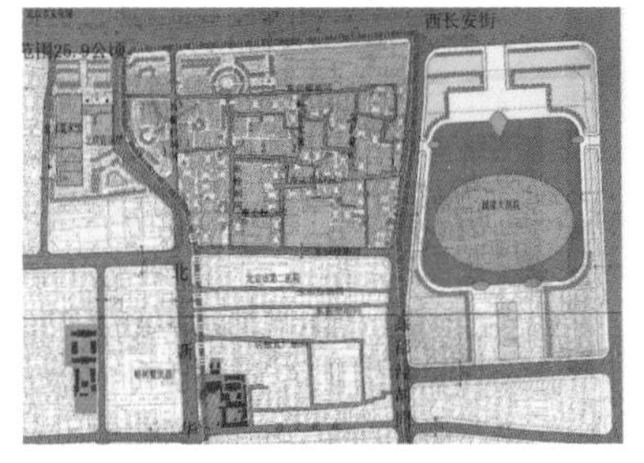

图 6-4(a) 国家大剧院至北京音乐厅之间的文化区构想

案例：纽约林肯艺术中心对周边产生巨大带动作用：每年吸引 470 万参观者；为周边餐馆和零售行业带来 2.58 亿美元收入；为旅游服务行业带来 4.27 亿美元收入。

案例设想：国家大剧院和北京音乐厅之间是一片传统平房区，如果借助这两个设施的影响力，引导鼓励发展一些相关的功能，如音乐书店、音乐咖啡、画廊、小型音乐学校等，就可以为城市增加一个充满艺术氛围和活力的区域（图 6-4）。

图 6-4(b) 纽约林肯艺术中心

但需要注意的是，虽然应正确对待这些政务需求，但在设计尤其是审议建设方案时应严格遵守保护的原则，至少要以保护原则进行引导，做到不破坏，且与街区风貌协调。

案例：国家大剧院南侧原本是一片传统平房区，后有建设办公用房的需求，当时我们分析这里不单是国家大剧院的门户界面，也是现代化大体量公共建筑与周边平房区的过渡地带，应进行良好的设计。首先对用地内的建筑及院落进行了梳理，其次对周边街区的公服设施需求进行了调研，之后明确了设计原则：完整保留普查登记文物清户部银行；保留格局完好的四合院并加以利用；安排为周边居民服务的设施；西郊民巷两侧为低层建筑以保持胡同尺度；处理好与国家大剧院南入口的对景关系；建筑进行划分以减小体量（图 6-5）。

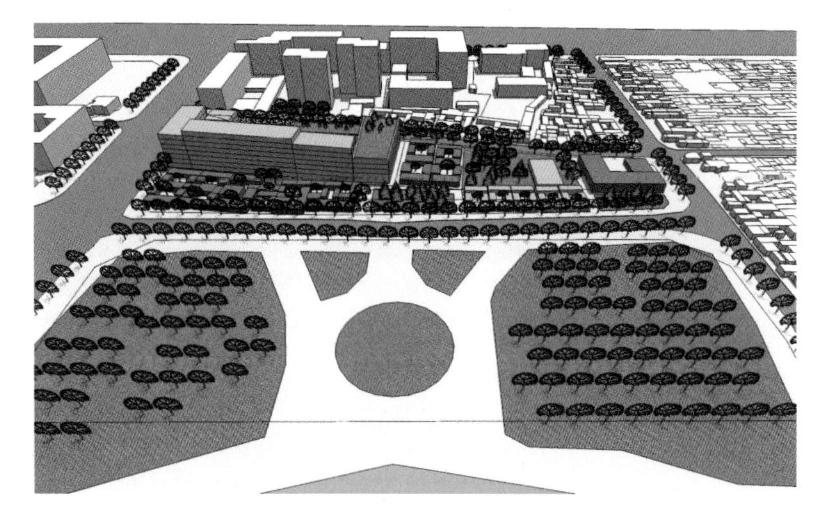

图 6–5　大剧院南侧建设项目规划设计指导：从大剧院往南看的景观意向

3）综合发展型：保持原有功能和氛围，挖掘区内潜力，结合周边区域的发展需求，发展适宜的产业。

这类区域又可分为三种类型（图 6-6）：

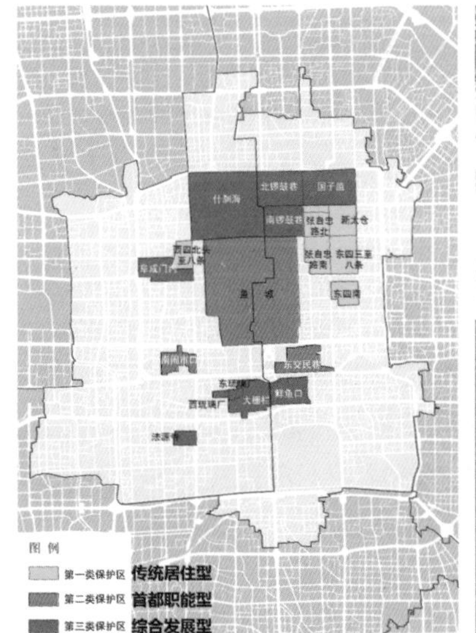

图 6–6　历史文化街区大体可分为三种类型：传统居住、首都职能、综合发展

第一类是历史上就具有除了居住之外的功能，如前门大栅栏商住混合区，很多还是前店后厂的方式，这一类可继续保持这种功能混合的状态；

第二类本是传统居住区，但近十几年渐渐进驻了一些现代功能并对街区性质产生了很大的影响，就像什刹海、南锣鼓巷地区，这一类应注重对新功能的控制与管理，避免向街区内部过度而无序的蔓延，严重影响当地居民的生活和彻底改变地区性质；

第三类与第二类有相似之处，即因周边出现了现代化的功能区，即将或正在对其产生无可避免的功能渗透作用，应加紧认真研究如何引导这些区域的走向，既能保持传统居住功能和氛围，又可挖掘区内潜力，结合周边区域的发展需求，发展适宜的产业。如金融街北侧的白塔寺地区已经被西城区政府交由金融街公司运作，势必要设置一些为金融街配套的设施，如四合院形式的金融会所等。国子监—雍和宫地区被划为中关村自主创新基地的雍和文化产业园，其北侧有歌华大厦，该区目前已经吸引了一些传媒企业的进驻。类似的还有受雍和园和南锣鼓巷影响的北锣鼓巷地区、受宣武商圈及广安产业园影响的宣西地区等。

另外，对于有宗教建筑的区域，可引导宗教文化产业的发展，如法源寺、白云观、白塔寺、雍和宫等周边。但要特别注意加强管理，不要仅仅形成卖香、起名一条街，应注重宗教庄重氛围的培养，如今雍和宫周边就过于嘈杂。

6.1.3 继续加强文化遗产保护与合理利用

1. 加强文物腾退和合理利用，加大对公众开放的力度

尽管目前北京有丰富的历史资源，对文物的腾退、修缮、利用投入的资金也逐年增加，但还是有很多欠账需要尽快完成。包括：文物被占用且被不合理利用，难以腾退；已腾退的文物长时间没有得到修缮；修缮好的文物闲置关闭。文物腾退与合理利用遇到的主要阻力来自于文物占用单位。通常这些单位都是比较强势的，腾退的要价也比较高，文物部门的资金难以支撑。或者腾退之后文物局拿不到产权，而对于产权单位而言，开放需要人力、财力、成本，要么花不起，要么不愿意花。因此应该研究相关的鼓励政策，让责任主体能够自觉承担起修缮工作，并去除不合理利用的功能，或定期定点对公众开放，或鼓励与社会资本结合，文物部门做好监管。这样同样能够充分地保护文物，使其发挥文化传承的作用。譬如，至今难以腾退的清陆军部和海军部旧址（即段祺瑞执政府）、柏林寺等可参照这个办法进行试点运作。

目前，全市普查登记在册的文物约有 60% 是被单位、居民不合理使用的。而国家、市、区级文物被占用的情况也十分严重。譬如天坛外坛内有 33 个单位，包括宿舍、办公等，面积达 3.74km^2。

案例：属于故宫的国宝大高玄殿，在新中国成立初期被部队以借用的名义占用，但经故宫多次催请后一直拒不交还，最终是迫于社会舆论压力、索要了高额的费用才于 2010 年腾退，但直到 2013 年 5 月才正式移交给故宫。

另外，还有一批已经完成修缮的文物，却闲置着，没有发挥作用。这一类应加快研究其合理的利用方式，尽快对社会开放。

譬如，位于金融街的市级文保单位元大都留存的都城隍庙后殿（寝祠），原来被水电印刷厂占用，2005 年腾退，修缮后金碧辉煌，周边有个小广场，是金融街难得的公共空间，但从来都是大门紧锁。其实那里面办过展览，对金融街的“前世今生”进行了介绍，以及现今金融街的经济贡献等。若是平日能开放，将会是一个多好的宣传场所（图 6-7）。

图 6–7　大高玄殿刚腾退时的景象（上）修缮的金碧辉煌的城隍庙总是大门紧闭（下）

案例：位于西城砖塔胡同东口、始建于元代的万松老人塔，为全国重点文物，2011 年修缮完毕后一直关闭着。2013 年西城区文委向社会文化机构招标，在北京小有名气的以收藏老北京古籍闻名的正阳书局中标，建立了“砖读空间”。租金是免费的，政府则负责绿化、监控设施等费用，书局负责建设图书室、阅览室、展览室。市民可以到这里购书，免费看书、看展览、听讲座。为了确保文物得到保护与合理利用，由西城区文委牵头，与西城区图书馆、北京出版社、正阳书局以及街道办事处和社区居委会成立了“砖读空间”运营管理委员会，几家单位各司其职：文委负责运营方向、服务标准、定期考核，图书馆负责图书更新，正阳书局要让这里成为社区活力点，同时西城区文委还设立了志愿者小组，定期来听取百姓意见，以便随时改进。

此种做法，既让文物发挥了价值，又完善了文化服务设施体系，使得居民满意，政府投入也少，很有借鉴意义（图 6-8）。

图 6–8　西城区砖塔胡同万松老人塔及其内部的书香空间

2. 加快对优秀近现代建筑保护方法与管理措施的研究

在 4.3.1 中我们提到了优秀近现代建筑缺乏保护办法等，导致一些建筑的生存受到威胁，文化价值难以得到最佳体现。因此，必须加快这项工作的开展。

对于优秀近现代建筑要明确一点，它们是正在使用的建筑，保护方法与管理办法都要基于这个基础，同时参照其他国家和地区的经验，通过确定其价值所在，形成不同的保护方法。如有的是建筑整体保护，有的是保护立面和局部构件。对于管理应侧重于程序的建立，如产权单位需要改造，应该在正常审批管理程序中增加第三方价值判定的过程，方案要通过特定的专家评审会等。

可尝试研究制定优秀近现代建筑申报制度。第一批优秀近现代建筑名录的确定，尽管期间以问卷的方式征求了产权单位的意见，但并未获得大家认真地对待。所以说名单是技术与管理部门单方面确定的，这也就造成了大家的抵制。采取相应的鼓励政策，引导大家自己申报。譬如主动申报的单位可以获得政府提供的免费保护规划、经营策划以及修缮维护资金补助、税收减免等。

有明确的奖惩制度。如可定期检查评选，对于已经列入名单但未经良好维护的单位进行撤销资格、罚款、行政处分、社会通报等处罚；对于保护良好、合理利用的应予以多种奖励。

以上内容在《北京优秀近现代建筑保护管理办法》里均有详细论述，应加快将该办法报市政府审议批复。

3. 加强工业文化遗产保护的基础性和系统性工作

目前尽管开展了工业文化遗产保护研究，如编制了首钢、焦化厂、第二热电厂的保护规划，但有系统的基础工作还有待深入。如应建立工业文化遗产保护的数据库；研究制定其价值评估标准，开展认定、登录工作；鼓励对工业文化遗产进行创新再利用；开展工业文化遗产保护的宣传普及工作。同时结合新兴文化业态的培育与发展，利用老工业厂房改造契机，引导和创造一批城市新的活力地区。

旧城内虽然已经有了方家胡同 46 号机床厂、美术馆后街 77 号胶印厂的改造而成的文化创意园，但依然有不少尚“待字闺中”，或者转型发展不顺利。我们对这些产业园调研得到的反馈是，他们感觉最难的就是政府的各个层级太多，找不到谁管，需要大量的时间疏通关系。如方家胡同 46 号的整个洽谈过程用了 3 年的时间，46 号也闲置了 3 年，造成了资源的浪费。而签约只能是 20 年，这也不利于企业做更长远的打算，所以他们将目前的工作看成行为艺术，即用二十年在此将产业培育成人，然后可以抛开外壳去他处复制、衍生、升级，并形成网络。

政府应积极搭建服务平台，提供有效的帮助。

4. 加强对有价值历史建筑的法律认定工作

在 3.1.2 小节、4.3.1 小节说到有价值历史建筑面临着鉴定程序、保护方法、管理措施缺失等问题，我认为目前最紧要的是要加紧鉴定、挂牌工作和确定管理主体工作。具体可先以名人故居入手，主要原因有两点：

其一，意义重大。名人是一个时代思想、技术、艺术等方面的代表，是一个民族文化、精神等意识形态内容的具体而集中的体现，其本人的思想、作品、行为等对同代人、后代人都有较大影响，具有很高的历史价值。故其故居的保护，可以给后人提供一个可抵达的实体，以纪念其人，或思考其代表的文化、精神。

其二，有一定的调研基础。因为 2005 年，北京市政协即有提案，并由北京联合大学北京学研究基地配合市政协文史委员会，以北京市旧城区为调研范围，对旧城区内名人故居保护与利用状况进行了详细调查，同年，规划委又委托华通设计院进行了《北京名人故居调研》工作。对于名人故居的数量、保存状况、存在问题都有记录，并对应开展哪些工作也有建议。故在此基础上，短期内应能形成比较完善、可操作的法规文件。

北京市政协第 0690 号提案《北京名人故居保护与利用工作的建议案》摘录：

一、市政府制定“名人故居保护办法”，明确规定名人故居的保护原则、保护政策、保护内容、保护职责及利用指导原则等。

二、确定名人故居的政府保护管理机构，规定其人员构成、权利义务、资金来源；建立名人故居保护的社会团体，如顾问咨询、学术研究、宣传利用等协会、学会。

三、制定名人故居保护与利用规划。通过调查摸底申报审批、制定规划、逐步实施等步骤，加强对名人故居的保护、修缮和管理。

四、多渠道筹集保护资金。以市区政府两级财政资金为主，国内外的社会捐助为辅，采取多种形式，广泛筹集名人故居修缮、搬迁、改建、扩建的资金。

五、充分发挥名人故居的价值作用。通过媒体宣传、旅游参观、学校培训、市民教育、学术研究等多种手段，发挥名人故居

的历史人文价值，为首都两个文明建设服务，为2008年奥运服务，为实现团结、文明、民主、进步的小康社会的宏伟目标服务

另外，开展名人故居保护工作的首要任务是鉴定的标准要加紧出台。依据2005年文史委的调研，旧城332处名人故居，只有37.8%是有文物级别的，分别是国宝、市保、区保和普查登记和保护院落。另外的62.2%分布在居民院中，且大部分是大杂院中。这其中除文保单位精力不足，难以尽快开展工作外，名人故居的认定工作也是一个制约。这里包括谁是名人，以及名人住过的是不是都要保护？

因为关于谁是名人，这可不是文物部门确定的，而是由中宣部认定，且中共中央办公厅、国务院办公厅是限制公布名人故居的，所以就导致一些故居因主人名分不清而搁浅，譬如李鸿章到底是不是反派人物呢？

案例：2001年第六批市保有陈独秀旧居（1917～1920年在京住所），在上报保护区划范围时，有市领导将其拿下，之后文物局想将其更名为"新青年杂志社旧址"再报，不过换了领导后，保护区划于第八批公布，延续了陈独秀旧居的名字。

政协的建议案里指出：名人故居是北京历史文化名城的重要组成部分，是一所特殊的学校，尤其是具有对青少年进行思想教育的作用。少数历史上知名的反面人物的故居，同样也对民众起着牢记历史的警示作用。

不过历史的真相会随着时间推移而显露，人们的认识也会随着社会的发展而改变，曾经的历史结论也会随之改变，所以应该有一定的气度和自信来正确看待历史人物。

东总布胡同梁思成、林徽因故居被拆毁时，面对社会舆论的质疑，就有人回应：梁思成、林徽因住过的房子多了，都要列为故居吗？此处是1931年至1937年的居住地，总共不过6年时间，也要算成故居吗，但住几年可以算呢，在此间干了什么才能算呢？

由此可见，如果没有明确的标准，哪个能定为故居都无从谈起，保护也就很遥远了，这是一个非常严肃而急需解决的课题。

6.1.4 加快完善非物质文化遗产保护体系

在4.2.5小节简要概述了非物质文化遗产保护面临的一些问题，其实这些问题的存在很大程度上是由于我们还没有建立完善的非遗保护体系。应加快进行以下工作：

（1）建立非遗的评估体系。确立入选的标准，摒除不合格的；对非遗项目的生存状况进行细化分级，譬如哪些是濒危项目，需

加紧保护促进传承的；哪些是可以考虑结合时代变化进行创新的；哪些虽然是濒危项目，但确已不适应新的时代，可以进博物馆展示为主的；哪些是适合作为旅游项目可定期组织的；哪些是面向百姓推广作为日常活动的，等等。

（2）搭建数据平台，建立遗产名录体系。开展普查、认定、登记工作，将遗产的历史资料、类型、现状保存状况、面临的问题和难题等纳入数据库，并进行动态维护，为保护工作打好基础。

（3）依据分类分级编制保护规划。特别要加快对濒危非物质文化遗产保护规划的编制。对历史沿革、文化内涵进行深入挖掘，对其保护传承、开发利用、宣传教育等提出原则、策略。

（4）依据保护规划的目标原则、要求建议等，研究制定相应的扶持鼓励政策和措施，以及宣传等行动计划。

（5）加快完善出台相关的法规，如《北京市非物质文化遗产条例》等。

（6）建立文化局、文物局、旅游局、教委等多部门联动合作的机制。注重将非物质文化遗产与物质文化遗产（传统建筑、历史文化街区）有机结合，以充分展现中华民族文化的独特魅力；与旅游产业有机结合，带动其发展；将非遗的保护知识向下一代传播；促进非遗融入当代人的日常生活。

（7）研究设立专项的保护基金。

案例1：从1990年地坛恢复祭地表演以来，至今，天、地、日、月坛都恢复了传统的祭祀活动。天坛春节期间祭天以求风调雨顺，地坛夏至祭地以求农作物丰收，日坛春分祭日，月坛中秋祭月。

案例2：日本的节日和活动大多依托传统建筑进行。如东京浅草神社的三社祭，神田神社的神田祭，每次活动吸引几十万人参加，并在节日期间吸引游客150万～200万（图6-9）。

案例3：首尔北村保护区。位于景福宫和昌德宫之间的具有悠久历史的居住地——北村，拥有900多座韩屋。2001年，为防止北村传统风貌的消亡并将其改造成为宜居的文化场所，政府开始进行北村保护与再生工程，政府示范性买入一部分韩屋。政府巧妙地将非物质文化遗产的保护与北村韩屋的改造利用有机结合起来，包括设置文化中心、小型博物馆等，尤其是邀请民间艺人（非遗传承人）到改造好的北村韩屋中居住，并以补贴的方式保障民间艺人的基本生活，提高他们的社会地位，使非物质文化遗产与历史建筑和环境一同得以传承（图6-10）。

图 6–9　天坛的祭祀活动（左）东京浅草神社的三社祭（右）

图 6–10　首尔——政府收购房屋改造成手工艺人作坊

6.1.5 加强对文化内涵的挖掘和价值总结

在 4.5.3 小节我说到，由于没有深入的研究，我们发出的保护声音缺乏说服力。因此，一方面需要加紧进行研究范围的拓展，另一方面，也需要深入的挖掘资源的内涵。在这里笔者用两个例子来说明其重要性。

1. 案例一：中法文化交流史迹群保护规划

2005 年 12 月温家宝总理在法国综合理工大学的演讲中，追溯了中法交流的渊源，提到了 1960 年诺贝尔文学奖获得者、法国诗人圣琼・佩斯的作品《远征》是在北京西郊的一座道观里完成的。2007 年，作家舒乙先生在政协提案建议复建该写作地，以作为中法交流的场所之一。2012 年在北京历史文化名城保护专家工作会议上，他又提出法国大夫贝熙业与圣琼・佩斯同时期在北京工作生活，应对海淀的贝熙业故居进行保护研究，将其改造为中法文化交流博物馆。

之后，由名城委牵头，海淀文委委托城市规划设计研究院进行《贝家花园等文保单位保护区划划定及保护研究》。

接到任务后，我们并没有直接进入到故居的保护工作，而是先将切入点转向了人物关系的分析上。因为我们认为，他们在民国初期来到中国，在那样一个时局动荡、风云变幻的年代，一定有着非常丰富的经历和精彩的故事，且一定与当时的政治、文化背景有着紧密的联系，这或许将比故居本身更有价值。所以，先是从人物的生活圈子入手研究，探寻他们与同事、朋友的关系。通过挖掘确实令人惊喜，即这两位法国人同时活跃在两个圈子：一个是以法国人为主的，对汉学、藏学、红学感兴趣的文学圈，该圈子内的铎尔孟是第一个将红楼梦翻译成外文的；另一个是以中国人为主的教育圈，即民国政府的教育界人士，包括李石曾、蔡元培等，且他们共同成立了中法大学，蔡元培为第一任校长。同时还挖掘出贝熙业大夫经常给周边村民义务看病，被誉为“济世名医”，且常常从城里骑车几十公里为西山的抗日游击队运送医药，一个白求恩式的大夫。

通过这样的人物关系梳理，整理出相关的历史资源 26 处：其中西山 22 处，除贝家花园，还有圣琼・佩斯住过的法国诗人兰河海故居等；旧城里 4 处，包括贝熙业在旧城的住宅遗存、中法大学旧址。正是这些人物关系和一系列的事件，将这些原本貌似孤立的文物点建立了联系，形成了系统。由此，形成了中法史迹群。除了划定文物保护范围和建控地带、编制文物保护规划外，还规划了西山、旧城内的中法史迹参观线路。2014 年是中法建交 50 周年纪念，这项工作正好纳入纪念活动，正是由于有了深入挖掘内涵的指导思想，使得一个单纯的文物保护工作上升到促进国家关系的高度（图 6-11）。

图 6–11　从人物关系入手，进行历史文化价值的挖掘工作

2. 案例二：香厂地区保护规划研究

在中轴西侧，珠市口西大街南侧的香厂路一带，如今很是破败，2014 年被纳入了待改造的棚户区。为此，名城委希望我们对该地区进行研究，以挖掘其历史文化价值。随着工作的深入，我们又探到了城市建设史上被忽视的宝藏。

1914 年，民国政府为振兴都市，开展了新市区的建设，并将外城空地较多的香厂地区作为试点。有总务长朱启钤负责，并设立了统一的管理机构：负责规划的市政公所、负责监督管理的警察厅。当时，旧王朝刚被推翻，大众有一种破旧立新的愿望，对西方的东西也有较强的接受度，所以新市区引进了很多当时西方的城市建设理念和方法。其中包括明确的功能分区、动静分离的交通规划、统一的西洋风貌等。同时，政府也希望试点能成为城市建设的样板，故采用了先进的市政设施，如有上下水系统、电力系统；并设立了建设管理规范，土地的征用、工程招标等都程序化、公开化；还进行了经营策划，引进最高端时尚的内容；兴建惠民设施，开办医院。可谓是明清旧城几百年以来最大规模的城市建设，并且是主动引进了西方文明，具有非常重要的意义。

关键是，该研究在相当程度上填补了北京在民国时期城市建设的一段空白。让我们了解了那时的风俗变化、制度变化等(图 6-12)。

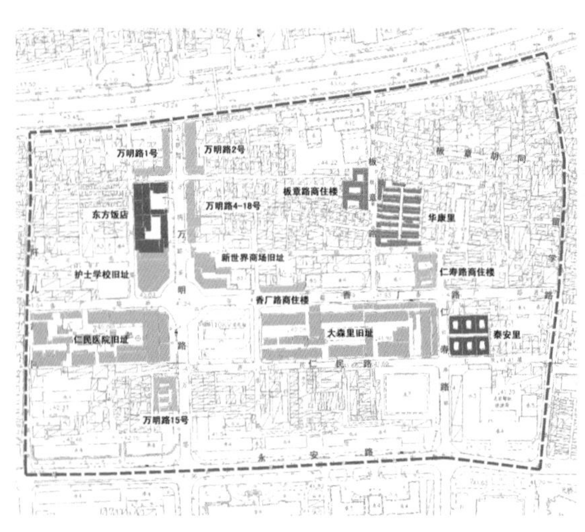

图 6–12　朱启钤与他的新市区建设（民国初年）

这两个案例说明，文化遗产的背后必然有其产生的背景，有与其相关的人物、事件，通过挖掘，可以展开历史的画卷，看到彼时的价值观、审美情趣、风俗习惯、社会风气等，以及由社会发展带来的哲学思想的演变，引发的体制机制与组织机构的改变，所有这些变化会体现在我们当今看到的物质形态上。深入了解这些，才能确定我们要保护什么，怎么保护，怎样整合，怎样延续。

否则，我们很多的历史信息会被遗忘，遗产之间形不成一个包含时间、空间等多维度的遗产体系。

这也需要我们的工作方法有所改进、创新，不能仅从文物保护的角度思考问题，还要有人文地理、社会学等多种学科的人员参与。

文化内涵的深入挖掘会让我们更严肃地对待自己的历史，而不是仅拿文化搭台，经济唱戏，为了某个目的对历史胡编乱造，或者选择性遗忘及宣传。

6.2 策略二——增强旧城融合、创新、展现文化的能力

借鉴国际历史名城的经验，老城并不是在历史资源库上死守传统，而是积极地接纳吸收现代文化、外来文化，丰富自己，再行创新，引导潮流。所以，北京旧城也应具有包容、汇聚、融合与创新的指导思想，着眼于市民现代精神文化需求和世界文化发展潮流，完善文化生长环境，彰显大国首都气质，提升国际影响力。

6.2.1 构建完善的公益文化设施体系

此处所说的公益性文化设施是指政府主导投资和运营的，满足市民基本文化需求的设施，包括公共图书馆、文化馆、博物馆、档案馆、基层文化设施、少年儿童及老年人文化设施等。

经营性文化设施：市场主导投资建设和运营的、优胜劣汰的，政府政策导向的，满足市民多层次文化需求的设施。如影剧院、图书城、画店画廊、艺术品交易市场等。

公益性文化设施分有不同层级、不同类型，可满足不同人群的不同需求。除大型的、国际标准的国家级外，有四级体系：市级、区县级、街道乡镇级、社区村级。

1. 提升基层文化设施开放度，提升其利用率

作为核心区的东西城，各类公益性文化设施相对其他区域来讲其总量和人均都是最高的。譬如市级图书馆，原则上一个区县一座，西城区 4 座，东城区每十万人拥有图书馆 0.28 个，比全市的 0.13 个高出一倍多，从人均建筑面积 0.025 来看也比全市的人均 0.016 高出很多；博物馆每十万人拥有 3 个，而全市为 0.8 个。

但是，在近两年我们开展的文化设施调研中发现，旧城虽然规模指标上看还不错，类型够丰富、服务半径也满足，但依然存在不少问题。

最主要的是文化馆和街道级的文化设施开放度不足，利用率低。原因是这两类设施，通常面向团体有组织的文体活动，对个人的服务项目很少，导致平日里没有集体活动时就闲置。且它们一般是与街道办事处设在一起，与社区的设施相比，便利度上也不足。因此应考虑如何为居民日常文体活动开展服务，避免资源的浪费。

另外，鉴于旧城空间不充裕，可再强化社区文化设施的建设。目前在这一点上两区的文委和各个街道社区都在积极想办法，并也取得了良好的成效（图 6-13）。

图 6—13　西城大栅栏民俗图书馆

2. 强化大型文化设施对周边地区的带动作用

通常在文化设施周边会有相关的产业和配套，应创造空间加以引导、辅助、落实，特别是对国家级与市级文化设施而言，要重视创立国际文化交流的空间环境和氛围，使其与文化设施一起，成为地区发展的动力源和向外辐射的核心点（图 6-14）。

目前我们国营的文化设施还仅仅是按千人指标核算出来的配套设施，仅负责满足建筑规模、服务半径，其设备也还算好。至于在满足基本需求之后，如何创造更为舒适的环境，营造交流的氛围还差得很远。它们多是孤立在城市中，设施的外环境也大多

图 6–14　伦敦美术馆外的台阶是游人休憩观景的好场所（左）
日本长滨小城的铁道博物馆周边建成一个供游人休憩的小公园（右）

除了停车广场以外就是城市道路，缺乏与建筑良好衔接的、让公众可以免费休憩的公共广场和绿地。周边与其互动和互补的功能也很少，譬如可供人舒适停留的餐厅、咖啡馆、书店、艺术品店等，而其内部的餐厅、咖啡厅大多属于让观众临时应付一下饥渴，缺乏情趣。

案例 1：北京音乐厅，门厅里的几张桌子配上一个仅卖饮料和妙芙包装蛋糕的售卖台即构成了它的咖啡厅，非买勿坐。其门前空间狭小，未经修饰。所以很多观众在观演之前，多半会以单位附近的麦当劳、东北饺子之类的快餐充饥，然后打出一定的时间富余匆匆赶往剧场；若观演的余兴未消想就近聊聊的时候通常会发现无处可寻。

案例 2：国家美术馆的餐厅在它的后院，其形态就如同一个对外开放的国营单位食堂，塑料固定桌椅，毫无艺术氛围，还不如去边上的小陕娃面馆，还能图个味道好。馆内的书店和艺术品店也是乏善可陈。馆外周边虽有相当的空间，绿化也尚可，但却设了围墙和警卫，要持票进入。

案例 3：国家博物馆，咖啡厅位于入口大厅内，毫无设计，就围了一圈栏杆，咖啡甜品也是普通货色，丝毫没有令人想多待的氛围。最令人难以忍受的是博物馆的服务人员整体服务态度不佳，颇具国营风范。每天下午 4 点就不让进人，付费区 3:30 就不售票了。经常见到一些国内外游客与工作人员争执，因为谁也没想到这么早就不让进人。

反观我们一些民间机构投资兴建的文化设施，倒是做得很有些模样了：丰富的功能、开放的空间、宜人的氛围。譬如西城的繁星剧场、东城的方家胡同 46 号、美术馆后街 77 号等。在这里的剧场观看演出，完全可以早些过来，逛逛有趣的创意小店，选一家心仪的餐厅或咖啡馆小吃一顿，然后在剩了 7、8 分钟之后，结账，从容入场。散场之后，兴致不减的话还可以与朋友再喝几杯。

判断一个城市的文化水准，除了丰富的历史资源，另一个最直接的恐怕就是文化设施了。其建筑本身、提供的服务以及对周边的影响，都是这个城市人才与素质的集中体现。一个好的文化设施不但是对外的窗口，也是城市自身的骄傲。所以，这些花了大钱兴建的设施不应仅仅是单一目的的到达点，而应全方位展现城市的文化与素质水准，并充分扩展自己的影响力，形成带动地区发展的火种。

虽然与世界级的文化中心相比，北京文化设施与文化活动的数量还差距甚远，但与国内城市相比还是较多的。未来除了在继续加强设施数量、类型等硬件外，最紧迫要改进的是良好的理念和体现出来的服务，要在营造舒适的内外环境、适于交流的文化氛围等方面多下功夫。

案例设想[①]：国营文化设施可以参照国际上其他城市的经验，适当延长营业时间，针对不同的人群多安排活动等。如卢浮宫一周开放 6 天，每周 2 个夜场，闭馆期间也会安排一些临时活动，推出多条主体参观线路，对老顾客提供针对性服务，针对盲人有触摸展厅，针对年轻人有夜场，与中小学合作，定期向老师和学生介绍卢浮宫（图 6-15）。

---

① 引自《北京市文化设施及产业调研》北京市城市规划设计研究院。

图 6–15　百老汇大街的夜场展（左）
巴黎宫的夜场展（右）

3. 建立合作机制，促进社会经济效益的发挥

众多文化设施如能以协会、联盟的形式进行合作，均能比“单打独斗”发挥更大的效应，特别是旧城有限的空间条件下，如共同承办展览、开展系列讲座等，既扩大了展示、活动的空间，又丰富了内容、扩大了影响，可吸引更多的游人，提升社会与经济效益，也促进了社会资金对文化设施的投入，譬如目前有名人故居联盟、图书馆联盟等。

6.2.2　大力促进文化产业链条的形成

在 4.1.4 小节中提到，目前在旧城中已经有了众多适宜的创意产业进驻，可在现有的基础上继续发展演艺、出版发行和版权交易、建筑及产品设计、文化体育休闲等，巩固和提升其在首都经济发展中的支柱地位。

1. 积极发现并培育带动和促进文创产业发展的触媒

前文说到，旧城的空间与文化创意产业能够产生良好的结合互动，因此，要积极发现可能的带动点并加以培育十分重要。

譬如南锣鼓巷即是因中央戏剧学院的存在而逐渐繁荣的。最初因为学院的师生需要一些交流的场所，有商家看到需求开了过客餐厅，之后咖啡馆、酒吧进驻，再之后是创意小店，直至被美国《时代》评为“亚洲 25 个必游景点之一”。而方家胡同 46 号，则是因为其厂房空间形态被看中，如适合现代舞蹈团作为排练厅、小剧场。

这些想法通常是由市场需求带来的，可一旦有了落地，政府应该加大服务的力度，给其创造继续燃烧兴旺的环境。如南锣鼓巷，为了交通市政设施改造，东城区政府投入了几个亿。

同时，政府也可有意识地发掘一些可能的带动点，进行培养和引导。譬如，东城旅游委开展了最具特色四合院的评比，并开展皇城一日游，参观这些院子，用旅游线把这些散落在街区的四合院进行了串接，既扩大了这些院子的知名度，也扩大了东城区文化影响力；东城区区政府也一直在研究区内的中医研究院周边是否可适当引入中医药养生产业；西城区政府则拟借助天桥剧场、德云社，建立演艺区。

2. 促进街区专业化发展，强化特色

案例：东京浅草寺——门前著名的仲见世商业街集聚具有日本民俗传统的观光纪念品店，以此为依托，在周边又逐渐形成各具特色的专业街区，体现新时代气息，满足新时代要求。如吸引年轻人的、由游乐园、画房、茶室、小吃店组成的花屋敷；影剧院云集的电影街；可买到各式厨房用具的厨具街等。同时也有商业大厦凌云阁、水族馆、新潮电器馆等，形成东京最富传统特色、大众化的商业中心区域（图 6–16）。

图 6–16（a） 字画、古董店云集的琉璃厂

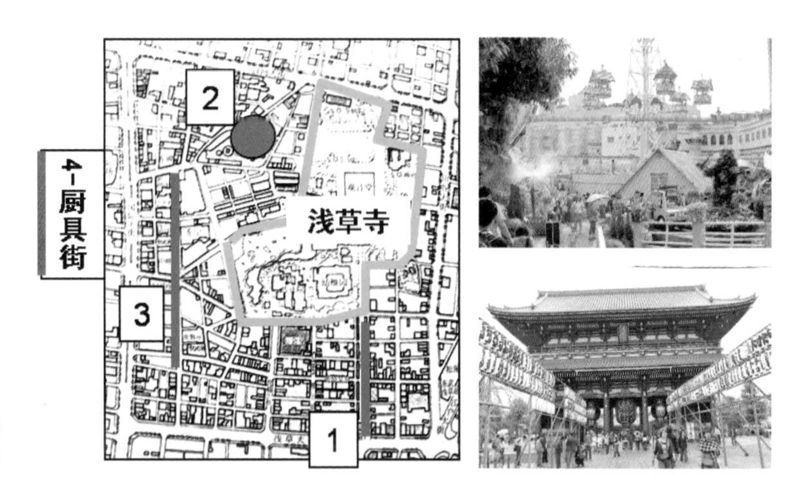

图 6–16（b） 东京浅草寺周边的特色街区（左）花屋敷（右上）仲见世街（右下）

从该案例可见，街区功能适当专业化有助于特色的强化，也分流消费人群。以相隔不远的南锣鼓巷、五道营为例，虽然都是布满了餐厅、酒吧和创意小店，但前者的小商品业态更多元，价格更亲民，所以外地游客更多些，后者西餐厅占据主导，其他店面的货品价格也略高，则北京本地的客人相对多些。

6.2.3 以文化探访路形式促资源整合

1. 文化探访路构建的作用和意义

或许有人会认为文化探访路仅仅是旅游产业的一个产品，但笔者以为绝不这么简单，其作用和意义非常重大：

1）提升北京旧城的文化展示功能。旧城文化底蕴深厚，但大部分游客所接触的主要是一些大的景点如故宫、天坛，或走马观花的胡同游，建立的是点的印象，难以对北京的文化有立体和具有深度的感知。甚至很多北京人平时也对旧城的历史资源、当今发展缺乏了解。笔者就曾经带着几个在胡同里长大，但工作后就离开的同学走旧城，他们很惊讶老城的故事那么丰富，曾经熟悉的胡同融入新的功能后变得那么新鲜有趣。因此通过文化探访路，全方位整合旧城内的各项文化资源，形成多维度、面向国内外的文化展示窗口，并建立线和面的体验方式，可引导市民与国内外游客感受北京的文化魅力。同时，资源的整合及与游人的互动会形成更丰富的文化内涵。

2）鼓励街区的差异化发展。旧城资源丰富，不同地区的特点各异，其文化魅力是有深度和广度的，但目前我们对旧城文化底蕴的了解和挖掘相对较浅，直接导致各个地区整体风貌、旅游业、商业等产业的发展模式存在一定同质化现象。可以以文化探访路为契机，深入发掘各个街区个性化的文化魅力，寻找适合地区发展的路子，促进差异化发展。

3）带动街区的整体繁荣。许多街区存在市政设施不完善、产业低端、整体缺乏活力的现象。可以以文化探访路为契机，选择重点打造的线路或片区，根据其发展需要，先一步推动基础设施和配套设施的完善，调整地区产业结构，带动街区的整体繁荣。

4）推动街区的精细化设计。北京旧城街区通过文化探访路或文化探访区的打造，推动重点地区的精细化设计，完善街道家具、标识、地图、景观小品设计，完善服务配套，打造具有示范作用的精品区。

5）加强各类资源的合理利用。以文化探访路为契机，推动文物单位的腾退、修缮和利用，充分发挥其公共文化价值。同时，提升各级文化设施利用的效率，尤其是一些小型、专业、私人的博物馆、美术馆等，都会在线路上得到展现。

2011年4月8日，北京市旅游发展委员会正式成立，主任鲁勇就下一步的工作重点提出："要进一步挖掘旅游资源的生态价值、文化附加值、科技附加值、服务附加值、教育附加值，实现旅游'资源多样化、服务便利化、管理精细化、市场国际化'"。同时表示，北京有丰富的文化资源，北京故事挖掘好了，可以形成很好的旅游产品。譬如一些电子游戏可以依托北京故事制作，这样孩子可以通过游戏了解北京，带动旅游。

2. 文化探访路构建的初步设想

文化探访路其实不是什么新鲜的事情，很多城市都有设立。每个城市结合自身资源的特点，采取不同的方式（图6-17）。包括以下几种类型：

第一种，以一条地理线路串联的城市探访。这类以东京和首尔为代表，结合资源特点，如传统建筑、风景园林等，针对不同的人群，如家庭、情侣、年轻人、女性等，确定城市探访路的主题，包括历史文化、时尚购物、自然风光、城市基础设施等。这一类景点分布集中，被特定线路所串联，游客可以根据地图自行探访，不一定需要导游的带领或讲解，时间与路线灵活、自由度高。但探访过程中对文化的了解相对较浅，主要是游客的自我体验。景点需要提供良好的导游服务和介绍性标识标牌，景点之间的路径上步行环境舒适、标识清晰。

以韩国首尔为例：有8条城市探访线路，其中4条为传统线路（导游/自助游线路）。主题分别为"历史重现、皇家宫殿、首都核心"，串联的节点包括宫殿园林、历史街区、历史博物馆、美术馆等；4条现代线路（自助游线路），主题分别为"青年和艺术之街、购物天堂"，串联的节点包括剧院、展览馆、博物馆、艺术基金会、公园、大学，商业街、银行、天主教堂等。政府在1999~2002年对线路进行的了整修和配套设施建设，包括推进步行街铺装整治工程，色彩、照明工程，改善舒适便利的步行环境，设立观光服务站及综合服务站等。历史文化探访路建设工程共为8个地段，总投资1,553,800万韩元（9300万人民币）。

第二种，以一个区域为范围的城市探访，这类以巴黎为代表。这一类景点分布集中或都集中在较小范围内，游客可以根据地图自行探访，不一定需要导游的带领或讲解，时间与路线灵活、自由度高，能在不同的游览线路中体验发现乐趣，对这个城市区域和风土民情有整体的感知，这类对区域整体的步行环境、公共设施质量和标识清晰度要求较高。

以巴黎为例：市区内设计12条主题旅游区，以地块划分景区，不是明确的线路。给每个区域赋予一个特定的主题"神话巴黎、纪念巴黎、河网巴黎、村庄巴黎、时光巴黎、时尚巴黎、人文巴黎、艺术巴黎、流浪巴黎、魅力巴黎、未发现的巴黎"。在地区旅游地图上，提供各个景点的介绍，对景点重要性分级，标注游客必去的景点和鼓励游客自行探索的景点，形成灵活的探访路；标注重要公共服务设施位置，包括地铁、城铁站点和巴黎会议旅游局的位置，方便游客查询和问询。

第三种，以一个故事或特定主题为线索的城市探访。探访路的主题也许是一部电影、小说或某种特殊文化。以伦敦、巴黎为代表。如伦敦依据皇室文化、同性恋文化、莎士比亚文化、吸血鬼文化，确定了皇室文化之旅、鬼故事之旅、莎士比亚之旅等；巴黎则有达·芬奇密码之旅。这一类景点散布在城市的较大范围内，有些甚至是十分隐蔽的一个房间或建筑细部，不易在路线图上标注，因此要有专门的导游带领。尽管对文化的挖掘深入、趣味性强，但需要游客本身对城市的地理条件和故事细节比较熟悉，故目标游客群范围较小。

以伦敦为例：鬼故事之旅——由一位名叫Declan McHugh的导游带领游客夜游伦敦，在一个半小时内，介绍伦敦的开膛手杰克、盗墓者、女巫、阴谋论、刑场、秘密隧道;莎士比亚之旅——游走于伦敦城，向游客参观一些鲜有人知晓的与莎士比亚相关的纪念地，揭示莎士比亚的生平、友人、挚爱和作品。

图 6–17　很多古城都有不同形式的文化探访路

巴黎城墙以内的面积为 78.02km²，整个地区就是一个艺术品。通过各项资源的联动，包括景观、设施、活动、氛围创造吸引力。每年吸引游客超过 1600 万人次（左）首尔：地理线路串联的探访路（右上、右下）

对于北京旧城而言，三种方式可结合起来。

就整个旧城而言，因面积较大，资源丰富，可以采取第一种，设置一些主题线路，如中轴线之旅、阜成门至朝阳门的传统文化之旅，长安街至前三门大街的优秀近现代史迹之旅等，线路的设计可以结合公交枢纽或地铁站点的位置安排起止点；在一些目前发展情况较好、资源较集中的区域可适当采用第二种方式，如南锣鼓巷、东交民巷等；结合一些故事性较强的主题可适当采取第三种方式，如解放军进城仪式线路、毛泽东与新文化发展史线路等（图 6-18）。

图 6–18（a） 2012 年纪念国家历史文化名城设立 30 周年系列活动之一：历史文化探访路

图 6–18（b） 旧城规划了 11 条历史文化探访路（图片改编来自：清华边兰春教授的课题研究）

而打造这些文化探访路重点应从以下几点开始：

1）发掘历史文化内涵：梳理旧城的物质和非物质文化资源，讲述历史故事，展现古都魅力；

2）展现新文化魅力：将各类博物馆、美术馆、特色书店、创意小店、精品酒店等纳入，感受城市活力；

3）完善配套设施：完善公共服务设施、商业餐饮设施等；

4）精细化设计与管理：精心设计街道家具、标识、景观小品等，形成干净、舒适、优美的步行环境；

5）宣传和策划：印制宣传册、建立网站等，进行“扫城”、“城市跑酷”活动策划，大力推广。

6.2.4 以文化活动的形式促文化之都

在发展经济、科技实力的同时，提升城市文化软实力以增强城市综合竞争力是当今世界城市发展的潮流。

1985 年，欧洲发起了“欧洲城市文化”活动，其目的为了向欧洲展示自己独特的文化，1999 年被改为“欧洲文化之都”。如今这项活动取得了令人瞩目的成就：选中的城市会积极提升城市的环境品质，举办各种活动来增强文化氛围，向世界展示自己的文化特色，包括遗产保护、文化领域的发展创新；同时也会邀请其他城市与国家的艺术家来此演出活动，促进跨地域、跨国界的合作；由此吸引大量的国内外游客，促进文化产业和旅游业的发展，吸引投资和提升就业率。

案例：英国的工业城市格拉斯哥在受经济危机影响一度萧条，转向以文化促发展，1990 年凭借“欧洲文化之都”的活动，经济逐渐开始起飞；2003 年奥地利的格拉茨作为“欧洲文化之都”，举办了 6000 个活动和 108 个项目，迎来了 300 万游客，旅馆入住率提升了 25%。[①]

这种文化的交流能够有助于不同的民族和国家建立更健康、更牢固的关系，也能增强市民的荣誉感和对文化遗产的热爱度。所以，这种理念及方法得到了世界的认同和重视，并逐渐跨越欧洲的边界向外扩展，如今已经有了“美洲文化之都”、“阿拉伯文化之都”。

“历史文化名城”可以说是我国特有的称号，授予那些历史悠久、文化丰厚的城市，以达到鼓励文化遗产保护的目的，迄今我国已有 124 座。而北京作为“历史文化名城”之首，也可以借

① 参见百度文库文章——“欧洲文化之都概况”。

鉴“欧洲文化之都”的理念与做法，以有重要影响力的文物景观为载体，策划国际、国家及市级重点文化活动，推出大型系列国际文化交流活动，提升北京的国际影响力，推动开展“文化之都”活动。

这也符合《北京城市总体规划》(2004—2020年)提出的要求：“弘扬历史文化，保护历史文化名城风貌，形成传统文化与现代文明交相辉映、具有高度包容性、多元性的世界文化名城，提高国际影响力”。

如继续办好北京国际音乐节、国际戏剧节、北京国际设计周、什刹海旅游文化节、景山合唱节、世界华人华侨与港澳同胞历代帝王庙拜谒等特色文化活动，策划推出孔庙国子监国学文化节、北京传统文化演出季等传统文化活动。

案例：北京国际设计周——由北京市政府联合教育部、科技部、文化部共同主办的北京国际设计周活动已成功举办四届。其主体活动于每年9月26日至10月3日在北京举办。活动由开幕活动、设计大奖、设计市场、智慧城市、设计人才、主宾城市和设计之旅七项主体内容组成，为国内外设计机构和人才提供常态化的展示、交流、交易的服务平台，打造服务公众的“展示周”、服务专业的“交流周”、服务产业的“交易周”(图6-19)。

大栅栏投资有限责任公司开展的“大栅栏更新计划”，2011年与设计周合作，开展“大栅栏新街景”设计之旅，以设计复兴老区为主题，邀请设计师利用老房子，引入新业态，展览遍布整个街区，观者可在胡同内穿行感受。展后，参展的机构与个人会将作品、思想留给街区，每次都会给街区带来一些积极的变化。2014年，我院也设置了4个小展览：步行环境改善公众参与、北京民居大门摄影、前门地区旧景绘画、规划大数据。

图6-19 大栅栏国际设计周的回顾介绍（左）国际设计周的展览现场之一（右）

6.3 策略三——为旧城保护和可持续发展提供政策保障

6.3.1 功能与人口疏解优化的配套政策

通过对旧城现状问题的分析看出，为更好地改善居民生活环境，适当的人口疏解是必要的，但必须有明晰的政策导向，否则依然是乱局一片。这些政策的制定依然要坚持“政府主导、居民自愿、专家指导、社会监督”的原则，但必须站在北京市市政府的高度，全市统筹研究制定一系列综合配套政策。

1. 疏解功能，减缓建设需求对旧城的空间压力

北京总体规划确定了“多中心”空间发展格局，意图避免单中心带来的过度集聚。尽管近年新城的建设非常迅速，众多的功能区也逐渐兴起，但并未很好地吸引核心区的功能向外转移，特别是那些有实力的企事业单位和高端的国际公司机构。

在我们的调研过程中显示，这些单位、公司和机构因实力雄厚，并不特别在意办公租金、停车费等成本的增加，他们更加关注自身的形象和周边的环境是否宜人舒适，有没有好的餐厅、酒吧等服务设施。而目前新城和外围的功能区在交通、市政、服务设施等方面都不完善，且文化氛围缺乏。而核心区作为已经成熟的区域不但无人愿意离开，同时还散发着强大的磁力向内吸引，其结果就是原有的要求扩展建设，外来的要求新增建设，导致拆平房建楼房、增加高度体量等破坏风貌的现象难以制止。

因此，加快完善新城和外围功能区的各项基础设施和服务配套是当务之急。同时则应强化新城落户进驻的鼓励政策，让这些单位机构在旧城高昂的成本和新城优惠的条件之间有选择的方案。

2. 向外转移优质公共资源，完善外围基础设施，吸引人口外迁

前文说过近年政府一直在进行人口疏解工作，包括货币拆迁、定向保障房等，但效果并没有让居民满意。在 2005 年，我们委托零点咨询公司做的调研中显示，居民对定向安置住房的质量、地区交通的便利情况、治安状况以及教育、医疗设施等方面均不太满意，这些不满同样也体现在新城，因此政府必须特别注重解

决这些问题。

第一，安置房源应该临近轨道站点或其他公共交通便利之处，但仅靠东、西两城区政府是无法做到的，必须由市政府全市统筹。

2011~2012 年，西城拟外迁 8.4 万人，东城拟 5 万人。根据规模适当、交通便利、综合平衡、统一标准、提高质量的原则，市政府统筹全市，在各区按照 600 万 m^2 的总建筑规模安排定向安置用房，涉及的区域包括丰台、石景山、大兴（含亦庄）、通州、顺义、昌平、房山等。东、西两区成立国有独资的主体，全程参与，招标施工。拆迁多由当地政府负责，部分上市土地附带建设保障房的条件，由开发商完成（如亦庄由开发商建完给区里 10 万 m^2 的房屋，土地上市摘牌时附带此条件）。

另外，房源不应仅在外围新城寻找，很多平房区的居民对面积的要求不一定非常高，只是不愿迁离旧城，所以还应该为这些居民在二环至三环，甚至旧城以里寻找一定的房源。譬如旧城内的棚户区、简易楼改造后，是不是可以拿出一部分做旧城居民的安置房。

第二，切实转移旧城内的各项优质公共资源，使旧城人口疏解成为带动其他地区发展的新机遇。以往难以向外疏解，除了居民因配套条件差不愿意外迁外，当地政府也颇有微词，不愿提供土地，因为增加的大批人口没有给当地带来利益，反而增加了治安管理、服务提供等一系列负担。如果能将旧城内的优质学校、医院等向安置地转移，则即可让外迁居民安心，又可为当地带去福利。

位于昌平区回龙观村，八达岭高速西侧，临轻轨 13 号线龙泽站和西二旗站，位置优越，公交便利。总用地 0.261km^2，可提供 5000 多套保障性住房。项目配套将引进西城区优质的教育和医疗资源，如引进北大人民医院作为地区配套医疗，医院规模与医生素质同城区，此外还有四中分校，配建的小学、幼儿园，力求创造环境优美、标准适中、生活方便、配套齐全的范例小区（图 6-20）。

第三，要对开发建设单位进行严格的监管。因为以往经常出现代建保障房的开发建设单位缺乏认真的态度，导致户型差、质量不佳等问题，不但影响居民生活质量，还丧失了政府的民心。譬如 2010 年 10 月北京明悦湾在南五环旧宫建造的保障房出现质量问题被查处。为此需加强这方面的监管，同时采取鼓励政策，让保障房在环境品质上向商品房靠拢。北京市市建委和北京市市规划委专门编制了《北京市保障性住房规划建设设计指导性图集》，明确保障房规划方案要公示，要参加评比。

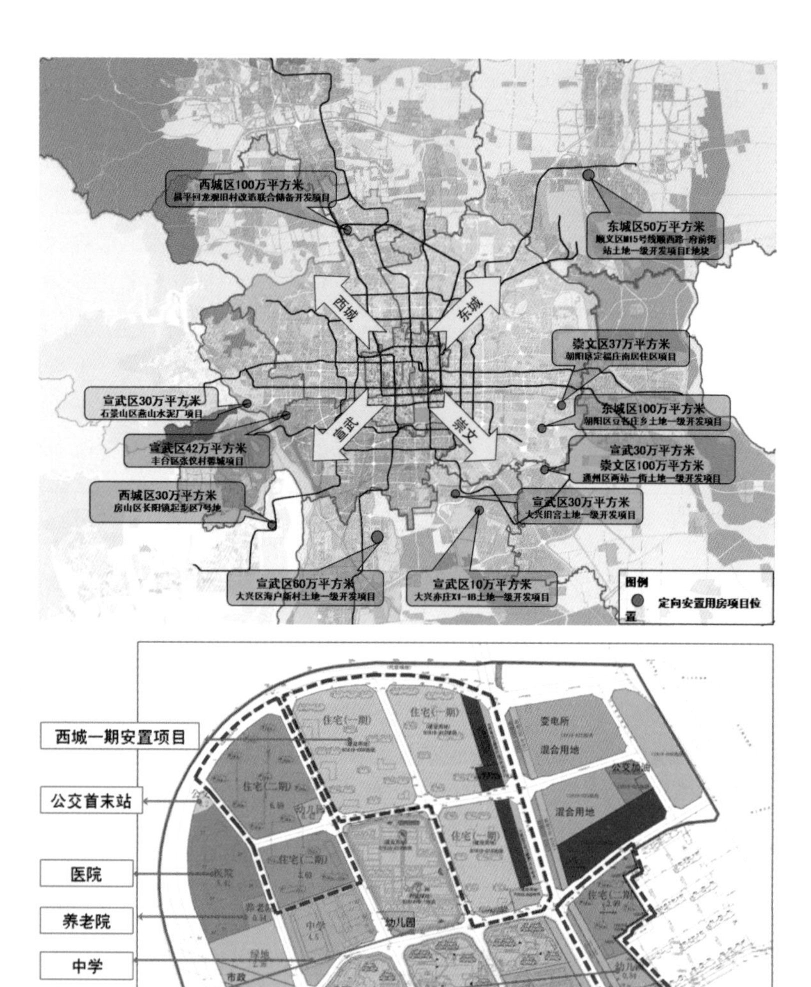

图 6-20　全市统筹
（以优质公共资源的转移带动核心区人口疏解。）
昌平区回龙观——西城区定向安置住房项目位置优越，公交便利。将引进北京四中、北大人民医院。

第四，政府对外迁居民的行政服务和管理要跟上。我们2012年做历史文化街区保护规划实施评估时去东城区的安置房小区——弘善小区调研，从前门地区被拆迁至此的居民诉苦说：搬到这里虽然房屋面积大了，但公交、日常买菜等都不方便，而且一直没有成立居委会，有什么事儿还要回到前门去，但那边对我们也很淡了，有什么活动也不通知了，有被政府抛弃的感觉，很失落。

第五，政策的外迁计划要为居民精打细算，让他们在迁出旧城之后还能安心生活。很多居民不愿意外迁是因为承担不起后续的生活成本。因为买完安置房有可能就让积蓄所剩无几，在城里的小买卖没有了，工作一时难找，未来的看病、养老都需要钱，日子会变得困难。

以广安门地区居民外迁政策制定为例：第一，要让居民买得起，安置房售价约每平方米6000元～10000元。第二，买房后要剩下钱，为以后的生计考虑。如要有外迁后的装修费5～10万元，在城内工作的交通费（购车钱）8～10万。第三，严格配置公共服务，譬如育才小学、北京小学的输出。第四，增加配套，提供就近的就业岗位。底层均为底商，还有一些集中的大商业。

3. 制定差异化的人口疏解政策，多种方式疏解人口

在4.2.4小节分析了目前旧城传统平房区人口疏解的困境之一就是历史遗留的产权问题和缺乏有针对性的人口政策。此题不解，将很难得到一个被居民广泛认同的人口疏解方案。

1）正确对待经租房问题，转换思路，与居民利益共享

据测算，目前旧城内直管公房约占40%，其中大部分涉及经租房。另外还有约30%的单位自管产，也有小部分经租房。面对这个问题，政府必须要面对，不能逃避。目前，政府的关注点只在公房承租人身上，忽略了经租房主的诉求，所以不妨换个思路思考问题。

首先，应该认真从法律层面来明确，经租房的产权是不是确实划归了国有，如果是，原房主获取租金的权益是不是还有，如果有，政府与原房主是不是可以协商利益共享机制。譬如，原来经租房合同确定的是房租20%～40%是返还房主的，利益分享的比例也可在此基础上协商。即便是交给开发商，也能有相应的制度保障原房主获取自己的利益，无论房主是走是留，都可以选择一次性获利或者长期获利。如此，至少可以缓解部分经租房主的怨气，给人口疏解带来一定的破冰之举。

而对于承租人，则要明确他们到底有没有权利获得与经租房主一样甚至更高的安置补偿，特别是那些已经从本单位获得其他福利房、标准超出的租户，原则上应该将房退还政府。

2）以简化产权的方式疏解人口

对于产权混乱的四合院，本着居民自愿的原则，政府可以收购部分私房，或者一些公房也可卖给私人，单位产权也可同样处理。目的就是将每个院内的房屋产权统一为一类。产权整合后，房屋保护的责任就很明晰。

对于政府收购的公房，修缮后有些可以进行经营，有些则成为旧城内的保障住房（廉租房或公共租赁房）。

对于那些挂牌四合院，政府应该大力收购进行修缮，植入适合的功能，如博物馆、非遗展览馆等。

3）依据人口特征与需求，制订差异化的疏解方案

首先我们看一下那些经济条件差、无力购买商品房的公房承租户。按照他们的条件，应该属于政府保障房的服务对象。愿意走的，在外提供廉租房、公共租赁房、经济适用房、限价房，如此可疏解部分人口；不愿走的在旧城内甚至区内做一些廉租房和公共租赁房。

对有能力离开的租户需仔细调查甄别。有些在外也有单位分的福利房，如果已经超出了标准，那么现有的公房就应退还；对于那些没有超出标准的，可以货币补偿、定向安置等方式，房源不足时，签订疏散协议，轮候定向房。

对于愿意迁离的私房主，政府可以购买房屋，或者由房主保留产权，入股经营。鼓励真正对家园有归属感的私房主留下，以延续传统文化。

"稳定的财产权+良好的行政服务"是居民最为关心的，也是社会稳定的因素。

4. 制定政策鼓励适宜的产业进驻，优化街区环境和人口结构

目前大家比较诟病的是很多公租房户搬出街区后，将自己租住的房屋以低廉的价格租给了"五小"产业，或者群组给来京的打工人员。一是街区人口不减反增，再就是这些新来的居住者和店主，因对北京、旧城、街区并无深厚感情，也认识不到所住房屋和区域的历史文化价值，所以没有保护的积极性和意识，对街区环境不够爱护。再加上风俗、生活习惯与留住的老北京不同，两方经常产生矛盾，不利于邻里和谐。这样的环境也让其他市民游客以及有潜力的投资人敬而远之，产生不良循环。

譬如，在东城簋街上班的服务员大多群住在周边胡同，因为作息时间不同，经常是半夜成群结队、大呼小叫地回住所，十分扰民。属于"五小"之一的建材店，不单在门口堆放材料侵占胡同空间，更是一大早就开始锯铝合金条，噪音刺耳。

因此政府应该有意识制定相关的政策，如适当补贴鼓励居民将自家房屋租给能给街区带来正能量的产业和人员，尤其是那些有意愿和能力来保护传统建筑的企业和人群入住，让新鲜血液起到促进历史文化街区恢复健康的作用。

案例：大栅栏投资有限公司在杨梅竹斜街从居民手中租下了临街房屋，再以低的价格租给河北蔚县的剪纸艺人，目的就是为了让非物质文化遗产的蔚县剪纸能增添街区的文化氛围。

6.3.2 土地出让与传统四合院交易政策

1. 探索与历史街区特征适宜的土地出让办法

我们在东城调研时，有一家名为国科置业的公司诉苦，说他们非常希望将历史街区内的一家废弃的工厂（国祥胡同的旭新印刷厂 1202 工厂）进行改造，盖成标准的四合院出售或出租。公司已经跟厂方洽谈了很久，包括如何安置职工，如何共建共管等各种细节。但因为是国有土地改变性质，厂家与私企没有办法流转土地，必须上市交易。由此该公司担心自己无法摘牌，迟迟不敢往下操作，时间太久，已经有些丧失积极性了。2012 年，为推进历史文化名城建设，加快旧城修缮工作，国土局报市政府“关于旧城保护区范围内有关用地问题的请示”，提出房屋所有权人可以凭房产证和土地证等相关文件办理现状协议出让手续，之后可依法进行翻改扩建。对于改变用途进行扩建的，经规划部门与国土部门批准后，可按新的规划条件变更土地出让合同，调整地价水平、出让用途等相关合同条款。对不涉及保留现状建筑或少量保留的，应入市交易，但以邀标方式确定受让主体。据此，现在可以由工厂办理各种手续了，叫旭新印务。

因此，有必要综合考虑历史街区的特殊性，合理确定土地供应方式，以鼓励有意愿参与保护的企业和个人进入。

目前还有一种情况存在，也应有政策予以解决，具体见下面案例：

在 2.5.2 小节举了个案例，即前门东片。2005 年原崇文区成立的北京天街控股集团有限公司以危改名义立项做一级开发，计划按政府 87 号文把人全部外迁之后获得房产和土地到二级市场，迁出居民 72%、单位 90%，余下的房屋并未拆除，而是大部分按传统形式进行了修缮。但随着拆迁法的完善和居民意识的提升，拆迁越来越难，留下了一些不愿意走的居民插花散落在全区各处，至 2008 年该项目过期。而此时市政府出台文件明确历史文化街区不再按危改政策，不能上市，该项目的合法手续就续接不上了。

从 2005 年至 2011 年，开发公司总计花费 50 亿元，均为政府担保贷款，其中拆迁费就花了 30 亿元，但开发公司并未从中获得任何利益，土地和房屋的产权都没有到手，因为当初为在 2008 年奥运前赶进度，所以迁走的大批居民其实没办产权手续，即腾空的房屋产权一部分依然在居民手中，一部分在房管中心手中。开发搞不成了，而这些完成了修缮的空置房屋如何处理也没有相应的政策。

2014 年，眼见着街区一天天败落，影响太差，市政府也着急，尝试先拿出十几个院子引进一些有理想、有能力的公司和个人进驻，作为带动地区发展的火种。但潜在客户看了以后的第一个问题就是：政策会变么？

2. 简化四合院交易程序，多给鼓励政策

2004 年北京市国土房屋管理局公布了《关于鼓励单位和个人购买北京旧城历史文化保护区四合院等房屋的试行规定》，提出了“单位和个人购买四合院，可依法出售、出租、抵押、赠予、继承”，同时还提出了许多优惠的政策，如“个人购买减半征收契税”等，极大地激起了社会上的热情，成交量曾以每年 15% 到 30% 的数量递增。但是，现有的条款远远没有涵盖四合院买卖遇到的问题。

譬如，四合院交易必须一次性支付房款或等价置换房，不能银行贷款和分期支付。这就将一些有心购买，但暂时财力不足的拒之门外。另外，买完房进行翻修翻建时，往往手续要跑一年左右，也让购房者望而却步，或者使得房屋资源被浪费一年。另外，产权依然是个大问题，即四合院交易中最应该引起注意的是房屋产权是否清晰合法，即便是从房地中心手中出来的也需慎重对待，因为直管公房中多为产权不清晰的经租房。

因此应该总结这几年的经验，提供更加细化的政策、高效的程序，提升大家的积极性。

6.3.3 以公交、骑行为导向的交通政策

1. 加大轨道交通的支撑作用

作为公共交通，地铁无疑是最为有效的，近几年北京的建设速度也较快，截止到 2013 年底，北京已有 17 条线路，465km，其中，旧城有 6 条线（1、2、4、5、6、8 号线），30 个站。至 2015 年，北京市将达到 22 条和 709km，其中，旧城内还会有 3、7 号线通过，另外还会有新规划线路经过金融街这样的功能区。

1）加强轨道交通对旧城重点功能区的支撑作用

对旧城内工作人口大量进出的市级重点功能区应加强轨道线的进入和站点的布设，提高轨道交通的出行率，减缓地面交通压力。

以金融街为例，占地 1.17km^2，是中国的金融管理中心，目前已有 600 多家全国性的金融机构总部和大企业总部、110 多家股份制银行、证券保险公司及分支机构，办公加居住人口约 9 万人。而目前金融街只在区域的边缘有 3 条地铁线路，5 个站点，其中 3 个站点属于两站地之外的 4 号线。公交出行比例仅占出行率的 22%，其中地铁仅为 4%，紧邻的西二环成为北京最为拥堵的路段。

同比伦敦金融城，2.9km^2，办公加居住人口 32 万，有 8 条地铁，11 个站点，公交出行比例为 93%；纽约曼哈顿下城 2.1km^2，总共近 36 万人，有 10 条地铁线路，26 个站点，公交出行比例为 80%，其中地铁 63%。

因此要紧密结合重点功能区的建设时序，优化确定轨道交通线位及建设时序。如金融街还在不断地扩张，可将规划为远期的轨道线路提前建设。当然，也可研究在原有线路上加站的可行性，以缩短站距。譬如沿二环路的地铁 2 号线，复兴门站距离阜成门站有 2km 长，之间若能增加一站，将便于区内人员的疏散（图 6-21）。

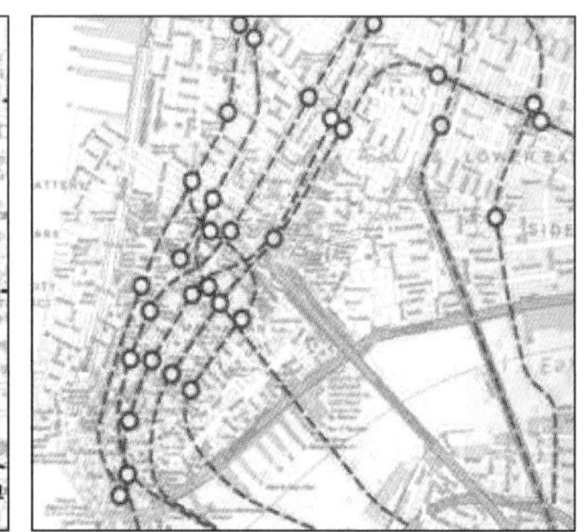

图 6-21　北京金融街轨道网（左）纽约曼哈顿轨道网（中）伦敦金融城轨道网（右）

2）加强轨道交通对历史文化街区的支撑作用

历史文化街区内空间狭小，限制私人机动车的发展和进入，但地面公交也不宜布置过多，因此轨道交通的进入应是解决出行的较佳途径。不单方便旧城内居民出行、缓解旧城地面交通压力，对旧城的产业发展也起到推动作用。记得地铁 6 号线通车后，接近西三环的中国城市规划设计研究院同行说，我们午饭都可以去南锣鼓巷吃了。

目前对轨道线穿越历史文化街区有认识上的争议，为了今后加密线网的可行性，应对已经实施的地铁 1、2、4、5、6 号线和正在实施的 8 号线，以及一些建设项目的地下工程建设，如前门东侧、玉河等，进行分析，对这些地下工程在施工过程中涉及的文物层埋深、数量等进行统计，包括对地面房屋和居民生活影响的数据统计，给后期轨道选线和施工提供技术支撑。

3）提升轨道站点内外换乘条件的便利性

案例：西直门交通枢纽。该枢纽是2号线、4号线、13号线和S2火车的换乘站，外围还有38条地面公交线，同时拥有商场和写字楼。按理应是一个功能合理、交通便利的枢纽。但这里曾经堪称是北京最为不便的换乘之一。轻轨、地铁、火车、商场办公，之间大多不能在室内完成换乘，都要出站经地面再进站的流程，各种换乘的步行距离少则200m，多则500m。几十万平方米的商务商业楼前，竟没有一个像样的广场，布满了分流行人的如迷宫一般的栏杆和站房，环境景观极其恶劣（图6–22）。

图6–22 西直门地铁站的换乘环境长期不佳

造成如此现象的原因除了设计理念的落后外，更重要的是部门之间难以协调。西环广场的开发商诉苦说：其实我们在设计时充分考虑了换乘便利的问题，借鉴了国外“零换乘”的理念，我们的地下是可以直接与城铁、地铁相连的，旅客完全不必出站即可换乘。但没有部门收费啊！都觉得自己管理起来不方便，收费不好分配等。当然，经过多年的公众吐槽与多方努力，现在的状况有所好转，至少从地铁出来不需要上到地面再进商场了，但线路依然是弯弯绕绕的状态。

我们做过简单调查，以目前咱们的换乘距离和上下跑动的换乘方式而言，如果达到两次，其全程所用的时间就和地面打车、开车差不多。如此一来，很多人就放弃了乘坐公交的念头，致使我们大力投入的公交系统的作用无法得到充分显现。对市民和游客而言，乘公交游览旧城的动力也小了很多。因此，必须提升设计水平和加强部门统筹予以解决。

4）强化轨道站点内外的综合功能，避免出现报纸都买不到的现象。

北京的地铁大概是各大城市里屈指可数的功能单一型，即在为乘客提供生活便利上是做得最不好的，也是最不经济的。2010年甚至出现了禁止北京地铁站内售卖报纸的行为，引起市民不满和国际社会的嘲笑。其禁卖报纸的理由是为了安全，但发生过“9·11”恐怖袭击事件的纽约、发生过“沙林毒气案”的东京、发生过地铁爆炸案的伦敦，都没有发生过地铁禁售令，所以关键还在于理念的转变。

在这点上以日本、中国香港、新加坡这样的弹丸之地做得最好。一个地铁站就像一个社区商业点，里面小超市、小餐厅、小报亭应有尽有；而换乘站则如同地区商业点；交通枢纽就更是和周边的大型公建完全结成一体，是城市的商务、商业、娱乐中心，既是人流的转换地也是人流的吸引地（图 6-23）。

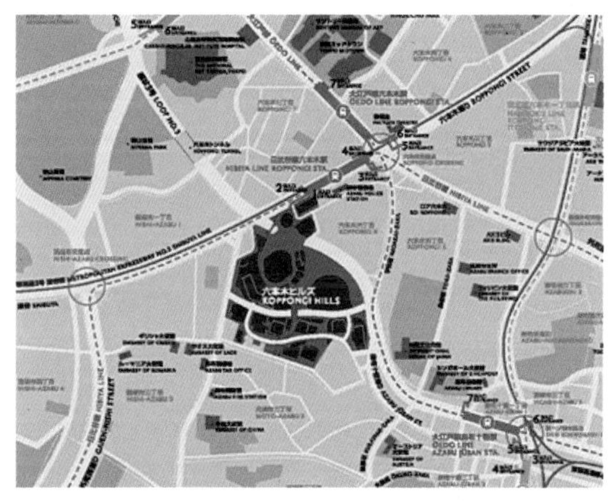

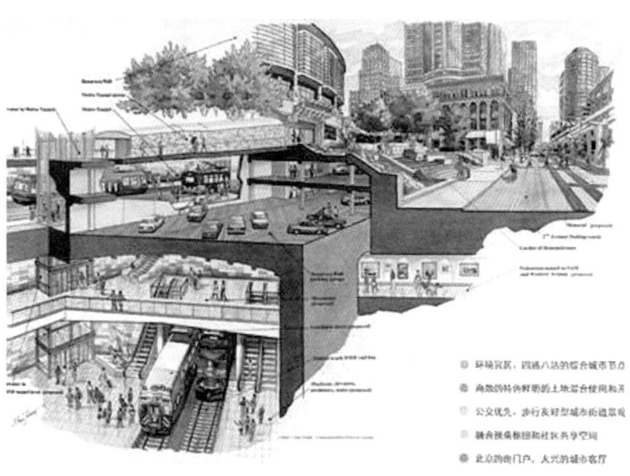

图 6–23　一体化的轨道站点（东京、新加坡等城市的轨道站点一体化值得借鉴。）

东京六本木综合体：良好的交通系统：充分与地铁站点结合，建立良好的公交系统，以垂直流动来思考建筑的构成。

舒适的空间组合：规划一半以上的区域为户外开放空间，供市民享用，加强地区与都市之间的融合与协调；同时强调地上物业和地下空间的有效结合。

完备的业态配置：超大型复合性都会地区，约有 2 万人在此地工作，平均每天出入的人数 10 万人，几乎可以满足都市生活的各种需求。包括了朝日电视台总部、酒店、维珍（Virgin）影城、精品店、主题餐厅、日式庭院、办公大楼、美术馆、户外剧场、集体住宅……

对于旧城而言，地面空间有限，地铁站内的充分利用就显得格外重要。如果在保证安全的前提下，增设便民的设施，如早点售卖等，既可节省地面空间，又可节省乘客在地面消耗的时间，减轻人流的压力。

位于站外周边的建筑，也应强调功能综合化，如此可提升交通设施的利用效率。

除了为居民提供便利外，还应将站点作为旧城形象宣传点营造，如设置旅游信息服务站等。

目前北京只有地铁四号线公益西桥和动物园站有地铁商城，有餐饮、食品、服装、饰品等，可以算是较好的尝试。

地铁 8 号线南段正在建设，当初该线进入旧城时，区里借机扩折了一大片区域，约 0.036km²。目前正在对鼓楼站、南锣鼓巷站周边做织补方案设计，为商业、办公、酒店等综合功能，似乎有和地铁站形成一体的打算，结果尚且不知。

2. 加强地面公交的小型化和短程化

目前旧城内的地面公交多在主要街道行驶，线路很多是穿过型，且在旧城内重复线路很多。可是很多小区内却缺乏公交，出行不便。原因是道路狭窄，不适合大型公交车，所以跟市政设施小型化一样，公交车的小型化也需加快研究。同时考虑将这些小型公交在旧城或小区内循环，特别是加强一些功能区之间的定点联系，譬如金融街至西单，以及主要旅游景点之间的串接等。由此，行驶在主路上的大型公交可适当减少。

3. 调整旧城内旅游交通策略，引导旅游车辆的合理停放

凡经常出国旅行的人都会注意到，多数历史悠久的旅游城市，古城内是禁止旅游大巴进入的，且很多更是只允许居民车辆进入。像罗马这样的大城市也同样将旅游大巴挡在老城外。游客对此并无怨言，反而是一路走走停停，观光购物，玩儿得很 high。心情放松，不仅领略了景点的美丽，更有机会感受城市的魅力。同时，还带动了整个老城其他产业的发展，如餐饮、旅游品及各种特色产品售卖等。因为人们有了时间和心情，可以在咖啡厅、茶馆小坐，在店内仔细挑选。

反观我们的旧城，所有的旅游大巴都要开到景点门口，游客一下车就进了景区，前门进，后门出，再上车奔下一个景点。很多人对这个景点在城市的位置、与城市的关系都不知道，就更不要提感受城市了。要说有感受就是在进出景点大门时，人车交杂的混乱情形。

所以，我认为现在大巴直接抵达景点的方式，实际是旅游部门的不作为，因为这样简单好管理。笔者建议减少或者取消这种方式，更不应该在旁边开辟停车场。譬如景山西墙外就是停车场，不但带来交通的混乱，还影响街区的风貌。可以在二环沿线寻找设立停车场，某些中小型旅行团甚至可以停在更远处，乘坐地铁进城。

这需要北京市交通委、北京市旅游委、北京市交管局、北京市规划委等多家部门联合商议（图 6-24）。

图 6–24　景山周边永远是交错拥挤的旅游大巴和聚集等待的游客

4. 完善步行与自行车的出行环境

在《北京城市总体规划》（2004 年～ 2020 年）文本的第 146 条——步行与自行车交通里写道："步行交通和自行车交通在未来城市交通体系中仍是主要交通方式之一，提倡步行和自行车交通方式，实行步行者优先，为包括交通弱势群体在内的步行者和自行车使用者创造安全、便捷和舒适的交通环境。"[①]

自行车、步行交通越来越受到重视，是人们重新认识了它们的优点：如：节约道路和用地；减轻交通拥堵；节省能源，零排放，保障空气质量；增进身体健康，减少疾病，等等。因此，国际上很多城市都将其列为促进城市可持续发展的重要手段之一。

欧洲的交通政策一直是鼓励人们步行。认为步行便宜、低噪音、友善，可锻炼身体，呼吸新鲜空气，有充满乐趣的体验。1988 年，欧洲议会就通过了《欧洲步行者权利宪章》。

---

① 在《北京城市总体规划 2004 年～ 2020 年》专业说明里写道："步行交通不消耗能源，不产生污染，是有利于健康的可持续发展的交通方式之一，是构成城市居民生活质量的重要方面，是构成城市风貌的重要组成，是体现一个城市是否公平、是否以人为本的重要窗口。现在还是将来，步行交通都将在北京综合交通体系中扮演重要角色。""北京城市步行系统的发展目标应该是：安全、畅通、方便、舒适。"

"北京的自行车交通是历史发展的产物，已有深厚群众基础，是可持续发展的交通方式之一，它的存在符合城市交通出行的特征，是中短距离交通出行的最佳交通工具，是居民日常生活中不可缺少的组成部分，在城市交通体系中占有重要地位。自行车交通不消耗碳氢类燃料，不受能源危机的影响，发展自行车交通符合国家能源安全战略要求。应该对自行车交通采取积极的、扶持性的交通政策，为自行车交通创造更为安全、更为方便的使用环境。""北京自行车交通发展目标应该是：安全、有序、快捷、方便。"

伦敦金融城内有96个自行车停放点，6个自行车商店，并设立自行车道的网络，显示出鼓励绿色交通的战略。丹麦哥本哈根市民181万，1/3市民选择骑自行车上班，在街头经常可以看到政府部长和市长骑着自行车去上班的风景。同时，在步行交通上，哥本哈根也做得相当好。1962年哥本哈根开辟第一条步行街斯特勒格街，逐渐在市中心发展成步行网络；1973年，步行街改建工作基本告一段落，主要致力于于清理和改建城市广场，所有公共空间的计划都以无汽车进入为目的，城市广场从市中心到偏僻地段以及社区广场都进行了改造；之后有了步行优先街道，轻松悠闲，用于大多数市中心街道；之后又对城市的重点地段和特色地段进行改造整理，如滨河区。政策保持交通流量稳定；减少进入城市的干道；减少穿越中心的交通；减少中心的停车空间。从1962年起开始进行步行系统的完善，经过了40年的建设，成为步行者天堂。

美洲以美国为代表，经过私人小汽车主宰一切的时代，逐渐意识到应创造公交和步行系统，为人提供更多更舒适的活动空间。

亚洲各国近年来也在逐步吸取西方的先进经验和人文理念，对原来嘈杂凌乱的公共环境加以改善。

首尔，1993年群众上街游行，要求步行者权利；1994年汉城规划院开始步行交通规划；1995年提出街道改进导则和步行安全规划；1996年完善导则和步行道环境规划，建立办公室与交通设施间的绿色通道；1997年提出空间充分利用规划；1998年市长竞选宣言："创造舒适的易于步行的汉城"；1999年开始做"易于步行的汉城规划"；2009年，李明博又说要将首尔建成"自行车的天堂"。

相对而言，北京的交通一直围绕着机动车开展服务，对自行车和步行者的权益考虑不多。虽然我们有很多的法律、规范、标准，但执行较差，有些规范标准也已经过时。以步行而言，人行道狭窄且断断续续，盲道缺失间断，且被机动车、各种设施侵占；行人过街道上天入地非常不便，宽阔的马路配上短短的红绿灯，让老人孩子和残疾人一次都过不了街。街边休憩和遮风避雨的服务设施缺乏，绿化少，环境差。自行车车道多被机动车侵占蚕食，仅安全就难以保障；还有些高档场所甚至没有自行车停车处，采取了鄙视排斥的态度，这些都导致慢行交通的出行率一直处于下滑状态，亟待改进提升。

以上这些问题在旧城内一样不少，因此，若想缓解旧城的交通状况，同时让风貌得以更好地保存，整体环境品质和城市形象得到优化，自行车、步行环境的改善势在必行。

5. 鼓励少买车、买小车，引导合理用车需求

公交导向的旧城交通政策下，除了鼓励进出旧城的人尽量采用公交外，还应鼓励旧城的居民减少购车和用车。旧城停车位应是有限供给，且目标仅是满足本地居民的基本需求，而不是建立停车场吸引外部机动车的进入，应恢复有车位才可购车的规定，并严格执行。

目前有很多资产丰厚的个人与公司进入历史文化街区购买了四合院当住宅或办公。每个新入住的都会有车若干，给街区交通带来新的压力。原则上，这种并不应予以鼓励，应有政策予以引导，既然进入历史文化街区就应该承担相应的责任和义务。

另外，应设置鼓励政策，让旧城内、特别是历史文化街区的居民有意愿购置小型车。车就是代步工具，除非家庭人口众多，日常并不需要大型车辆。小型车对旧城道路，特别是狭窄的胡同而言，是十分适宜的（图 6-25）。

图 6–25　旧城内空间狭窄，应鼓励居民购买小型车辆
在日本，因必须确定有车位，才可购车，而老城区里面因空间狭小，且严禁乱停车，故绝大部分居民购置的都是迷你车型（左上、右上）。我们通常都喜欢大车，甚至一度不允许小型车走长安街（下）。

6.3.4 文化事业及产业共同发展的政策

在 4.1.4 小节谈到，有人强调要大力发展文化事业而少提文化产业。笔者看来，不能因为文化产业具有经济营利能力而对其社会效益视而不见。目前的状况是文化事业需要投入，文化产业需要扶持，都需要好的激励政策。

2003 年 9 月，中国文化部制定下发的《关于支持和促进文化产业发展的若干意见》，将文化产业界定为："从事文化产品生产和提供文化服务的经营性行业。文化产业是与文化事业相对应的概念，两者都是社会主义文化建设的重要组成部分。文化产业是社会生产力发展的必然产物，是随着我国社会主义市场经济的逐步完善和现代生产方式的不断进步而发展起来的新兴产业。"2004 年，国家统计局对"文化及相关产业"的界定是：为社会公众提供文化娱乐产品和服务的活动，以及与这些活动有关联的活动的集合。所以，我国对文化产业的界定是文化娱乐的集合，区别于国家具有意识形态性的文化事业。

对具有引导意识形态责任的文化事业必须加大政府财政的投入，完善公共文化体系，突出公益属性、强化服务功能、增加发展活力。同时，创新投融资机制，支持国有文化企业面向资本市场融资，支持其吸引社会资本进行股份制改造。推动事业单位进行企业化管理，吸引有代表性和有能力的专业人士参与管理，以增强面向群众的服务能力。

笔者认为提升面向群众服务能力这一点非常重要。随着社会发展，市民对文化的需求已经是综合性的了，希望有一种体验式的文化消费。如诚品书店、page one 等精心设计室内环境，设有咖啡厅、文具店，24 小时营业，全方位满足读者体验需求，给城市增添了书香氛围。但目前国营的图书馆、文化馆里还不能设置咖啡厅，读者的舒适度就没有前者那么高。因为没有赋予他们这个经营许可，这显然没能与时俱进。目前国家图书馆、首都图书馆都有了进步，但是区县、街道等的设施尚未获得准许。

另外，对投资文化事业及产业的公司、个人应有鼓励政策，如减免税收等，并给予大力宣传；要拓宽融资渠道，鼓励民营企业投资文化产业，以解决部分文化企业和文化项目运作资金不足的问题，或将一些文化活动采取政府采购方式给民营企业一个良好的发展环境。

6.3.5　非物质文化遗产传人的扶持政策

非物质文化遗产的特点就是人在遗产在，因此，我们不能仅停留在给非物质文化遗产办展览的层面，必须加快制定对非物质文化遗产传承人的扶持鼓励政策。应包含三个层面的工作：

第一，注重对当前传人的扶持。包括改善生活条件，提高社会地位；鼓励他们传授技艺，开班讲座、学习班；为其提供现代化经营与管理的技术支撑，使产品适应现代生活与观念的需求；协助提供合适的场所，给予减免租金、税收等优惠政策；协助其聚集发展，以集中充分地展现首都传统文化的魅力。

第二，对适宜大众从事的项目应大力宣传并进行推广，让传统回归，融入生活。除日常参与，还可定期开展展览、活动、竞赛等。

第三，加强文化遗产在学校的宣传普及。小学可以设为必修课，中学、大学可设为选修课。让孩子从小就对其有所了解，产生自豪感。

2012 年 6 月，北京市文化局发布了《关于加强非物质文化遗产保护传承的扶持办法》（京文研发〔2012〕468 号），对传承人及项目单位的扶持力度较大。如第五条："给予市级非遗项目代表性传承人每人每年补贴 1 万元，用于开展展演展示、资料整理、学术交流、带徒授艺等传承活动。建立代表性传承人带徒补贴制度，定期组织相关领域专家进行考核，为成绩优异的学徒提供资金补贴，鼓励其学习、掌握传统技艺"（图 6-26）。

图 6–26　抖空竹（左上）白纸坊挎鼓（左下）金马派风筝（右）

日本对“人间国宝”每年给予200万日元的资助，注重地区居民、特别是孩子的全体参与，构成核心传承人、重要传承人、一般传承人。1981年设置日本的中小学就有传统工艺品课，2001年“歌舞伎保存会”针对中学生开展“歌舞伎讲习会”，2002年作为文化厅项目面向了小学。1996年起，举办“日本的技能和美——重要无形文化财及其传承者们”的展览。文化部规定小学生必须观看一次能剧。如此，我们可以看到，在日本丰富的节日活动里，老中青三代都会积极参与，甚至很多山村，外出谋生的年轻人都会回乡参加活动。

6.3.6 政府与百姓保护责任共担的政策

我们不能指望所有的保护都由政府来承担，应该是社会各个层面共同努力，共担责任和义务。但目前的状况是，遗产的产权人和使用人，以及公众大多认为保护与己无关，都应该是政府的事情。

所以要加紧开展相关政策的研究制定：

1）对文物及有价值建筑，要提高房屋产权人及使用人的保护意识，加强保护能力教育。制止随意拆改或过度装饰的行为，尊重包括色彩、体量、材料、格局等有价值建筑的原有形制，尽可能保护其留存下来的历史信息。

2）对于文物状况保存较好的，根据文物保护单位产权人和使用人的实际情况，鼓励采用灵活的保护方式，明确其保护与合理使用的责任、义务及权利，创造条件实现定期、定时对外开放等。

3）对于自身没有解决问题能力，同意转交产权或者不涉及产权问题的文物占用单位和个人，由市、区政府作为责任主体落实搬迁、保护修缮及合理利用等工作。

4）对于历史文化街区继续留住和新迁入的居民，应明确房屋的安全使用和风貌保护的法律责任。坚决杜绝违法建设、违法出租和改变房屋使用性质的行为，巩固保护成果。

6.4 策略四——为旧城保护和可持续发展提供机制保障

有了好的政策和好的规划设计，若没有完善的法规条例和强有力的制度保障，政策会被束之高阁，规划设计会变味或被改头换面。我们在对“十一五”期间历史文化名城保护规划进行评估的时候就发现，实施保障是完成最差的。本章通过一些具体的案例提出对于法规条例的完善以及相关制度建立和创新设想。

6.4.1 完善法规条例，加大违法处罚力度

1. 完善法规条例，落实相应的责任主体

相对于全国而言，北京在保护方面的立法还是较为完善和先进的，但还是有不少的缺项。如缺乏对传统地名保护的相关法规。

还有些法规条例经实践检验和随时间推移，显出有疏漏或需要结合新的形势进行修订。譬如2005年完成的《北京历史文化名城保护条例》就应依据2008年的《历史文化名城名镇名村保护条例》进行修订。

有些工作在法规条例里没有明确责任主体，导致各部门相互推诿或缺乏积极主动的精神，使得法规很多停留在初级的原则层面，缺乏更为具体的配套法规。譬如有价值历史建筑的修缮办法是规划委编制还是建设委编制一直没有说清。

2. 结合认识的提升，加大违法的处罚力度

目前我们在保护法规的制定上，一个重大的问题是处罚条例不严，导致了违法的代价太轻。譬如前文说到的两个优秀近现代建筑被拆除后迄今未得到惩戒。如果说对优秀近现代建筑尚无具体的处罚条例情有可原的话，那么文物法对损毁文物的行为处罚力度也是非常之轻的。按照《中华人民共和国文物保护法》第六十六条："有下列行为之一[①]，尚不构成犯罪的，由县级以上人民政府文物主管部门责令改正，造成严重后果的，处五万元以上五十万元以下的罚款。情节严重的，由原发证机关吊销资质证书。"也就是说把文物拆了，最高的罚款不超过50万元。而产权单位或开发商把一个碍了他事的文物拆除的话，其赢利收入会远超过

---

① （一）擅自在文物保护单位的保护范围内进行建设工程或者爆破、钻探、挖掘等作业的；
（二）在文物保护单位的建设控制地带内进行建设工程，其工程设计方案未经文物 行政部门同意、报城乡建设规划部门批准，对文物保护单位的历史风貌造成破坏的；
（三）擅自迁移、拆除不可移动文物的；
（四）擅自修缮不可移动文物，明显改变文物原状的；
（五）擅自在原址重建已全部毁坏的不可移动文物，造成文物破坏的；
（六）施工单位未取得文物保护工程资质证书，擅自从事文物修缮、迁移、重建的。

50 万，所以何乐而不为呢？

案例 1：美术馆南侧的翠花胡同，有一个地产项目，为了让开发地块更加完整，开发商拆除了普查登记在册文物，受到文物局执法队的处罚缴纳了 15 万元的罚金，相当于此处每平方米的房价。

案例 2：清华大学在未向文物局通报维修工程方案的情况下，用没有文物修缮资质的建工集团第三建筑公司维修国家级文保单位清华学堂，不仅拆除了部分墙体，而且涉及木结构的改变，并违规操作引发大火，致使部分屋顶和地板部分坍塌，木结构遭严重损毁。市文物局局长孔繁峙表示："这把大火是十余年来，北京文物古迹遭遇的最大一次灾害。"而面对最高 50 万元罚款，清华大学却四处做工作要求降到 30 万，进而要求降到 20 万元，因为 30 万元以上为重大事故，以下为一般事故。最终罚款 12 万。

同样，在文物法的第六十四条："违反本法规定，有下列行为之一，构成犯罪的，依法追究刑事责任"，"第六十五条 违反本法规定，造成文物灭失、损毁的，依法承担民事责任"。纵观这几十年，尚未有单位或责任人因损毁文物建筑而被处以刑事责任。

因此，必须加大法规的处罚力度，加大执法力度，提高违法的成本，让保护有坚强的法律为后盾。

6.4.2 大力发挥名城保护委员会统筹作用

2.6.1 小节介绍了"北京历史文化名城保护委员会"的成立和其工作性质。

自名城委成立后，工作推进很积极。办公室的组织非常有力，各成员单位的积极性和配合度也很高。每个月都由成员单位组织一次论坛或培训。如北京市规划委、北京市城市科学研究会、首都经济贸易大学共同组织了"保护传统地名，建设人文北京"论坛；北京市住房和城乡建设委员会组织对古建队伍进行了培训；规划委下属的标办确立了优秀设计单位的名单以提升旧城内建筑设计水平等。

2012 年，名城委重点抓了四个保护试点工作，以总结统筹协调的经验，宣传保护理念，带动成员单位共同参与。以《房山南窖水峪村保护规划》为例：

水峪村位于房山的深山，具有 600 多年的历史，房山区政府、南窖乡政府、水峪村委会对村庄风貌的保护很重视，拟申报历史文化名村，而名村的申报工作在北京市农委，但农委以往的工作重点是村庄的发展建设，对保护工作较为陌生，所以，有意愿的主体和负责申报的责任主体对于组织开展传统村落价值挖掘以及保护规划编制等都有难处。由此，名城委进行了统筹协调，将对保护工作较为熟悉的规划委、文物局、规划院三家单位纳入，负责保护规划的编制，形成了属地政府、申报单位、保护规划编制及管理单位等多部门齐心协作的工作模式，获得了很好的效果，促成了水峪村被顺利评为“中国历史文化名村”，更重要的是将北京传统村落的保护工作提到了重要位置。

由此可见，应充分发挥名城委的核心作用，提高名城保护工作的统筹层次，形成市区两级相对统一的保护工作的体制机制，以强力推进保护工作的顺利实施。同时要明确委员会日常工作机制，通过高效、职责明确的行政管理体制的建立，避免管理缺位。

案例：协调东西两区，协力塑造完美的城市中轴线。

2013 年，为了申报世界文化遗产，文物局、规划部门合力编制中轴线保护规划。为此，名城委协调两区，使其未来的设想都参照保护规划进行细化设计，且通力合作实施完成，让中轴线在未来的保护与发展中保持其不可分割的整体性、对称性，环境景观得到有力的提升，配套服务设施得以丰富完善，成为一条融传统文化与现代风采于一体的统领性的轴线。避免了出现在 4.3.2 小节中提到因东、西两区协作不力给中轴线的完善和提升带来不利影响的局面。

同时，还应进一步发挥名城委在政策制定和基础性研究中的统领作用，特别是统筹各个部门加紧对旧城政策集合的研究。

案例：协调国土与规划共同研究旧城平房区土地供应政策及报批程序。

前门大栅栏投资有限公司日前腾退了两个四合院，从居民手中拿到了房产证。拟将其改造成小剧场，涉及土地性质由居住变更为商业娱乐。到国土局办理手续时，要求需有规划部门对性质转变的许可；而规划部门需要公司拥有小院的房产证和土地证，可公司尚未拿到土地证。但为何没拿到确是有原因的。

土地证的拥有需要几个过程：申请—土地调查—评估—确认—公证—获取土地证。其中评估这一项，一年只有两次不定期评估会，所以不出意外的话，土地证的获取接近两年。期间若出点小插曲，譬如没赶上评估会，就会拖延更长时间。而且在 4.2.4 小节说过，平房区的产权极其混乱，有些地产已经说不清楚来源了。

因为产权证的办理时间长，导致两个小院长期搁置，无法利用，造成资源浪费。

笔者认为最为关键的是，名城委应该具有专项保护资金，以统筹调配用于名城保护，或者依据保护的需求，可调配成员单位的资金使用。譬如，街道每年可获得旅游委的旅游设施建设经费、园林局的绿化经费、市政管委的环境整治经费等，如果能够将三笔经费依据街区的保护规划要求统筹使用，即可使街区建设在条件升级、环境改善的同时保持传统风貌。如6.2.3小节中的文化探访路若能集中几个部门的经费，应该能取得很好的效果。

6.4.3 完善公众参与制度，鼓励居民自治

1. 强化专家论证和全过程的公众参与

在4.3.3小节对现在公众参与的状况进行了一个概述，目前的主要问题是缺乏全过程的公众参与、有效的公众参与。鉴于我国目前的社会发展状况和体制特征，公众参与主要由上及下展开，因此政府必须在其中起到推动作用，但目前从自身而言，还有几个关键点需要解决。

其一，在很大程度上对公众参与还有畏惧心理，总担心过于透明会被群众揪出错误而无法解答，或者不小心激发了群众的怨气，殊不知越是这样就越得不到群众的信任，形成对立关系；其次，是缺乏真诚面对、虚心接受批评的态度，不爱听真话，有抵触心理；第三，缺乏科学有效的方法，多是以开会的方式，大家各抒己见，之后使得参与的效果与设想的不一致。

其实，这种畏惧心理是不必要的，低估了群众的智慧和自觉力。如果群众认为政府是真心征求意见，即便是有不满意的地方也会理解、谅解，并且会出谋划策承担责任。

因此，应注重以下两点：

1）强化专家论证制度。“北京历史文化名城保护委员会专家顾问组”的专家由原来的13位增至17位，为了更加注重文化内涵的挖掘，增加了研究非物质文化遗产的专家赵书和文学界的舒乙、刘恒，及影视界的张和平。曾经有专家提出：“专家不是摆设，想起来就用一下，不想用就靠边站”。因此，对于专家的咨询、论证要建立明确的工作程序和议事制度，以便在文化挖掘及传承、建筑保护、规划设计、实施、社会管理等各个方面，充分听取专家意见，加大专家对规划实施的指导力度。但是，专家会上应避免出现只说保护不顾及发展，只说物质忽视人文，只说原则不管实施等现象。

2014年上映的《京城81号》建筑原型是朝阳门内大街81号——天主教传教会建于1910年，2004年被定为危房，被称为

鬼楼，常有年轻人来探险，电影之后，更是门庭若市。2009 年该楼被列为区文保单位。

2010 年教会想进行修缮，2011 年获得宗教局审批，完成土地手续。方案是修危楼、并增加部分面积，以满足自身办公，部分出租以获取修缮资金。因为用地非常局促，所以新增部分与老建筑相连。

文物专家的意见是，砖石建筑是无法落价大修的，其实就是重建。2011 年批复是按原做法、原工艺、原址原样恢复，所以不能破坏文物及其环境，新建筑也不能与老建筑连在一起。

但是如果按原样重建成本非常高，资金来源是问题。区文委说，文物修缮资金只能针对市区两级单位，但不针对社会团体（含教会）。

专家会最终也没解决教会的难题，只说请另想办法。

2）形成全过程的公众参与。认真细化落实每一步的公众参与，避免形式主义，引发公众反感，丧失参与热情和对政府的信任。近几年我们在编制保护规划时对这一点很重视。譬如在编制《“十二五”时期历史文化名城保护建设规划》时，对公众的意见进行了分类，哪些应用，哪些没用，原因是什么都明确列出。

案例：深圳市，在规划的初期就开始组织公众参与，征询意见形成报告，规划师据此进行规划，工作中也需定期征求公众意见，最终的规划成果中也要附有专项报告，明确采纳了哪些建议，没有采纳的要说明原因。

2. 以多种形式鼓励居民参与和自治，提升居民爱护旧城的意识：以东城区交道口街道菊儿社区活动用房改造公众参与为例

“人民若是挚爱自己生活和工作的地方，自然会去照顾它。”①

我们应注重将公众参与的平台搭建到基层，让保护区的保护与居民自治良好结合。

案例：东城区交道口街道菊儿社区公共活动用房合理有效利用的公众参与

2007 年至今，北京市规划委员会、规划院开展了多项活动以促进城乡规划的公众参与。东城区交道口街道菊儿社区的公众参与实践是“规划进社区”活动中最具代表性的，自 2008 年 3 月至 2009 年 11 月历时一年半，参与人数过百。

① 利用控规公示了解民情民意，选取公众参与的切入点

---

①（日）西村幸夫——《再造魅力故乡》，清华大学出版社，2007。

2008 年 7 月，我们利用在东城区交道口街道办事处对该街道所属街区的控制性详细规划公示的机会，制作了群众意见调查表，并收到 259 份有效问卷。

在对问卷进行统计分析后发现，“社区居民公共活动及健身娱乐场所太少，希望增加老人活动站、图书馆、儿童活动场地”几项全部意见的 22.1%，属于居民关注度最高的问题。

针对问题我们进行了调研，却发现菊儿社区的活动用房在 2007 年刚完成装修，可居民却很少去，闲置现象严重。面对这样的怪现象，我们与街道商定将“菊儿社区活动用房高效规划利用”作为公众参与的切入点，满足居民需求。

② 搭建菊儿社区规划公众参与平台

我们建立了具有菊儿社区特点的公众参与平台——“四手相连”：提供技术支持的规划编制与规划管理人员、承上启下的基层政府职员、具有专业经验的 NGO 组织和全程参与的居民代表。居民代表包括了社区内各个年龄层的人，有住户、商户、租住户，包括一些外国人，还有关注此项工作的志愿者。

③ 组织开展公众参与活动（菊儿社区活动用房高效规划利用讨论会）

为了使活动更加有效，我们特别请来了具有专业人员的“社区参与行动”服务中心承办。依据此项活动的特点，他们采取了名为“开放空间”的形式，并制定了一些让活动有序开展的会议规则，引导鼓励大家充分发挥主动性，相互尊重、相互信任，积极建言，同时针对参与者老年人比例较高的特点，设计了放松解乏的游戏，让为期两天的活动取得了令人惊喜的效果。就“如何充分利用空间扩大老年人活动区域、增加活动室的安全性和舒适度、增加健身器材和阅读书籍”等达成共识，并提出了切实的解决方案和详细的行动计划，明确了实施的责任主体。很多居民还积极主动地提出承担起保洁、整理报纸杂志等相应的义务和责任。

④ 认真落实规划方案

在方案的实施阶段，针对经费预算、施工扰民等问题，各方代表又陆续开展了四次讨论会，最终于 2009 年 11 月 12 日完成了活动用房的改造。舒适温馨的空间、丰富充足的设施以及管理水平的提升都让居民非常满意，每天的使用效率大大提升，且经常在此自发地举办各种活动。

⑤ 工作方法的拓展推广

通过规划公众参与的这些活动，政府部门认识到了公众参与的必要性和重要性，逐渐将其作为管理的长效机制，并从规划领域向其他方面扩展，还以东城区交道口街道办事处为例，菊儿胡同的试点给了他们极大的信心，迅速在整个街道全面推广。

如著名的南锣鼓巷商业街，在其不断发展和繁荣的过程中，驻地居民和商家之间的冲突和矛盾也逐渐增多，街道利用公共参与的平台，采用“社区茶馆”的形式，让利益相关方在轻松的环境坐到一起对南锣鼓巷的现状与未来畅所欲言，最终不仅成立了“商家居民互助协会”共谋区域发展，还达成利益共享的一致意见，建立了居民文化节，沿街设立了居民自己的“社区工艺坊”，售卖居民手工艺作品，凡有特殊技艺者均可成为会员，在此摆设手工制品，第一批会员约 40 人。店每日营业额平均 2000 元，最好的会员月收入达 15000~16000 元，让居民也享受到了旅游带来的收益。协会定期召开大会，自己决定一切事宜。经商议，会员自愿拿出利润的 25%（最初为 10%）作为社区建设的公益基金，并帮助收入不佳者分析问题，提升产品吸引力。由此，居民非常团结，并为自己的收获感到自豪，形成了和谐共赢的局面。

菊儿胡同 68 号是一个单位自管的老旧居民楼，很长时间缺乏管理，环境脏乱差，经街道出面，在 NGO 组织的协助下，召开居民自治会。居民自己出部分费用，街道支持一部分，NGO 组织出 6000 元，大家共同修路、清理垃圾、填高地面，解决了长期困扰的环境问题。

此外，还有社区消防安全、社区老人餐桌等长期以来困扰老旧平房区日常管理的老大难问题，都已经或正在通过公众参与的方式解决。2010 年东城区政府将“开放空间社区参与行动”列为折子工程，要求全区各街道、社区熟练掌握公众参与方法，并将其实际应用到日常的管理中。

通过案例大家都有很多收获感受：双方学会了沟通，政府了解了居民需求，居民知道了政府的工作难点，两方达成了谅解、互助，避免了“政府买单百姓不买账”的问题，创造了和谐的氛围。由此，无论是居民还是租户对改善居住环境的热情、对旧城保护的认识也都有了明显的提升。

我们要认识到规划的公众参与是长久政策，因此，一定要有坚定的信念和正确的态度，尽快完善规划公众参与的相关机制，真心实意建立互信与合作，让居民能够积极主动参与到改善旧城面貌的过程中来（图 6-27）。

其实，这样的公众参与方式，也可以运用于化解目前历史文化街区内本地居民与外来人口之间的矛盾，街道居委会通过建立沟通平台，让双方能坐在一起共同商讨解决方案。

图 6–27（a） 东城区交道口街道菊儿社区公众参与社区活动用房改造

图 6–27（b） 鼓楼东大街 68 号院居民环境自治

6.4.4 形成稳定的规划、设计、施工队伍

1. 建立责任规划师和责任建筑师的长效机制

为了营造全社会关心保护、参与保护、监督保护的浓厚氛围，应该加大对北京优秀历史文化、保护理念、保护规划、保护方法等方方面面知识的宣传和普及力度。因此，建立地区责任规划师和建筑师制度对知识的宣传、解答、指导都将大有益处。同时，相对固定的成员对地区长期研究和跟踪，能够对地区及居民的需

求有深入的了解，可随时优化地区的规划设计方案。在工作过程中能够保持与居民的良好关系并提升规划师、建筑师的社会责任感。

该项制度必须包含责任规划师与建筑师的责、权、利。

案例 1：在西城区什刹海四环街道搭建了社区规划公众参与平台。人员构成采用“一师四员”的方式，包括责任规划师、规划联络员、规划宣传员、社区志愿者和居民代表。其中责任规划师由规划院的规划师担任，承担解读规划、提供专业技术和政策支持的重要职责；规划联络员由规划分局人员担任，负责规划部门与街道的联系；规划宣传员由街道办事处或居委会工作人员担任，为规划的落实提供有力的保障；社会志愿者和居民代表的职责是反映民意，参与问题的讨论、计划的制定与方案的实施监督。

案例 2：法国的国家规划师制度是专门为保护历史遗产而设立的，是整个遗产保护体系的核心。国家规划师是从有一定经验的建筑师、规划师中招考，经过两年的专门培训，再通过国家考试后（平均录取率为 1/10）才正式任命，属于国家公务员系列。主要去向是各“建筑与遗产省级服务中心”，一般担任省的建筑规划部门的领导。职责是监督历史建筑的维修工作，在被保护地区审查建设活动，并为建筑设计和城市规划提出恰当的建议。城市所有的建设项目（特别是保护区内），必须先经国家规划师签字，再上报市长批准才可动工。若发生与地方行政长官不能协调一致时，即请上级裁决。

2. 提升规划设计和施工队伍相关知识与技能水平，建立准入与退出机制

旧城传统特征的独特性，对规划、设计人员的历史知识、对保护的认识和理解水平等都有较高的要求，而传统建筑的形制与施工技法对施工队伍的要求也很高。因此要注重对规划设计单位以及施工队伍开展相关知识的定期培训，不断加深他们对北京传统文化、旧城保护理念、保护原则、保护方法的认识。

为了使旧城内的规划设计能够与旧城的特征相协调并确保旧城内空间形态的优美，必须确保规划设计单位与施工单位具有较高的业务水平与较强的责任心，因此要建立准入门槛，同时长期监督、定期评比，对不合格的予以清理。

2011 年 2 月 25 日和 4 月 25 日，历史文化名城保护委员会针对设计和施工单位组织过两次活动，一是由建委承办的“能工巧

匠培训班”，二是标办承办的“保护古都文脉，传承建筑文化”论坛，请规划专家、文物专家、文史专家、古建专家、规划管理者等对规划设计单位与施工单位讲解北京历史文化名城保护的意义和内容、北京传统建筑风貌与艺术特征、传统平房维护与修缮的方法，以及规划管理审批参考的依据有哪些等，并进行了案例比较。受到设计单位与施工单位的欢迎，陈刚副市长和张玉平副秘书长都参加了活动并发表了讲话。

3. 提高规划、设计、施工取费，提升古建工人的社会地位

在 4.6.1 小节提到，因为旧城的项目小、复杂、周期长，所以难以吸引好的规划设计单位，导致水平不佳。且因古建与其他建筑一样按造价取费，约为造价的 4.5%（基价为 9 万元），再乘以古建系数 1.3 ～ 1.6。通常古建造价为 7000 元 /m^2，一座一进的四合院按 350m^2 计算，造价 245 万，设计费在 14 ～ 18 万之间，但是设计绘图却非常繁琐，不像现代化的建筑有些可以拷贝。

现在从事古建施工的工人多是从农村来的，鲜少有受过专业训练的，虽然日薪达到 200 元 / 天，但因为较其他工地更辛苦，且并不因其掌握了技艺而受到尊重，所以难以培养好的技师。

因此，我们不应该将历史街区的规划设计及古建设计施工视同于其他区域和建筑，应该将其视为促进文化保护传承的重要组成部分。同时，对于好的古建技师应该视为非物质文化遗产的传人予以尊重爱护。

6.4.5 设立保护专项资金，建立融资平台

2011 年 3 月 29 日，故宫博物院宣布，由其发起的北京故宫文物保护基金会正式成立，八位企业家为基金会募集基金 1600 万。宗旨是维护和扩大故宫博物院藏品和建筑，为故宫博物馆学术研究和公众服务提供支持，并扩大故宫博物院国际国内影响力。基金会支持的项目包括学术支持、文化交流、文化公益等。同时还宣布成立一个非营利组织——故宫文化促进会，旨在推动故宫与企业界、艺术界等社会组织的联合。八位企业家也是发起人。

故宫博物院常务副院长李季表示，纵观当今世界，一个现代博物馆要屹立世界博物馆之林，除了政府的支持外，还需要社会力量的支持；故宫要发展、壮大，经费来源需多元化，需要来自社会的营养和帮助。

八位企业家分别为泰康人寿董事长陈东升、恒隆集团董事长

陈启宗、万通集团董事局主席冯仑、凤凰卫视董事局主席刘长乐、腾讯董事会主席马化腾、中粮集团董事长宁高宁、雅昌集团董事长兼总裁万捷、万科董事会主席王石。

以上文字摘于新京报2011年3月30日A07版，以此说明，社会上有很多有能力有热情的企业、个人愿意投身到文化保护与发展的事业中来，故宫文物保护基金会就是非常好的范例。但很遗憾的是，目前这还是国内首个成立基金会的国家级博物馆，而且是因其地位特殊，才有能力发起这样的行动。为更好地吸引社会投资，让大家共同参与文化的保护，政府应该积极探索建立良好的机制，搭建保护资金的投融资平台，譬如参照体育彩票的方式发行文化彩票；针对保护区，可以研究将腾退的四合院土地进行抵押融资。总之，应将资金筹措机制纳入法制化轨道，使政府投资最大限度地撬动社会投资。

2014年，国投在规划委挂职锻炼的同志联系了国投下属的海峡基金，拟注入大栅栏地区。该基金曾经扶持过政府的项目，即他们投资政府项目，前提是政府有担保。

但在进入大栅栏区域时，基金进行了评估，运作的方式是从社会集资，但需政府担保，政府不想做这个担保，所以如何运行一直处在探讨中。

我们分析，这就是双方对地区的未来都缺乏信心。从基金方面讲，如果他们有信心，就有可能动用自己固有的资金，而不是纯靠从社会上募集；从政府方面讲，如果对地区有信心，就会去担保。而且，基金进入，侧重点是在引进产业，但在三四年之内是难以见到成效的，期间政府应进行财政的扶持，除了要回报社会资金的利润外，还需补贴街区公共空间环境的正常维护、居民基本困难的解决等。

以往，政府为了改善街区基础设施和环境质量，常常是一次性投入较大的资金量，以达到明显的效果。这样做一般很难覆盖，所以总是试点，且改善之后几年尚可，但随着时间的流逝，街区的环境又慢慢回到了从前。所以应该设置历史文化街区保护的专项基金，依据规划目标，制定长远的实施计划，将原来一次性投放的资金分年度逐渐投放，而每一笔小的财政投入都可以带动大的社会资金投入，滚动发展。

6.5 策略五——针对旧城特征确立规划方法和规范指标

6.5.1 加快保护规划编制和修编

在 3.2.2 小节中我们看到，第一批和第二批历史文化街区保护规划因编制单位对保护认识有差异、参照的规划依据有差异等原因，且距今多年，已经不能很好地指导街区的保护工作，同时尚有个别街区未编制保护规划，街区保护与发展缺乏方向和原则。为此需加快保护规划的编制和修编工作，但在此之前，应先完成保护规划的编制办法，以形成有效的指导。

编制办法应以第一批和第二批保护规划编制办法为基础，总结在实施过程中的经验和问题，同时结合第三批保护规划试点的理念与方法进行制定。

1. 应注重以下几个方面：①

1）不仅仅是物质空间的保护，也要有非物质文化遗产的保护，以及两者有机结合的设想，即特别注重以文化遗产保护的理念和价值取向作为保护规划的指导思想；

2）关注具体实施操作，对保护区的主要问题，如市政基础设施的引入、规划实施计划的制订、地区发展潜力的挖掘等均需有更深入的研究；

3）要能反映出对公众利益和城市管理方式精细化、规范化的关注，提供良好的公共政策建议和公共环境导则。

2. 坚持以下几个原则：②

1）历史真实性原则：保护区内的大量历史遗存及环境是历史信息的物化载体，许多具有较高的历史、科学和艺术价值，一旦被毁坏就难以复原。因此，规划应以保护历史真实性为首要原则。

2）以人为本原则：坚持保护传统历史文化与提高居民生活

---

① 参见《新太仓历史文化街区保护与发展规划》，廖正昕、刘立早，内部资料。

② 参见《新太仓历史文化街区保护与发展规划》，廖正昕、刘立早，内部资料。

质量相结合，妥善处理风貌保护与居民生活条件改善的关系。

3）合理利用原则：对历史文化遗产的利用不能急功近利，过分追求眼前的经济效益，应在保护的前提下，对历史建筑与街区进行合理的开发利用，寻求与区域发展的契合点，发掘其文化内涵与潜在价值。

4）公众参与原则：充分考虑居民的实际需求，通过政策引导、住房分配制度改革、民居及胡同整治、历史文化遗产利用等措施，调动居民参与规划的积极性，让历史街区保护真正成为每一个居民的自觉行为；积极发挥非政府组织志愿者的作用，使保护规划的编制置于公众视野和决策中。

5）可持续性原则：遵循历史文化街区的发展规律，将远景目标与近期条件结合，循序渐进式发展。促进立法，确保保护规划的法律效力和政策的稳定性和连续性，使历史文化遗产的传承与发展持之以恒。

6.5.2 加强规划衔接，确保实施

经过不断的宣传，目前历史文化名城保护的理念、保护规划的原则等已经得到各界的理解和认可。但是对于基层的执行单位而言，保护规划在自己的地域里以什么样的形态和方法具体落实是个很困惑的问题。正如笔者在 4.5.1 小节提到的，因现有的规划编制层级不灵活导致保护规划与基层实施需求结合不紧密，使得很多基层的实际工作进展不顺利，也使得保护规划的理念没有得到很好地贯彻落实。

因此有必要在规划编制和审批管理上结合旧城的特点予以创新。为此，近几年我们一直与区政府、街道社区及开发公司，以及规划审批管理部门就此进行交流，希望能找出解决方案。

2013 年，金融街公司受西城区政府委托承担白塔寺历史文化街区的更新改造工作。2014 年，希望我们能协助开展街区保护规划的实施规划。为此，我们与规划委负责规划编制的详规处、用地审批管理的建管处、市政交通审批管理的市政处以及西城规划分局分别进行了沟通协商，最终确定《白塔寺历史文化街区实施性保护规划》在规划委的这几个部门共同备案，以指导后期出现的各类具体建设项目，如某条胡同的市政管线的改造、某院落的腾退修缮等。

但在本书撰写期间刚协商好工作程序，目前尚未看到结果，但总算迈出了一步。

6.5.3 开展旧城整体性城市设计

目前，对于《北京城市总体规划》及《北京历史文化名城保护规划》中确定的旧城10个传统特征大家都有了共识，具体如何予以保护和展现也有较为明确的方向。但是旧城目前已不仅仅是保护和再现传统特征这么简单，旧城内现有的历史文化街区与其他成片传统平房区总计约占旧城40%[①]，其中6%是零散在旧城各处的平房区，所以整个形态是传统与现代穿插并行的。如何让一个空间形态、环境景观、建筑风格与色彩都杂乱无序的旧城重新建立秩序，既富有古韵又能展现新姿是一个亟待研究解决的难题，特别是已经完全改变了传统面貌的多高层区域，有几个观点原则是十分模糊的，这进一步导致了旧城的混乱和整体性的丧失，必须在城市设计中重点研究并明确导向。

1）建筑高度失控。这是旧城空间形态控制非常关键的问题，但也是控制最差的。这有多方面的原因：其一，投资建设方自始至终的保护意识淡漠，只满足自己相互攀比高度的心理；其二，规划设计师依据西方城市规划设计的理论来处理旧城的空间形态，即机械地以建筑与街道的高宽比来确定建筑的高度和体量，造成多高层沿着二环路和主次干道布局，进而向内部侵蚀；其三，缺乏全市统筹的综合设计制度，如容积率转移、购买等，依然延续了经济就地平衡的操作方式，导致投资建设方为追求利益最大化而没有意愿为保护买单。其实，关于容积率转移（买卖）这个建议已经提了很多年，但从未有相应的法律规章予以支持。

旧城内不允许建设的面积，可以转移到外围，或者出售。避免被控制地区因利益受损而有抵触情绪，且容积率转移出售的获利又可以反哺。目前国外许多城市都采取这样的政策，取得较好的效果。

2）建筑风格与色彩杂乱。尽管灰色调是北京公认的主色调、大屋顶的形式也是北京及一些古城所特有，但这未免过于简单，所以出现过给现代建筑加个屋顶帽檐的热潮，也出现过给建筑外墙刷色从艳丽色调改为灰色调再改回艳丽，以备污染之后成为灰色调的可笑之举。另外，几乎所有的业主和设计师都有标新立异、为自己树碑立传的追求，对旧城的风貌毫无尊重可言。其实，标新立异容易，倒是能够做出既与周边协调，又显出自己的品位、特征的作品才是最难，因此业主的意识与设计师的水平亟待提升。

---

① 参见《首都功能核心区规划框架研究》，内部资料，2010。

3）环境景观无序。环境景观是人与城市最直接的接触界面。要想营造城市独有的氛围，必须在环境景观的整体性上下功夫。目前看来，旧城在环境景观的设计上还缺乏明确的思路，也就谈不上系统性。由于缺乏具体指导，街道、居委会、功能区管委会以及市政管委、城管等，各层级、各地域的管理部门都依据自己的审美来确定管辖范围内的环境景观。如两广路上装饰着五线谱的人行天桥、幸福大街上花花绿绿的街灯，逢年过节，胡同可能还会被刷上天蓝色。

任何一个区域要想保持自己独特的风格，需将特征不断地强化，才能长久保持。对于旧城而言，其风格形成历经了几百年，现在却硬要在一个完整的风格中挤进其他类型，势必会破坏其整体性。因此，旧城城市设计的基本原则应该是走端庄大方的路线，以突出传统风貌特征和氛围。大型建筑的整体形态不应夸张，重点应关注细部设计，并保持材料精良、施工精湛。局部一些小体量的建筑、空间可适当有一些跳跃。

总体而言，应在具备文化包容性的同时，彰显北京独有的城市气质与文化特色，而不是去追求标新立异，因为相对于世界而言，北京旧城原本已经足够标新立异了（图 6-28）！

图 6–28　从景山向南及东南眺望

对于旧城而言，保护第一，因此必须有效控制。因此经城市设计后确定的原则和标准应立法控制，不再有争论。因为高度、风格、色彩、景观等都不是能量化的结论，是仁者见仁、智者见智的问题，如果争论就会变得五花八门。譬如，我们在2006版控规里基于旧城现状将其分成了若干高度控制区，有平房区、9m区、18m区、24m区、30m区、36m区，最高为现有的成片高层区，建筑高度控制在45m以下。如果依据规划执行，旧城的空间形态可以在已经很杂乱的现况中得到控制和改善。但是因为没有立法，控规是动态的维护，导致高度调整的要求不断，理由也是五花八门：因为沿着较宽的城市主干道，从美学观点而言建筑应增高；因为紧邻着一栋高层，所以应该向它看齐；因为在路口，所以应该成为标志，高度一定要高。

案例1：西二环某大厦，建设方要求提升高度，有某著名设计师进行论证：从旧城保护的角度出发，故宫向外建筑可逐渐增高，依据视角分析，至二环处高度80m就看不到了。再从二环的沿街立面进行分析，至路口应该提升高度成为标志。依据这个貌似合理的分析，方案获得审批。

案例2：两年前参加过一个"平改坡"专家评审会。为完成市里关于加快"平改坡"的任务，各区每年需完成若干栋老建筑的改造，并需对施工单位进行招标，施工单位不光要提出材料、预算等，还要拿出建筑形式。为节省资金，施工单位自己的设计部就搭建若干建筑体块来展示效果，屋顶颜色缤纷（以红、兰、绿为主）、形式多样（硬山、歇山、悬山，甚至还有庑殿）。鉴于北京并无城市色彩、第五立面规划，大家只能依照自己的认识和喜好进行评点筛选，很不严肃。

因此，一刀切，不争论，或许是保护效果最佳的方式，但这需要完善的法律环境。

6.5.4 细化优化各类标准及指标

旧城历史街区空间特征，以及建成区本身的制约，都要求旧城内许多专业规范标准和规划设计的指标有其特殊性，而不是与外围中心城甚至新城地区相同。

1. 优化细化公服配套的规范与标准

积极促进各个专业主管部门在编制专项规划时，能对旧城的特殊性加以深入的研究，进而提出相应的标准和规范。因为只有在做专项规划时，才能够从全局出发，使得规范标准的制定能够兼顾保护与实际需求。

其一是能够从全市的角度进行统筹。如北京市教委开展教育资源整合规划，就可以探讨如何将旧城内的学校向外疏解，合理布局，以减少外部进入的学生数量，进而保持旧城内学校小型化。

其二，也可以从技术手段上综合考虑，探索推进数字化社会管理和公共服务模式。譬如医院，前文说过，如果按照标准，旧城的医院早就超标了，可居民依然看病难。那应该按什么标准来设置医疗设施呢？一是强化医疗层级，大力发展占地规模小的社区医院。居民看病可先去社区医院，由社区医院来判定哪些病人需要到三甲医院，避免仅仅一个小感冒都要到大医院就诊的问题。二是建立居民健康信息库，通过网络与居民保持联系，掌握居民的健康状况，提供咨询、网上预约看病等，以减少医院的压力。

当前社区医院面临的问题是：政府投入经费少，导致人才少，水平有待提升；空间小，硬件设施不足、不佳；药品跟不上。如此也让患者产生不信任感。

2007 年东城区开始尝试建立 29 家社区卫生服务站与大医院“双向转诊”的绿色通道。患者先到社区看病，如需转诊大医院，社区医院帮助预约专家号或专家会诊，享受快速住院通道。同时，开展居民健康状况网络化管理，记入“居民健康服务信息卡”，并将社区卫生服务站与医院的诊疗信息管理网络实现对接。如此，居民的健康状况在转诊后可被医院迅速了解，避免了不必要的重复检查、治疗、用药等。

2011 年，北京市将对社区医院的用药目录进行梳理，对于成熟治疗方案的常用药，社区医院即可买到。

其三，在思路、方法上进行创新。譬如旧城内老龄化率高，但养老设施又因空间所限无法满足配置标准。如此就可从如何提升居家养老服务水平上下工夫，而不是苛求设施是否符合居住区规范。

2013 年，西城区常住人口总数达 134 万，其中 60 周岁以上老人数量大 32.3 万人，占常住人口的 23.4%。2013 年建成了 11 个养老服务中心，聘请专业服务人员，为辖区老年人提供膳食配送供应、中介服务、教育培训、专业精神关怀、托老服务、文体娱乐、图书阅览等服务，并针对家庭困难的失能老人，提供助浴、助洁、助行、陪同等多项日间照料。

除此之外，还充分利用社会资源和居民参与的方式：街道办事处促进辖区内的资源共享，如协调部队、机关等大型单位共建、开放资源，如机关食堂设立养老餐桌并推出了送餐服务，开放单位的活动室、排练厅等；与地区的理发店、洗浴中心等服务机构签约，为社区老年人提供理发、洗澡、修车、修脚等多项上门服务，而且收费均比市场便宜；居委会组织住在同楼老人组成互助养老俱乐部，成员腾出自家房屋请进老街坊，一起享受政府或签约单位提供的就餐、就医、生活照料等服务。如此，既缓解了养老资源不足的问题，又增进了邻里感情，建立起了互助、信任、团结的氛围。①

2. 优化细化规划控制指标

鉴于旧城的保护与建设都向精细化发展，在行业规范标准需认真研究调整的同时，规划控制也不能仅停留在常规的简单指标，或一成不变地延续老指标，需从实践中不断结合发展需求进行调整。

以历史文化街区建筑高度控制为例。历史文化街区保护规划提出原貌保护，大部分传统四合院建筑都是按一层控制，高度3.3m。但在实际的建设中似乎不是这么简单，譬如到底是按檐口高度还是按房脊高度控制，地面高度从哪里算起，等等。2010年，我们开展了大量的案例调研，走访设计单位、施工单位，了解具体的设计与建设细节，并邀请古建设计单位共同参与规划指标研究，以确保能够很好地指导设计与建设。依据古建专家的意见，提出传统建筑高度应该是从台基上的柱高起算，有了柱高，按古建的标准做法，檐口和房脊高度就基本可以推算定型了。对一般民房而言，正房的台上柱高为3m，檐口高3.2～3.3m，而商业建筑又有所不同。

由此例并结合4.4节的内容可以看出，为了确保规划指标能够切实指导实际工作，需加强工作的深入研究，并且应与基层实操部门及当地居民共同商议，形成适应实际状况的规划控制指标。

6.5.5 鼓励市政技术与材料创新

胡同狭窄，市政管线铺设困难，难以满足历史文化街区居民现代化生活需求。为此，我院市政所及工程所的同志们一直在开展《北京旧城历史文化保护区市政基础设施规划研究》、《北京市历史文化保护区及旧城区工程管线综合规划设计技术规定研究》等，在市政管线铺设的断面设计上突破了技术规范，适当缩短了

① 参考首都政法综治网“西城因地制宜创新养老服务模式”，2013年10月14日。

管线间距，并在鲜鱼口和大栅栏进行了试点实践。2009 年 12 月，北京市在这些研究实践的基础上，发布了北京市地方标准《历史文化街区工程管线综合规划规范（DB11/T 692-2009）》。规范提出了适合历史文化街区狭窄地段工程管线实施的布置原则、水平及垂直净距、与建（构）筑物的相对关系以及可采取的技术措施等，提出管线综合规划的功能要求和管理要求。规定了历史文化街区内各种工程管线实施过程中应采取的必要的工程措施，通过引进新技术、运用新材料、采用非标准设计等手段，满足特殊条件下的各类工程管线安全运行、检修以及行业管理的要求。该规范也适用于旧城内宽度不大于 10m 道路内新建、改建各种工程管线的综合规划设计。据此规范，原来狭窄的街巷胡同能够铺设更多的管线，这对于旧城市政条件的改善有着极为重要的促进作用。

但这仅仅是个起步,还有更多的内容需要深化研究。其中包括：

1. 加快市政设施小型化的研究和投入使用

除了管线铺设规范的改进，市政设施小型化也是亟待推进的工作。目前我们已经有了一些小型的警用摩托、小型消防车、小型垃圾清扫车等，但这些小型化设施是基于安全、便利的角度出发而改进的，但对于为保持风貌、保持环境景观而小型化的工作还没有得到各部门的重视，所以就出现了我在 4.4.2 小节里提到的市政设施占满胡同、街道，既影响通行又影响景观的现象。虽说曾有过将大型变电箱入地的案例，但有时在狭窄的街区，入地也不是易事，而且电力公司一直强调对保养维修都不利。但笔者认为不应该把这些理由一摆就了事，各市政专业部门及市政管委等相关部门还是要积极寻找办法，联手厂家开展技术创新以减小设施体量的工作，应该不是什么攻关难题（图 6-29）。

图 6–29　南锣鼓巷的变电箱（左）日本的市政设施通常较小，布局也尽量不侵占空间（右）

2. 在旧城大力推广节能减排新技术

因为空间有限，旧城市政条件改善必须依靠新技术的推广应用，我们应将其看作一个机遇，即作为首都的核心地区和成熟的建成区，若能成为节能减排的示范区，将会有很好的借鉴作用和示范效应。

重点可从以下几点展开：

1）注重清洁再生能源技术的应用：如厨卫的太阳能热水系统；

2）注重垃圾、雨水等的回收利用：如垃圾分类试点、透水砖的应用等；

3）加快无线网络的覆盖范围，可适当减少对电信通信线网的需求，在有限的空间扩展虚拟空间。

3. 依据旧城条件确立设施改善标准

虽然我们要不断提升各种技术手段来改善旧城的基础设施条件，但也必须清醒地认识到，这种改善是相对于有限的空间条件而言，是在提高居民生活水平和保护旧城传统风貌之间取得有效的平衡，不能与新区相比，所以我们需结合实际，对旧城市政条件改善的程度有所认定：即有些无法达到的标准不必强求，没有必要的需求就不必满足。譬如胡同的管线不一定强调全部入地；有些功能不能过多地引进，如胡同供气条件不足，餐厅开设就应受到限制，就像一位管理部门的同事所说，旧城特别是历史文化街区的市政供给应该像双鞋，脚要适应鞋。

6.5.6 完善适应旧城的交通系统

“按照保护第一的原则，旧城的交通不能再以拓宽道路的方式来解决。”这个观点目前已基本被大家接受，但基于这个观点的旧城交通综合规划却迟迟未见，所以我们一直像 4.1.5 小节所述的那样，纠结于 1999 版规划和 2006 版规划之间，都采取一事一议的办法，导致保护的原则没有得到很好的贯彻，工作效率低下。因此必须加紧对原有的交通理念和规划设计方法进行认真的总结，形成适合旧城特点的综合交通系统。个人以为以下几个方面需得到重视：

1. 依据保护原则，重构旧城路网体系

城市路网结构是由主、次、支路组成，不同的级别承担不同的功能，所以每个级别就必须保证其最基本的通行能力，由此，每个级别的道路就必须按规范标准保障其最基本的宽度。所以，旧城的路网多年来一直是据此进行规划的。

那么作为旧城，是不是有必要一定按照主、次、支来规划呢？或许我们看看道路规划与实际审批使用之间的关系可以得出结论。以大家都知道的平安大街为例：在规划中它属于主干道，70m 红线，但因躲让文物及专家反对等原因，最终仅按 40m 进行了审批和建设，如今它承担着东西交通干道的作用；南北向的赵登禹路，规划为 50m 的主干道，同样因为北侧的历史文化街区，以及通向二环路的条件不佳，按 35m 审批实施，承担了次干道功能。由此可以看出，对旧城而言，不应机械地坚持主、次、支的等级规划，应该结合实际情况进行。

另外，旧城胡同虽然承担了平房区的交通功能，但以往因其狭窄，并不被纳入城市的规划路网结构里，即在旧城的交通规划中，其通行作用是不显现的。但交管局是将其纳入，并进行交通组织的。因此，有必要重新审视胡同在旧城交通体系里的地位，以新的理念与方式编制旧城路网规划，充分发挥胡同的作用。

因此，尽管我们现在已经有了比较明确的导向和原则，但一个完整稳定的、贯彻了保护理念的旧城路网结构尚未建立，需要抓紧进行。

2. 设计适合旧城的道路断面

前文很多处都提到，长久以来，旧城的路网结构与中心城、新城没有区别，只是到了 2006 版中心城控规时，我们在编制旧城部分时才真正去调整落实，但争论研讨延续至今。所以，至今，我们对旧城的道路断面应该如何设置也还没有充分的讨论。但它对旧城的交通和风貌都有较大影响，应细化设计。

譬如，针对 4.4.2 小节提出的相关问题应有所回答：车行道的宽度是不是要缩减，缩减到几米合适，3m 还是更窄；缩减后，是就此减少道路总宽度，还是将其分给自行车道和人行道；旧城道路狭窄，是不是取消公交停靠港湾；路口交叉处是不是不再放宽增加右转车道；为了避免机动车驶入自行车道，自行车道多宽合适，我们曾分析过，3.5m 即可达到效果；自行车道与机动车道

之间采取哪种方式隔离，物理隔离还是划线示意；人行道的空间如何进行功能划分，市政设施带、绿化带位置等该如何布置。

3. 确定胡同定线方法

鉴于城市的主次支路不再穿行历史文化街区，胡同的交通功能将得到强化，但目前因为缺乏对胡同空间的规划，存在很多问题。如，院落、建筑的台阶、违建房屋以及空调、绿化池等无序侵占胡同空间，导致人车通行不畅、市政管线铺设条件不佳，胡同风貌受到损毁。因此，应结合这些实际情况对胡同开展定线工作，以明确空间的使用。

其一，依据胡同特征应明确两条红线。第一条是有效通行宽度线，第二条是通行宽度线之外的建筑退线（约 1m）。在有效通行宽度线之间，任何建筑物（含台阶、屋檐等）、构筑物（含空调室外机等）、市政设施（变电箱等）、绿化（树池）均不可进入。在有效通行宽度线与建筑退线之间的空间，可以安排台阶、市政设施、绿化等（图 6-30）。

图 6–30　北京胡同
（如果没有明确的两条线，胡同空间就会被随意侵占。）

其二，依据街区特性划定红线走向。常规的道路红线是两条平行线，但在历史文化街区内，因为大量文物、有价值历史建筑及院落等的存在，胡同红线需因地制宜划定，以避让这些资源，不必拘泥于平行线。

4. 确定旧城停车指标

依据6.3.3小节中的旧城交通策略：以公交、自行车、步行为导向，私家车进入旧城不予鼓励，且停车位有限供给居民，鼓励购买小型车辆等，由此就需认真研究旧城内停车位的配建问题。即配建指标是依据常规指标，还是仅保障居民基本停车需求、停车场位置、车位的大小等。

案例1：近日钟鼓楼东南角拟修建时间博物馆。因该地块若干年前已经拆平，故此次完全新建。尽管方案在地面依然为平房，仅2924m^2，但在地下却3层，12046m^2。地下有停车位103个。同时因用地局促，地下车库出入口紧邻路口，给周边交通带来压力。

案例2：地铁8号线鼓楼站织补方案。地铁8号线鼓楼站扩拆了0.036km^2，重新规划的方案虽然是以四合院为主，但地下两层，停车位180个。

5. 完善慢行交通（步行与自行车）的出行环境

旧城作为交通空间有限的地区，以及人文北京、绿色北京的窗口，更应该在此做出积极努力并起到示范作用。经我们的调研，认为应首先解决以下几个方面：

1）人行道：确保人行步道的宽度和连续性，保障路面平整及盲道顺畅不缺失；避免在步道上随意安放电线杆等市政设施，以及书报亭、地铁站房及广告牌；填平裸露的树坑，削减凸出的绿地和台阶；设置良好的夜间照明；治理在步道上乱停放的汽车和自行车，清理占道的无照商贩（图6-31）。

2）自行车道：确保合理的宽度（3.5m为宜），即保障自行车通行又避免机动车进入；加强自行车与机动车之间的物理隔离，保障安全；增加自行车停放设施（图6-32）。

在首先确保了安全之后，进而向便捷、舒适、美观发展，给旧城的街道增添人文气息。

图 6-31　建立舒适安全的人行道（左为佳）

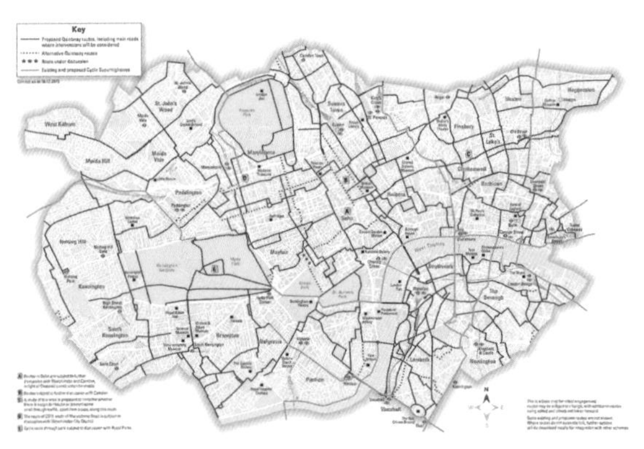

图 6-32　伦敦自行车线路图（左）
瑞典舒适的骑行环境（右）

6.6　策略六——加强精细化管理提升公共空间环境品质

这个策略，似乎与前几个不在一个层面上，显得有些微不足道，但这是笔者强烈推崇的。

先来说说为什么笔者特别看重公共空间环境品质。一个城市的公共空间就如同城市的客厅，其规模、形态、质量，与人的互动关系，能够显示出这个城市的文化素养、审美趣味、生活品位，是城市魅力和精神追求最直接的体现。所以笔者认为最能体现“国家首都、国际城市、文化名城、宜居城市”风范的核心旧城，公共空间的环境品质有着更为重要的地位和作用。

但鉴于我国自古就缺乏公共活动空间，所以我们对如何营造一个温馨舒适的公共空间环境意识不强、经验不足。目前我国城市公共空间规划建设与使用管理上的问题很多，譬如，夏不遮阴、冬不挡风的大广场随处可见，主要是沿袭了国人好大喜功的态度，侧重形象展示，或是政绩展示；而对散落在城市的小空间视之如废弃地，黄土露天、垃圾散乱；连最基本的人行步道也是障碍重重。终其原因还是没有真正理解公共空间的意义和作用，且凸显我们在城市建设与管理上人文关怀不足。

这种现象在旧城里也非常明显，无论是大街还是胡同，赏心悦目的公共空间不多。打个比喻，如果把旧城看作一个精美的、盛满珍宝的盒子，我希望它能摆在一个干净整洁的地方，打开盖子，能看见里面的每件珍宝都流光溢彩地躺在漂亮温馨的小格子里。相信每个观赏它的人都会感到舒心，也会欣赏尊重它们的主人，而现在旧城的空间环境担不起展示珍宝的责任。

再看笔者为什么把“改进环境品质全面提升的管理机制”放在这一节。因为这些看上去不起眼、说起来不惊人的小问题，实际是牵扯着众多部门的大难题，如果缺乏精细化思维、认真对待的态度和协同作战精神，小问题是无法解决的。而小问题会产生大影响。

6.6.1 推进小型公共活动空间和绿地建设

1. 旧城公共场所规划建设的两个主要问题

其一，与建筑潮流一样，以追求宏大为第一，缺乏对舒适度需求的考虑。如西单广场，占地约 0.025km^2，空空荡荡，连棵树都没有，冬天狂风呼啸，夏天烈日炎炎，虽然近几年一直在整改，但因为底子不好，整改效果不佳。类似的地方很多，虽没有这么夸张，但也是大而无当，枯燥乏味，如地质博物馆前广场，湖广会馆前广场等，都属于无法驻人型。

其二，对小区周边、居民几分钟可以到达的小型活动空间疏于关注，数量少且缺乏精心的设计和建设。2014 年 7 月在新街口街道调研，安平社区居委会的同志诉苦说，街区内连公示栏都没地方安。市里要求安装的群众体育设施只有放在了赵登禹路 391 号部队院子里，但外面的居民不让进，只能是院内少数居民用了。

2. 针对旧城，我们应注重以下几点

1）不再建设大型的广场。在 2006 版中心城控规中，我们对旧城的广场尺度进行了研究，提出结合新的建筑，广场不应大于 $0.015km^2$。若是低层建筑周边，更要注重尺度的协调。

2）有意识地创建一些小型广场绿地，重点为居民就近活动设置。在 2006 版中心城控规里，我们依据 500m 的服务半径，结合现状，规划增加了一些小型的公共绿地和广场。有条件的可以开辟一些，更多的可充分挖掘一些小型的边角地。只要精心设计，就能整理出舒适的活动空间，哪怕就是给居民提供一个下棋、晒太阳的场所。且应选择北京本土绿植，一是保持风味儿，再有就是成活率高，减少维护成本。

还好，就在我修改这一段时，看见新闻里说①，北京市园林局 2014 年要用拆违的地方建 66 个微型公园，总计 $0.22km^2$，相当于一个中山公园那么大。最小的一处仅 $10m^2$，位于东城区烧酒胡同南口；还有东门仓 3 号绿地，$50m^2$；石景山名仕茶馆外绿地，$60m^2$……大部分绿地集中在 $500m^2$ 到 $1200m^2$。绿化方式以种树为主。建好的公园市民还可以认养。

3）注重绿化覆盖率。老北京的胡同不宽，树少，但各家院内通常有大树，故走在胡同时，依然能感受到绿意盎然，尤其是站在高处向下望，房屋掩映在树丛中，很美。因此，鉴于旧城的绿化用地不足，应注重单株乔木的种植，保证绿化覆盖率，树下即可形成一个小的公共活动空间。因此对于小型广场，应保证 50% 左右的绿化覆盖率，而对于那些有条件的边角地空间则能保证能有一棵树。

4）加强公共空间环境技术规范的制定与修订。针对旧城的特点编制“北京旧城公共空间设计指南或导则”等，供园林、市政管委、街道社区等相关部门参照，并指导规划设计部门，以形成有特色、效果好的绿色环境（图 6-33）。

---

① 摘自人民网 / 北京频道 / 社会人生“北京城区拟建 66 个微型公园：总面积 330 亩最小 $10m^2$”。

图 6–33（a） 缺乏日常生活的小空间（左上）应充分利用边角地（右上）不符合旧城尺度的西单广场（下）

图 6–33（b） 王府井天主教堂前小广场（左）北新桥路口西北角（右）

6.6.2 完善重要文物及公共建筑周边环境

重要文物及公共建筑是城市的节点，是市民、游客经常聚集、愿意停留的场所，也是人们了解、感受这座城市的最佳地点，但目前这些设施周边的空间环境普遍不佳。如钟鼓楼广场，作为传统中轴线的北端点，本是最能体现传统文化氛围的场所，但其周边的广场、胡同多被当成了机动车和三轮车的停车场，十分混乱，游客、居民的活动都穿插在机动车周围，垃圾也随处可见。再如 6.2.2 小节里提到过的国家美术馆，它把自己的绿地广场圈了起来，围墙外面乱糟糟，无处停留，哪里有国家文化设施的形象！

因此对这样的空间应去除机动车的干扰，增加座椅等设施，将其还给居民和游人。同时，对这些建筑周边的业态进行引导，增强其与公众交流的功能，譬如设置一些咖啡厅、茶馆等，并与外部空间环境有机结合，这样可以让游客更多地停留并欣赏城市景观和感受城市活力。如此，这些重要的文物和公共建筑就可成为展示城市形象的最佳地点和引发城市经济繁荣的火种（图 6-34）。

图 6–34（a） 伦敦圣保罗教堂（左上、左下）及伦敦塔（右下）周边环境宜人 鼓楼周边环境不佳（右上）

图 6–34（b） 中国美术馆（左上、右上）东宫影剧院（下）
（中国家美术馆，把自己搞得像个衙门似的，员工态度还很恶劣。）
（经常上演些前卫剧目的影剧院，周边环境实在难让人满意，管理也难以恭维。文化设施应该将自己融入城市，给市民提供公共空间。）

6.6.3 完善美化人行步道形成宜人的网络

按理说，人行道的事儿应该在交通里面说，但笔者想在这里强调。因为针对旧城而言，它的作用已经不仅是满足行人安全、舒适、便利这几个基本需求了，应该向更高层次迈进，即它们应更加舒适、更加美观，且蕴含古都的特性。如此，它们就将旧城内的古迹、公共设施、绿地广场等这些美丽的珍宝串接起来，非常完美地展现给世人。

旧城街巷（含胡同）的人行步道建设凸显几个问题：

1）市政设施占道严重。随着煤改电、市政增容，各种设施无处安放，尤其以变电箱为主，这个问题在胡同里尤为显著。需加强市政部门、规划设计部门、施工安装部门的精细化意识，加快市政设施小型化的推进，加大资金投入促进市政设施入地、进房。

2）地面破损严重。很多地方年久失修，应制订计划优先拨款进行维修。

3）胡同断面不规范。因为是机动车、非机动车、行人混行，所以胡同应结合实际宽度双侧或单侧画彩线，标示出行人优先的空间，对机动车予以警示。如确定不得停车的胡同可用阻车桩隔离车道与步道（图 6-35）。

图 6–35 不宽的街道可给行人划定空间，起到警示作用（左）史家胡同停车管理规范（右）

4）街道家具设计水平欠佳。实用性差，花样繁多，不够美观。应对环境景观设计公司的资质提出要求，方案需经专家会审议。

6.6.4 维护街区的公共秩序保持干净整洁

一个城市可以因为经济落后而显得破旧，但如能保持干净整洁，也会得到大家的尊重和喜爱。遗憾的是，目前我们已经和经济落后告别了，但环境整洁上却长进不足，即便是首都的核心旧城也没能做到这一点。垃圾随处可见，车辆随意停放，各种噪音震天响。或许有人认为这都是小节，无伤大雅，其实不然。这些现象表明这个城市的市民素养很差、缺乏公德，实在有负历史文化名城之名，更不要提迈向世界城市了。

对于这些现象我们喜欢在各种节日和重大活动前突击进行环境治理，以完成献礼，但活动过后没多久就恢复了原样。因此，如何常态保持城市的清洁和有序是我们最应研究的，而不是间歇性的闪光发亮。

行走在旧城，发现以下几种行为对市容影响最大，应加强管理：

1）机动车侵占非机动车道和人行道。因为旧城空间有限，机动车占据步行道现象很严重。这里面有非法占道，也有“合法”

占道，因为很多非机动车道和人行道上是被各个部门画上停车位的，或者一些单位、餐厅与管理者、执法者达成了某种协议，被允许停车在门前。虽然这与司机素质低、管理不严、执法不力有关，但旧城空间有限也是事实。故需随着旧城交通政策的明确及措施的出台，逐渐减少机动车数量、体量，有序安放；当然还有加大处罚力度，目前的处罚较轻，不能引发足够的重视。同时，要避免某些单位因为利益驱动而随意施划停车位现象。

执法依据《中华人民共和国道路交通安全法》第九十三条：在人行道上擅自行驶和停放机动车辆，机动车驾驶人不在现场或者虽在现场但拒绝立即驶离，妨碍其他车辆、行人通行的，处二十元以上二百元以下罚款。

2）住户、店家的台阶、货品等占道。走在旧城的街巷内，随时需要躲避、绕行伸到街面的台阶以及各种货物。鉴于旧城房屋空间狭小，街道、户内（院内）有高差，有时台阶是必需的，但可以合理设计。对于货品占道，可以划定最小有效通行宽度，对店家进行严格监督管理，违者处罚，如此既解决实际困难，又保障步道顺畅通行（图 6-36）。

图 6–36　不规范的停车、店家货物占道都影响街道环境

3）施工工地脏乱差。记得陈刚先生在上课时说：我们的古建这么漂亮，它的建造过程都应该是个教育展示的过程，尤其当工人进行彩绘的时候，多美啊！ 可走在旧城的胡同里，工地随处可见，不要说展示了，永远都是爆土扬长。很多渣土直接堆在胡同里，长时间不清理也无人管理，且渣土车也一路遗撒。一处工地就会让整个街区环境都跟着变差。因此对工地的卫生治理是当务之急（图 6-37）。

案例 1：在香港，工地上对运送渣土和物料的车辆要求很严。车辆出工地必须在门口的洗车机上清洗之后才可出行，而洗车机同时设有废水回收装置，洗车后的水经过沉淀和过滤后可重复使用。另外，还有工人定时推着自制的洒水车在工地内洒水，以防止扬尘的产生。工地内也设有明显的提示牌，上面写着：“施工

图 6–37　日本小巷里的施工现场，小型垃圾不沾地（上）北京东城某胡同施工现场（下）

车辆请自觉冲洗。”①

案例 2：在京都的小巷里，看见工人装修房屋，先把一大块塑料布铺在了地上以承接他们敲打下来的建筑垃圾。干完活后，将上面的垃圾清扫干净装车带走，地面没有留下痕迹。而施工垃圾随处乱堆的现象在我们这里则随处可见，不需要特别指定地点。

另外施工围挡也应提升品质，加大艺术性。相对而言，大工地的围挡较为规范，也会有一些艺术表现。而到了旧城尤其是平房区，因工地小，通常就用一些单色的铁皮歪歪斜斜地简单一围，这与管理不严有关，与我们的引导也有关。我们看看北京和南京关于施工围挡要求得比较，似乎有些差距。

《北京市建委关于开展占道作业施工现场围挡专项整治工作的通知（2006）》指出：“在长安街及其延长线上占道作业施工现场围挡一律采用下部基座型，上部图案式围挡，围挡图案及式样

① 引自网易新闻，文章“工地门口设洗车机，货车进出洗个澡”，2011-5-27，来源于青岛晚报。

需要占道行政许可部门的确认。”“其他道路上的占道作业施工现场围挡原则上采用单颜色围挡。颜色以绿色、蓝色为主。”

《关于切实加强南京市工程施工现场围挡管理的意见》指出：“设置施工现场围挡，使之在造型景观上提档升级，与周围环境相协调，体现艺术性和观赏性，成为城市亮丽的风景线，向四面八方的来宾展示南京建设的新面貌。”

同时，应该以公众参与的形式，动员居民开展周边环境清理活动。注重保持胡同、院内的空间不被侵占（图 6-38）。

图 6–38（a） 胡同、大杂院内的废弃物
（绝大多数的胡同、大杂院内，都能见到这些永远不会再用的废弃物。）

图 6–38（b） 设计后的院子
（小米参与设计收拾的院子，材料很普通，但只要干净就很好，小小的空间也很舒服。）

4）严格制止违章构筑物。违章包括很多，不仅是房屋，也包括那些随意突出至路面的台阶、在建筑上随意安置的广告等，这里重点针对建筑上的广告。

目前很多历史文化街区，如什刹海，由于引入了产业，广告设置极为无序。每家店面都用巨大无比的广告牌将漂亮的传统建筑完全遮蔽，或者一家店面有好几个风格各异的广告牌，夜间更是五彩缤纷，使街景显得过于艳俗。因此有必要严格规范、缩小尺寸，固定位置，让建筑现其本来面目，让城市变得清爽。对于晚间的霓虹灯也需重视设计，降低彩度、亮度，更显文化色彩（图 6-39）。

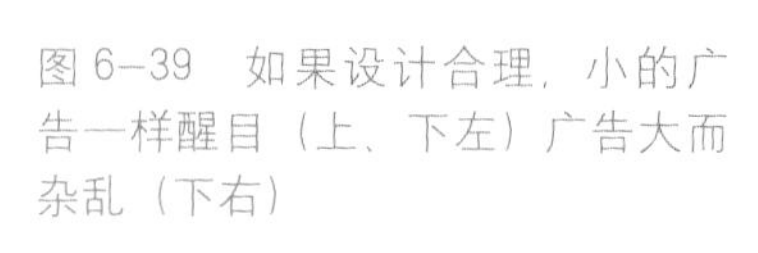
图 6–39　如果设计合理，小的广告一样醒目（上、下左）广告大而杂乱（下右）

韩国的首尔为了实现“没有行政宣传广告牌的清洁的首尔”的目标，近年来共提出 7 个具体方案。首先，广告公司由原来的申报制，改为注册制，进行严格的资格审批。其次，严格审查户外广告的内容，对于影响城市美观、侵害公众利益和人们身心健康的户外广告进行清理和惩罚。对于违反户外广告法的公司，根据情节轻重，罚款 300 万韩元（约 2.4 万人民币）至 1000 万韩元，严重的要判处一年以下徒刑，并吊销营业执照。[①]

① 引自中证网，文章“户外广告管理或可向国外取经”，2008-8-16。

5）各种噪音泛滥。如今走在前门大街或一些胡同里，就可以听见小喇叭的喊声："降价甩卖啦！一块两块啦！"。晚间在什刹海，沿岸酒吧的音响在湖面都能清晰听见，街巷小建材店发出刺耳的卸货声和切割金属声。

其实，噪音治理是有相应法规的。《北京市环境噪声污染防治办法》第五章第二十八条"禁止商业经营活动在室外使用音响器材或者采用其他发出噪声的办法招揽顾客，干扰周围生活环境。"第三十四条"使用家用电器、乐器或者进行其他室内娱乐活动的，应当控制音量或者采取其他有效措施，避免干扰周围生活环境"

对噪音也是有治理行动的。譬如什刹海地区，西城公安分局会同什刹海商会等多部门对经营场所逐个告知并宣传教育，签订责任书，商会同时还倡议广大商户："人人爱护三海环境；家家门外禁摆音响，店店迎宾不再拉客，各个商户绝无伪劣，户户价格童叟无欺。"①

但为何屡禁不止呢？一是缺乏常态查处，二是处罚不严。根据《中华人民共和国治安管理处罚法》第58条规定"违反关于社会生活噪音污染防治的法律规定，制造噪声干扰他人正常生活的，处警告；警告后不改正的，处二百元以上五百元以下罚款。"这对于店家来讲，只要不是天天查，偶尔被罚一下，这点钱花得值。所以应修改法规，并勤查严查。

6.6.5 树立精细化意识建立常态管理制度

其实，对于文中所说的几个影响城市环境的行为，2006年修正的《北京市市容和环境卫生管理条例》里都有涉及，对各种违章现象都有很详细地描述，也有相应的罚则。除了对个人的不良行为，如随地吐痰等处罚较轻外，对机构、企业、商家等的各种违章行为处罚基本是500元～5000元。按说，如果按高限罚，常态监管，应该能起到较好效果（图6-40）。

另外，这些年我们一直在开展城市环境整治规划、街道空间合理利用研究等工作，但总体看来实施推进难，效果不佳。只有在2008年北京奥运会、国庆等某些特殊时刻打"歼灭战"时才能突显成效。究其原因就是这些看着小的问题，牵扯的部门太多，难以协调。而歼灭战的效果好，则是因为那时会成立总指挥部，

① 参见首都之窗网政务信息，文章"噪音扰民，什刹海多家酒吧被查"，2009-6-26。

图 6–40　北京街区环境秩序
（环境秩序不应只靠运动，要靠平时的管理；另外，大标语反而影响景观。）

统筹调度。包括聘请高水平的规划设计单位、施工单位统一规划设计、施工、验收，同时联合执法进行拆违等，力度很大。

为此，应注重以下工作：

1）明确部门责任。公共空间环境管理涉及的分管部门太多，导致在监管责任判定上浪费时间，有推诿现象。

2）加强处罚力度，就高不就低。现在执法以上各种违章行为多是口头警告或者底限罚款，震慑力差。

以噪音为例：工业噪声、企业噪音、工地噪音归环保部门管，所以胡同里小建材店锯铝条的声音算工业噪音；但商店里的高音喇叭叫卖声就算是社会服务业的噪音，归公安部门管，当然管也是以口头警告为主，罚款为辅。

以餐馆油烟、灯光广告为例：环保部门管室内，城管部门管室外。要是餐馆厨房排油烟不符合标准，环保部门会查有没有安装油烟净化装置，有没有开启使用；要是餐馆在门外烧烤，那就是城管的责任了。小餐馆将废油排入下水道，是环保部门还是环卫部门管，似乎有点儿扯不清责任了，所以没人管。灯光污染该谁管，是工商还是环保，也说不清，所以也没人管。

3）增强监管部门人力配备。譬如白塔寺地区，里面人口众多，结构复杂，小商小贩遍布全区，每天都是各类状况百出，10个城管人员要针对3.7km^{2}的区域，实在难以顾全。

4）完善常态的检查管理制度。我们比较善于运动式的工作方式。每次歼灭战都成绩斐然，但之后即各干各的，缺少沟通、合作，未形成很好的常态机制，总是产生空白地带。所以应该统筹将问题进行梳理归纳，结合长期的经验，明确责任分工，加强联合检查执法，如此既可提升效率，又可带来好的效果。

5）树立各个部门对精细化的认识。我们一直处于快速发展阶段，各项工作都处于较为粗放的状态。所以在社会转型的阶段，还需对精细化发展有个认识学习的过程。目前，在很多部门，仅停留在知道精细化概念的阶段，也有意愿，但怎眼算精细化，该怎么做，并不是非常清晰。

“细节决定成败”，如果我们确实能把城市的精细化设计与管理当作一项重要的任务来抓的话，笔者认为旧城的宜居水平和独特的文化魅力一定能得到极大提升的。

勅建岫雲禪寺
潭柘寺

第7章

结语——提升全市域保护工作力度

第 7 章 结语——提升全市域保护工作力度

文化名城是首都的职能定位之一，而旧城作为北京历史文化名城的重要组成部分，其保护与发展是北京实现职能定位的重要手段。故一直以来，名城保护的重点和焦点都在旧城，对市域范围内历史文化遗产的保护尚显重视不足——研究缺深度、保护缺力度，格局缺构建。

但北京作为都城，市域乃至周边津冀众多的历史文化遗产皆因其性质、地位而衍生发展，形成有机的整体，所以她作为历史文化名城的内涵不是旧城所能涵盖的，因此我们一方面要坚持旧城保护的核心地位，另一方面要将名城保护与发展的理念向更广、更深延展。

2012 年，我们编制了《北京“十二五”时期历史文化名城保护建设规划》，与以往的五年期规划不同，这次在名城委的领导下，在认识上有提升，从力度上有突破。提出了“内涵、外延、重点、全面”的理念。

内涵——深入挖掘历史文化遗产的文化内涵和文化价值；

外延——将整体保护的理念拓展至整个北京市域，促进保护体系的完整；

重点——每个区县都应对确定区内的重点保护对象与重点开展的工作；

全面——鼓励带动全民参与保护。

可以说这次的“十二五”规划并不仅以五年期规划为着眼点，而是将名城保护的理念、工作方法等都引向一个新的高度。

鉴于内涵、全面在其他章节有所表述，本章只就保护重点在市域拓展这一点加以简要论述。

7.1 拓展名城保护的内容

2010 年吴良镛先生依据北京大的山水格局和文化遗产聚集度，提出了一个北京市文化精华区的格局构想：以旧城为核心，拓展南北及东西轴线，强化西北的山水景观、西南的文化长廊，以及水域和风景名胜区的保护完善。如能形成，将让北京从旧城整体保护迈向整个名城的整体保护。针对这个构想，笔者认为其中的四个大项需加快研究、加强保护，以促进格局框架的形成（图 7-1）。

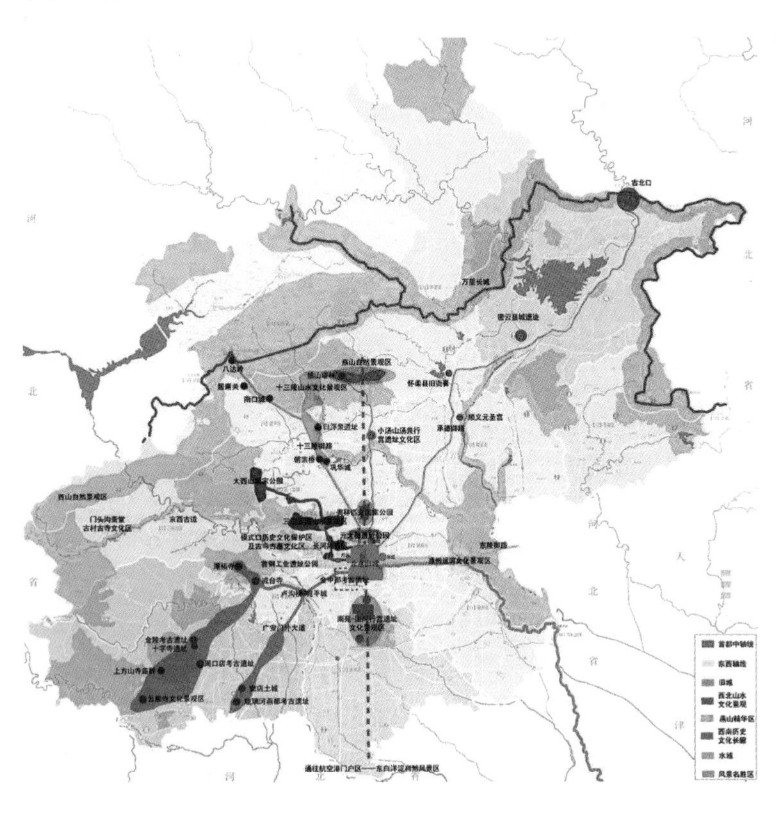

图 7–1　吴良镛先生关于北京市文化精华区格局设想

7.1.1　加强大遗址的保护与研究

北京历史悠久，故遗址众多，类型也很丰富。包括人类活动遗址、墓葬遗址、城墙遗址、水工遗址、园林遗址等等，但此处笔者想强调三处对北京具有非常意义的遗址保护：

第一，是周口店古人类活动遗址。这是目前发现的北京地区人类起源的地方，也是中国唯一列入世界遗产的古人类遗址。

第二，是房山琉璃河西周燕都遗址。这是北京能证明自己有 3000 多年建城史的地方，国家级文物保护单位。

第三，是房山金陵遗址及丰台金中都遗址。这是北京具有 850 多年建都史的见证，国家级文物保护单位。

目前，对北京历史最为重要的这三处遗址保护状况都不理想，受到自然的风化侵蚀和人为的损毁。《周口店北京人遗址保护总体规划》2006 年经国家文物局批准，而保护规划的编制是因为遗址已经出现了险情；《琉璃河遗址保护规划》，2011 年开始编制，但一直与地方政府进行沟通，以说服其同意建控区的划定，故编制多年难以上报；《金陵保护规划》正在编制，也面临诸多困难，如遗址被毁难寻，保护范围划多大都成难题，且当地政府为吸引游客，已在陵区进行旅游设施建设。

另外，这三处遗址的考古勘探和相关的研究都很缺乏。周口店遗址 1927 年第一次发掘，琉璃河遗址 1972 年第一次正式发掘，金陵 2001 年做过初步勘探。但是，我们的考古勘探，在考古的严肃性、资料整理、归档上做得都不规范。以至于在做保护规划时，考古资料缺失严重，只能寻找当年参与的人再行座谈。而年代久远，当事人或记不清或已经过世，给保护规划带来很大的困难，而且由于遗址的观赏性不强，地方政府并不重视，更怕制约了周边的建设。

具有如此重要地位的遗址尚且如此，更多散落在田野山间的遗址保护状况更是岌岌可危。其实，它们和那些保存完整的遗产相比并不逊色，都蕴含着丰富的历史信息，且更有一种历史沧桑感，激发人们的思古幽情。他们是文化遗产的重要组成部分，应强化认识，加以重视（图 7-2）。

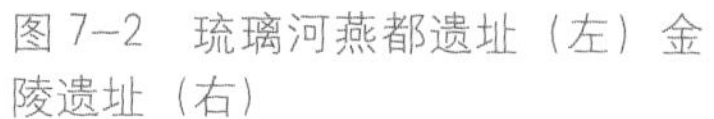

图 7–2 琉璃河燕都遗址（左）金陵遗址（右）

7.1.2 加强皇家园林体系的保护

中国园林大体分为南方的私家园林和北方的皇家园林，即以北京的皇家园林为代表。皇家园林与南方园林的小桥流水、自然式布局不同，多采用规整布局，且与自然山水相结合，尽显磅礴大气和帝王之相。而且，作为皇家园林，其作用也远不是风花雪月的所在，政治风云也在此显现，所以对皇家风景园林的研究和保护亦将是北京历史文化名城保护工作的重要组成部分，以西郊的“三山五园”皇家园林为例。

北京西山因其自然景观，自古就是文人墨客与帝王将相的消夏胜地，如香山，晋时已有人炼丹在此。如今我们所说的“三山五园”的覆盖范围大约为68km^2，与旧城面积相当，是几代王朝几百年的经营结果。除了皇家园林的特色，这里的政治功能和地位堪比旧城，尤其在清朝，帝王们将近一半时间是在此御园理政，如慈禧退守颐和园颐养天年时，政治中心也移到此，光绪与康有为唯一的会面也在此。正因为如此，这里也见证许多历史重要事件，如火烧圆明园、清华学堂设立等（图7-3）。

图7–3　圆明园遗址(左)颐和园(右)

该地区虽然是被划为历史文化街区，但并未划定保护范围，也没有编制保护规划，缺乏深入系统的研究和保护管理体系。且如今整体环境欠佳，如曾经著名的京西稻田彻底消失，违章遍地。虽然现在引起了重视，但更多也是在建设需求驱动下的规划编制，需慎重对待。

三山指万寿山、香山和玉泉山。三座山上分别建有静明园、静宜园、清漪园(颐和园)，此外还有附近的畅春园和圆明园，统称五园。但具体包括哪些园说法不一，有待考证，但可将其视为北京西郊一带皇家行宫苑囿的总称。

7.1.3　加强线性文化遗产的保护

1994年，西班牙政府资助召开了马德里文化线路世界遗产专家会议，会议形成的《专家报告》提出了“文化线路”的概念，即动态的文化景观。指“建立在动态的迁移和交流理念基础上，在时间和空间上都具有连续性。”“是一个整体，其价值大于组成它并使它获得文化意义的各个部分价值的总和。”“是多维度的，有着除其主要方面之外多种发展与附加的功能和价值，如宗教的、商业的、管理的等。”像我国的大运河，如果仅从“静态遗产”的角度看，保住的仅仅是一个人造工程，如果从“动态遗产”的角度看，我们就会发现它的流淌繁荣了沿岸的经济，促进了各地的文化交流与传播。在“文化线路”之后又出现了“系列遗产”的概念，即“属于同一类型历史—文化群体”。

2008年10月国际古迹遗址理事会第16届大会在加拿大魁北克召开，通过了《国际古迹遗址理事会关于文化线路的宪章》，正式确立了文化线路类型遗产的独立地位，或者也可称之为线性文化遗产。参照各种定义解释，笔者是这样定义的：在某个时期内，在一定的线形或带状区域内，人们基于某种特殊需求开展了大量的活动，并以多样的物质与非物质形态予以展现。其具体的物质表现形式包括运河、道路、铁路及其沿线的村落、建筑桥梁等人工构筑物和相关的自然元素，如河流、山脉等，非物质表现形式则包括宗教信仰、庆典活动、日常习俗等。线路的尺度通常较大，跨地域、跨国界。不同地域、种族的人们在此交往、迁徙，产生了思想、知识、商品等的交流互换，所以线性文化遗产是遗产族群的概念，价值多元、层次丰富。线性文化遗产的保护则是将这个遗产族群进行整体的保护，具有非常重要的意义。

基于以上特性，在此简要介绍几条北京地区重要的文化线路，以表明加强其保护的重要性。

1. 京杭大运河（北京段）

2014年6月22日，有媒体用“中国大运河八年申遗，今天梦圆多哈”表达了欣喜之情，而北京的世界文化遗产也由此增至7项[①]。大运河是仍在使用的“活态线性文化遗产”，对这类项目申请世界文化遗产，在中国尚属首次。

大运河（北京段）对北京是极其重要的，曾有“漂来的北京城”这样的说法。在隋唐大运河时期，北京是运河尽端的边防重镇，运河为军队输送后勤保障物资。京杭大运河时期，北京是运河尽端的国家首都，不单是军用及生产生活物资，包括建都的各种材料也顺河源源不断地从南方抵达，如今虽然它的漕运功能减退了，但依然承担着城市的景观、排洪功能。

对于依然是活态遗产的大运河，它与城市建设紧密相连，目前也存在诸多的问题，如沿线的文物破坏严重，生态环境不佳等，

---

① 大运河从南到北全长1794km的大运河，穿越北京、天津、河北、山东、江苏、浙江、安徽等省市，也是世界上最长的人工河道。

因此要特别注重保护它的真实性、完整性，突出其遗产价值。统筹协调沿线区县的保护行动和建设行为，动员相关部门，如水利、环保、园林等共同参与保护，建立协调机制。同时开展运河文化知识的普及工作，设置参观游览线路（图 7-4）。

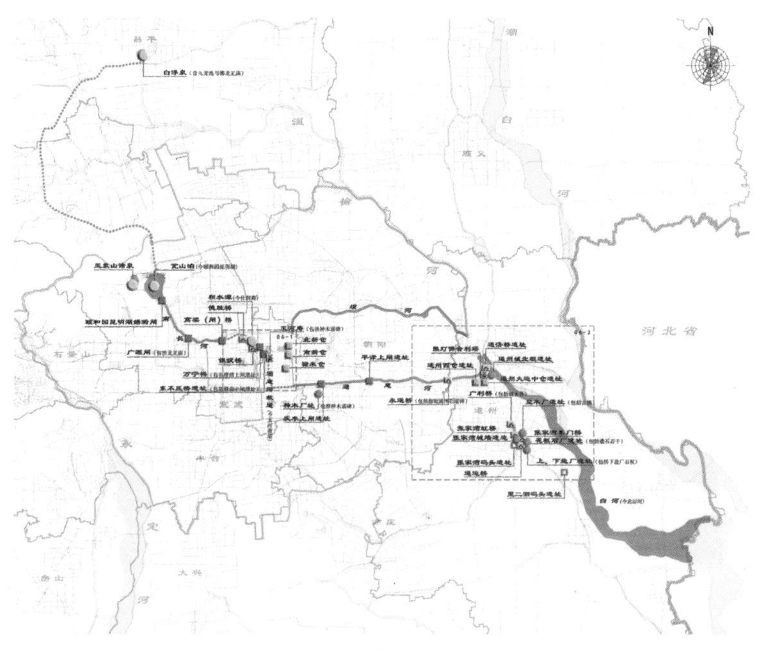

图 7–4（a） 运河遗产分布图

图 7–4（b） 展示分区图

2. 门头沟京西古道与房山文化及自然景观线路

京西古道：西山有煤，故元明以来，京城人家皆以石炭为薪；西山也出产石材，故琉璃的烧制闻名京城。于是，拉煤运货的驼马成群结队，日复一日、年复一年地在山路石道上来来回回，久而久之便形成了京城到西部山区，再远至内蒙古、山西的商旅道路。 般从“煤门”阜成门出城，径直西去，分北、中、南三条古道，在王平口聚合为一，然后继续延伸西去。古道呈网状遍布门头沟区，沿线有庙宇、村落、军营，故也有商旅道、香道、军道。

房山地区文化与自然景观线路：包括周口店北京人遗址、琉璃河燕都遗址、金陵遗址、云居寺等；还有石花洞景区、圣莲山景区、百花山—白草畔景区及世界地质公园的人文生态景观和自然生态景观。

鉴于沿线的人员往来频繁，带动了众多古村落的形成，大量移民沿线安家落户，故西山地区非物质文化遗产也极为丰富，特色全然不同于城内。对于这两条线路，应加紧进行资源调查，挖掘内涵，编制保护规划，整体保护，整体阐释，展示和宣传，同时建立文化旅游线路，实现资源联动以历史文化遗产及自然遗产保护促进地区发展（图 7-5）。

图 7–5　京西古道：军旅古道、商旅古道、进香古道、御路等

3. 长城（北京段）

长城（明）在北京跨越了七个区县，初步统计总长为526.6km。其构成包括城墙（人工、天险）烽火台、城堡、关口、砖瓦窑、采石场等。有观点认为依据定义长城不属于文化线路遗产，因为它不是活态的，但我们在做保护规划时分析了它的“前世今生”，认为长城是经历了上千年由各朝代为防御而修建的工程，与自然天险融为一体，沿线分布了众多的村堡、军堡，战时为防御体系，平时为边贸交易地。可以说，目前长城沿线大部分村庄都是由此转化而来，历史悠久，村民世代生活于此，物质与非物质文化遗产都很丰富独特，因此长城及其沿线的古村落依旧具备活态遗产的特征。在保护长城之时，也应保护传统村落的生活形态和风貌特征。

长城的保护除了受到自然因素的影响外，更多的是人工行为，如开山凿路，拆墙用砖等。还有相当一部分的合法、非法建设位于其保护范围和建控地带，对景观的影响很大。而且随着旅游业的发展及文化地产的涌现，这种破坏或影响长城景观环境的现象越演越烈，需引起重视，加以禁止（图 7-6）。

图 7–6　怀柔黄花城修路带来的破坏（左）怀柔响水湖，设施直接安置在城墙上（右）

线性文化遗产的主题性强，通过深入地挖掘和有效地保护，更加有利于文化内涵和价值体现，并产生更强的社会影响力。同时，线性文化遗产作为活态遗产，其真实性能得到更好地延续，生命力更加持久。

7.1.4　加强新城乡镇特色的保护

北京经历了“分散—聚集—分散”的城市发展过程。其一，是自然要素的影响，初始人们分布在水源充沛的浅山区，随着经济的发展逐渐向平原城市聚集，最终形成了以都城为核心的城镇体系；其二，因政治因素的影响，北京作为都城，其相关需求，都需要有承接的载体，因此各个周边的城镇因着天时地利进行了分工。故在北京城的整个发展过程中，各个外围的城镇乡村与中心旧城有着不可分割的联系，且都有着自己的风貌特征，但是随着快速的城镇化，它们的特色迅速消失，变成千城一面、千村一面（图 7-7）。

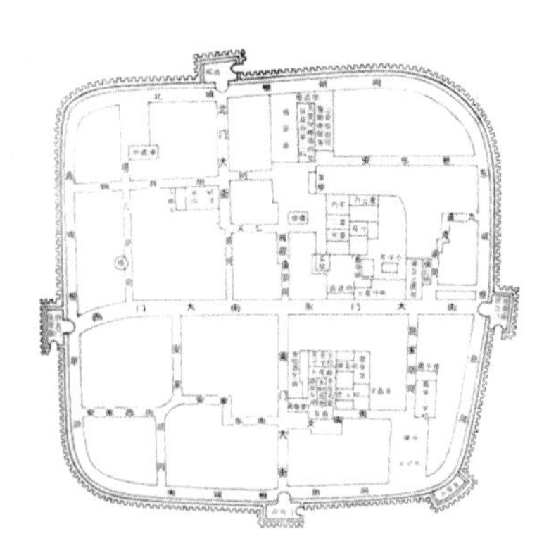

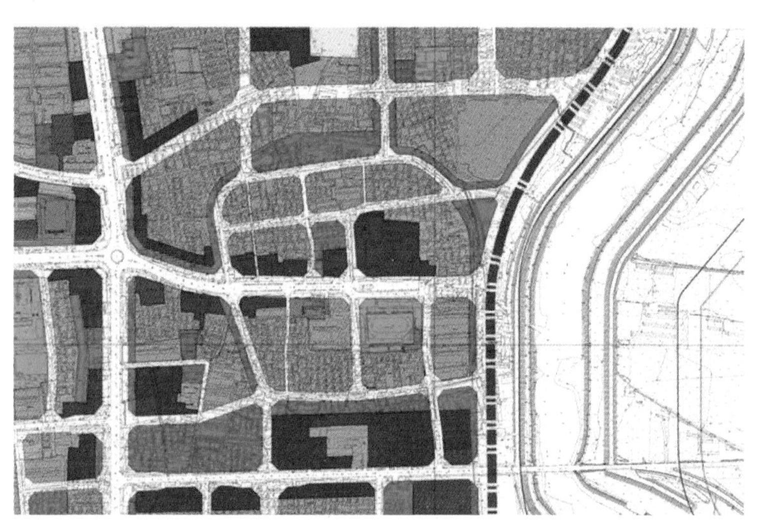

图 7–7（a） 平谷老城
（如今已经是基本无存，其实所有的新城都是如此。）

图 7–7（b） 目前我们在任何一个新城都能见到相似的景象昌平（左）延庆（中）平谷（右）

外围新城与乡镇对都城功能的承接：

1）构有军事防御体系（长城）的区县：北部和西部的密云、延庆、怀柔、平谷、昌平、门头沟，沿线即分布了防御、屯田的要塞、村堡；

2）有交通运输体系（运河）的区县：东部的通州、昌平，使得通州成为运河文化最为集中的新城，除了 13 项物质遗产外，还包括多项非物质遗产，如通州运河船工号子、运河龙灯会、村名由来、乾隆游通州的奇闻逸事等；

3）皇家陵寝、苑囿安置的区县：昌平、门头沟、房山、大兴等；

4）宗教寺院集中分布的区县：门头沟、昌平、房山、怀柔、延庆等，其中房山十字寺遗址是目前中国现存的唯一景教寺院遗址。

由此可以看出，北京的新城及村镇大多具有丰富的文化遗产和鲜明的文化特征，但在快速的城市化进程中，我们的规划建设缺乏对自然因素、历史肌理的考虑，即便是近几年保护的呼声很高，但似乎所有的理念方法都是针对旧城而言，由此很多遗产和文化快速消亡或未经深入挖掘而被遗忘。譬如作为运河重镇的通州，目前老城已基本无存。因此，在今后的规划建设中，保住新城、乡镇仅存的历史风貌特征，努力挖掘历史文化资源的内涵与价值是名城保护工作的重点。

未来规划编制要注重三条原则：

1）尊重自然因素，突出自然之美；

2）保护历史因素，延续历史风貌；

3）了解社会因素，传承民俗风情。

对村镇而言，要引导村民热爱自己生活的自然环境、与其相适应的建筑特色和独特的文化传统，避免盲目崇拜与自身特点并不适应的城市文化，造成千村一面，或过度进行旅游开发，让生活失去真实性。并且，对我们长期坚持的迁村并点式城市化进程应该有所反思（图 7-8）。

图 7–8　西部山区有众多的传统村落爨底下（上左）灵水（上右）琉璃渠（下）

7.2 提升区县的保护意识

要想完善名城的保护体系，提升名城保护的工作力度和水平，各区县的保护工作能否做好是非常关键的。需重点从以下入手：

一要提升保护认识。目前保护的理念已经普及，但认识水平有待进一步提升，“保护第一，合理利用”的原则一定要坚守。当前在区县遇到的主要问题是仅将历史文化资源视为旅游资源，轻保护重利用，过度利用、拆旧建新等现象较多，且有越演越烈的趋势（图 7-9）。

图 7–9 门头沟山村杨家峪外迁全部村民，拆旧建新，经营会所（左上、右上）。还怕人不知是古村落，还在村口立个牌子——“古村落”。

二要加强机制建设。目前，只有东西两城成立了区名城保护委员会，由书记、区长挂帅，统筹各部门开展保护工作。但其他区县尚未设立，保护工作主要依靠区县文委。但文委一向属于弱势部门，其意见经常受到区县经济利益的冲击，或被裹挟着丧失了保护原则。因此，各区县需在认识提升的基础上加强保护机制的建设。

三要加强财力人力的支持。目前，市、区两级的财政投入不足，导致众多的区保缺乏修缮经费，尤其是很多山区的文物及有价值建筑、传统民居等，目前都处于危房状态。同时，区县的保护人才缺乏，即便是区文委，保护专业人才也不多，执法人员不足，导致研究跟不上，文物保护监管不力。而其他部门有一定相关知识的人就更少，对保护的意义、要求都很难理解，也就谈不上支持了。

四要制定总体保护规划。为了更好保护区县的历史文化资源，挖掘文化内涵与价值，完善名城保护体系，各区县都应该编制总体保护规划，将本区县的历史文化资源进行系统的梳理，进行内涵挖掘和价值认定，结合特点确定保护的原则，形成保护框架，再制定行动计划，从重点开始逐步落实。

2013 年，受名城委委托，我们编制了《北京西部历史文化资源梳理》，将西部（海淀、门头沟、房山、丰台）纷杂丰富的历史文化资源进行了梳理分类，并据此开展了文化内涵的挖掘和价值的判定，总结出 10 条文化脉络，并划定了保护的重点区域。各相关区县即可据此开展深入细化的研究工作并制定行动计划。（图 7–10）。

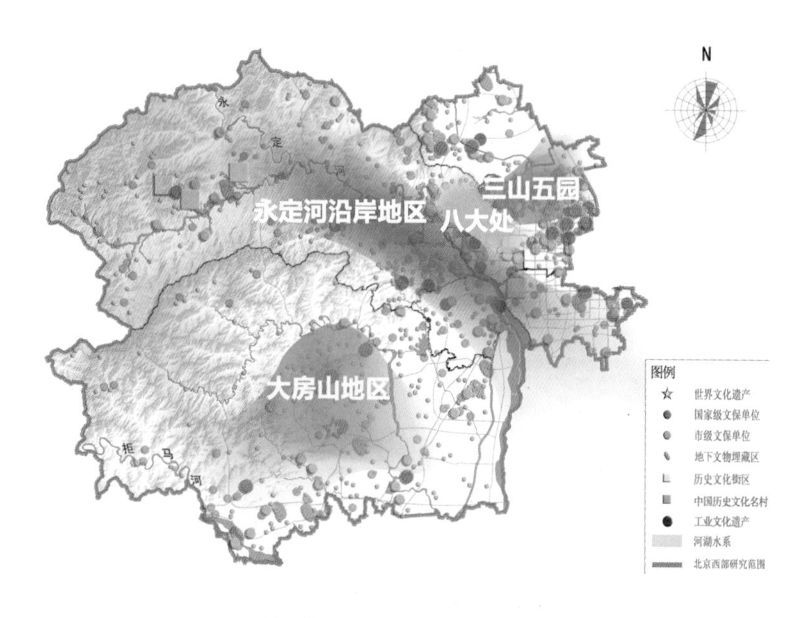

图 7–10　北京西部历史文化资源保护的重点地区

7.3 面向更广阔的京津冀区域

北京历史文化名城的保护范围是全市域，旧城是保护的重点，但外围的区县也是北京的重要组成部分，只有将其一并纳入保护的视野深入研究，才可对这座历史文化名城有更全面、更深刻的认识和理解。同时，在此基础上，我们还应看到，作为都城，北京的影响应辐射得更远。所以，借助当前京津冀联动发展的契机，在更广阔的领域探寻文脉将是非常有意义的事情。天津，有600多年的历史，其名取意是“天子经过的渡口”，曾为都城的军事重镇，故也称天津卫。保定，始建于宋，元时即拱卫大都。正定，始于春秋，历史上曾与北京、保定并称“北方三雄镇”。邯郸，8000年前的磁山文化衍生地，城邑始于商，赵国都城。

2014年9月4日，中国城市科学研究会历史文化名城委员会华北年会在古都正定召开，主题即为“区域协同发展视角下的历史文化名城保护”。

参考文献

[1] 北京市规划委员会，北京市城市规划设计研究院.北京城市总体规划（2004—2020年）.

[2] 北京市规划委员会.北京旧城25片历史文化保护区保护规划[M].北京：北京燕山出版社，2002.

[3] 北京市规划委员会，北京市城市规划设计研究院.北京历史文化名城北京皇城保护规划[M].北京：中国建筑工业出版社，2004.

[4] 北京市规划委员会，北京市城市规划设计研究院.北京中心城控制性详细规划.2006.

[5] 北京市规划委员会，北京市城市规划设计研究院.北京优秀近现代建筑名录.2007.

[6] 北京市城市规划设计研究院.北京旧城历史文化保护区市政基础设施规划研究[M].北京：中国建筑工业出版社，2006.

[7] 北京市城市规划设计研究院，首尔市政开发研究院.北京、首尔、东京——历史文化遗产保护[M].北京：中国建筑工业出版社，2007.

[8] 北京市规划委员会，北京市城市规划设计研究院，北京建筑工程学院. 北京旧城胡同实录[M].北京：中国建筑工业出版社，2008.

[9] 北京市规划委员会，北京市城市规划设计研究院. “十二五”时期北京历史文化名城保护建设规划.2012.

[10] 北京市城市规划设计研究院.北京旧城历史文化保护区保护与改造实施对策研究.

[11] 北京市规划委员会，北京市城市规划设计研究院.首都功能核心区规划框架研究.2010.

[12] 北京市文物局，北京市城市规划设计研究院.北京中轴线保护规划.2012.

[13] 北京市规划委员会，北京市城市规划设计研究院.长安街至前三门大街带状区域保护研究.朝阜路沿线历史文化资源保护与整治规划.2012.

[14] 北京市规划委员会，北京市城市规划设计研究院.新太仓历史文化街区保护规划（草案）.2011.

[15] 北京市规划委员会东城分局，北京市城市规划设计研究院.东四南历史文化街区保护规划（草案）.2012.

[16] 北京历史文化名城保护委员会办公室编印. 历史文化名城保护法规汇编（一）. 2011.

[17] 北京市规划委员会，北京市城市规划设计研究院.首都功能核心区文

化探访路规划.2012.
[18] 北京市文化局，北京市城市规划设计研究院.北京市文化设施专项规划.2012.
[19] 北京市文物局，北京市城市规划设计研究院，北京市文物研究所，北京市古代建筑研究所.大运河遗产保护规划（北京段）.2009.
[20] 北京市文物局，北京市城市规划设计研究院，北京市文物研究所.长城（北京段）保护范围与建设控制地带划定.2009.
[21] 北京市城市规划设计研究院.北京新城特色研究.2010.
[22] 北京市房山区文委，北京市城市规划设计研究院.琉璃河遗址保护规划.2012.
[23] 北京市规划委员会房山分局，北京市房山区南窖乡人民政府，北京市房山区南窖乡水峪村居委会，北京市城市规划设计研究院.北京市房山区南窖乡水峪村保护规划.2012.
[24] 北京市规划委员会，北京市城市规划设计研究院.中法文化交流史迹群规划.2013.
[25] 北京市规划委员会，北京市城市规划设计研究院.平谷仁义胡同及平谷老城区保护规划.2013.
[26] 北京市名城保护委员会，北京市规划委，北京市城市规划设计研究院.北京西部历史文化资源梳理.2013.
[27] 北京市规划委员会，北京市城市规划设计研究院.北京城市总体规划实施评估报告.2012.
[28] 北京市规划委员会.北京历史文化街区保护规划实施评估报告.2013.
[29] 董光器.古都北京——五十年演变录[M].南京：东南大学出版社，2006.
[30] 董光器.北京规划战略思考[M].北京：中国建筑工业出版社，1998.
[31] 梁思成，陈占祥等.梁陈方案与北京[M].沈阳：辽宁教育出版社，2005.
[32] 王军.城记[M].北京：生活.读书.新知三联书店，2003.
[33] 王军.采访本上的城市[M].北京：生活.读书.新知三联书店，2008.
[34] 王军.规划性破坏？北京文保区之惑[J].《瞭望》新闻周刊，2007（6）.
[35] 顾军，苑利.文化遗产报告[M].北京：社会科学文献出版社，2005.
[36] 董鉴泓主编.中国城市建设史[M].北京：中国建筑工业出版社，1989.
[37] 王其明.北京四合院[M].北京：中国书店出版社，2004.
[38] 蔡蕃.北京古运河与城市供水研究[M].北京：北京出版社，1987.
[39] 李建平.魅力北京中轴线[M].北京：文化艺术出版社，2008.
[40] 胡玉远主编.燕都说故（北京旧闻丛书）[M].北京：北京燕山出版社.
[41] 朱祖希.营国匠意——古都北京的规划建设及其文化渊源[M].北京：中华书局，2007.
[42] 王同帧.老北京城[M].北京：北京燕山出版社，1997.
[43] 马炳坚.北京四合院建筑[M].天津：天津大学出版社，1999.
[44] 单霁翔.从“功能城市”走向“文化城市”[M].天津：天津大学出版社，2007.
[45] 单霁翔.文化遗产保护与城市文化建设[M].北京：中国建筑工业出版社，2008.

[46] 单霁翔.从“文物保护”走向“文化遗产保护”[M].天津：天津大学出版社，2008.
[47] 单霁翔.走进文化景观遗产的世界[M].天津：天津大学出版社，2010.
[48] 单霁翔.留住城市文化的“根”与“魂”[M].北京：科学出版社，2010.
[49] 侯仁之.北京城的生命印记[M].北京：生活·读书·新知三联书店，2009.
[50] 侯仁之.北京城市历史地理[M].北京：北京燕山出版社，2000.
[51] （日）西村幸夫.再造魅力故乡[M].北京：清华大学出版社，2007.
[52] 华新民.为了不能失去的故乡[M].北京：法律出版社，2009.
[53] 朱明德主编.北京城区角落调查[M].北京：社会科学文献出版社，2005.
[54] 吴良镛.北京旧城与菊儿胡同[M].北京：中国建筑工业出版社，1994.
[55] 吴良镛.人居环境科学导论[M].北京：中国建筑工业出版社，2001.
[56] 阮仪三，王景慧，王林.历史文化名城保护理论与规划[M].北京：建筑工业出版社，1999.
[57] 阮仪三.中国历史文化名城保护与规划[M].上海：同济大学出版社，1995.
[58] 阮仪三.古城笔记 [M].上海：同济大学出版社，2006.
[59] 王景慧，阮仪三，王林.历史文化名城保护理论与规划[M].上海：同济大学出版社，1999.
[60] 张松.城市文化遗产保护国际宪章与国内法规选编[M].上海：同济大学出版社，2007.
[61] 楼庆西.中国古建筑二十讲[M].北京：生活·读书·新知三联书店，2001.
[62] 陈志华.外国古建筑二十讲[M].北京：生活·读书·新知三联书店，2001.
[63] 老北京老地图 [M].北京：北京燕山出版社，2005.
[64] 谢芳.西方社区公民参与：以美国社区听证为例[M].北京：中国社会出版社，2009.
[65] （美）布莱恩·贝尔著.沈现实，江天远，南楠译.完美建筑·完美社区[M].北京：中国电力出版社，2006.
[66] 迪伦·赫斯特，张圣琳著. 张圣琳译.造访有理—社区设计的梦想与实验[M].台湾：远流出版社，1999.
[67] （美）理查德·谢弗著.刘鹤群，房智慧译.社会学与生活[M].北京：世界图书出版公司，2006.
[68] （西）米格尔·鲁西亚著.吕晓惠译.生态城市—60个优秀案例研究[M].北京：中国电力出版社，2007.
[69] （荷）根特城市研究小组著.敬东，谢倩译.城市状态：当代大都市的空间、社区和本质[M].北京：中国水利水电出版社/知识产权出版社，2005.
[70] 周正兵.文化产业导论[M].北京：经济科学出版社，2009.
[71] （英）查尔斯·兰德利.创意城市The Creative City: A Toolkit [M].马可

波罗文化，2008.
[72] （澳）伊丽莎白·瓦伊斯.城市挑战-亚洲城镇遗产保护与复兴实用指南[M].南京：东南大学出版社，2007.
[73] （英）史蒂文·蒂耶斯德尔，（英）蒂姆·希思，（土）塔内尔·厄奇著.张玫英，董卫译.城市历史街区的复兴[M].北京：中国建筑工业出版社，2006.
[74] （美）伊丽莎白·科瑞德著.陆香，丁硕瑞译.创意城市（百年纽约的时尚、艺术与音乐）[M].北京：中信出版社，2010.
[75] 美国国家情报委员会编.全球趋势2025——转型的世界[M].北京：时事出版社，2009.
[76] （美）丝奇雅·沙森.全球城市[M].上海：上海社会科学院出版社，2001.
[77] 郗海飞 主编.城市的表情[M].长沙：湖南美术出版社，2006.
[78] 成砚.读城—艺术经验与城市空间[M].北京：中国建筑工业出版社，2004.
[79] 付宝华 主编.城市主题文化与世界名城崛起[M].北京：中国经济出版社，2007.
[80] （美）埃德蒙·N·培根.黄富厢，朱琪译.城市设计[M].北京：中国建筑工业出版社，2003.
[81] （加）简·雅各布斯.美国大城市的生与死[M].北京：译林出版社，2005.
[82] （英）迈克·詹克斯，伊丽莎白·伯顿，凯蒂·威廉姆斯.紧缩城市——一种可持续发展的城市形态[M].周玉鹏，龙洋，楚先锋译.北京：中国建筑工业出版社，2004.
[83] （美）凯文·林奇著.林庆怡，陈朝晖，邓华译.城市形态[M].北京：华夏出版社，2001.
[84] （美）凯文·林奇.城市意象[M].方益萍，何晓军译.北京：华夏出版社，2001.
[85] （丹）扬·盖尔.交往与空间[M].何可人译.北京：中国建筑工业出版社，2002.
[86] （丹）扬·盖尔，拉尔斯·吉姆松.新城市空间[M].何人可，张卫，邱灿红译.北京：中国建筑工业出版社，2003.
[87] （英）卡门·哈斯克劳，英奇·诺尔德，格特·比科尔，格雷汉姆·克兰普顿.文明的街道—交通稳静化指南[M].郭志峰，陈秀娟译.北京：中国建筑工业出版社，2007.
[88] （美）罗伯特·瑟夫洛.公交都市[M].宇恒可持续交通研究中心译.北京：中国建筑工业出版社，2007.
[89] 李伟.步行和自行车交通规划与实践[M].北京：知识出版社，2009.
[90] （日）芦原义信.街道的美学[M].尹培桐译.天津：百花文艺出版社，2006.
[91] （美）阿兰·B·雅各布斯.伟大的街道[M].王又加，金秋野译.北京：中国建筑工业出版社，2008.
[92] 刘捷.城市形态的整合[M].南京：东南大学出版社，2004.

[93] 李芸.都市计划与都市发展——中外都市计划比较[M].南京：东南大学出版社，2002.
[94] 王笛.街头文化—成都公共空间、下层民众与地方政治1870-1930[M].李德英，谢继华，邓丽译.北京：中国人民大学出版社，2006.
[95] （美）科林·罗等.拼贴城市[M].童明译.北京：中国建筑工业出版社，2003.
[96] （美）罗杰·特兰西克.寻找失落的空间—城市设计的理论[M].朱子瑜等译.北京：中国建筑工业出版社，2007.
[97] 阳建强，吴明伟.现代城市更新[M].南京：东南大学出版社，1999.
[98] 王其亨.风水理论研究[M].天津：天津大学出版社，2000.
[99] 金广君.图解城市设计[M].哈尔滨：黑龙江科学技术出版社，1999.
[100] 梁雪，肖连望.城市空间设计[M].天津：天津大学出版社，2000.
[101] 普鲁金.建筑与历史环境[M].韩林飞译.北京：社会科学文献出版社，1997.
[102] 史建华.苏州古城的保护与更新[M].南京：东南大学出版社，2003.
[103] 方可.当代北京旧城更新[M].北京：中国建筑工业出版社，2000.
[104] 什刹海研究会，什刹海景区管理处编.什刹海志[M].北京：北京出版社，2002.
[105] 刘敦桢.中国古代建筑史[M].北京：中国建筑工业出版社，2005.
[106] 北京市东城区住宅中心，北京市规划委员会东城分局，北京交通发展研究中心，北京智诚先达交通科技有限公司.南锣鼓巷地区交通组织.
[107] 上海市城市规划设计研究院.上海市历史文化风貌区保护规划编制与管理办法研究.2005.
[108] 理想空间（NO.28）.人性化的商业步行街[J].上海：同济大学出版社.
[109] 文立道.北京护城河规划改造述往[J].北京规划建设，2000年第5期.
[110] 黄荣清.北京人口分布.首都经贸大学，百度文库.
[111] 边城玫女.北京人口变迁.天涯网.
[112] 张积年.经租房业主的维权之路.南风窗.
[113] 豆丁网.关于解决标准租私房.
[114] 康琪雪.标准租私房：历史遗留问题能够解决.人民网房产城建频道首页/新闻2005-1-17.
[115] 新浪二手房网/北京经租房调查.被非产权人出售的私房.来自《法制早报》.2006-10-23.
[116] 网易新闻.巴黎五座新城-北京可以借鉴.2010年3月10日.
[117] （中国人民大学）产业管理处.伦敦经验：如何建设全球创意中心.百度.
[118] 28商机网餐饮咨询2010年6月13日文.首都建设报2010年8月2日.老北京小吃变？不变？.
[119] YNET.com北青网.北京青年报.历代帝王庙的难点就在腾退（2008-6-12）.北京旅游网.天安门前千步廊.
[120] 户外广告管理或可向国外取经.中证网，2008-8-16.

[121] 工地门口设洗车机，货车进出洗个澡.网易新闻，2011-5-27，来源《青岛晚报》.

[122] 噪音扰民，什刹海多家酒吧被查.首都之窗网/政务信息，2009-6-26.

[123] 欧洲文化之都概况.百度文库.

后 记

1. 写作感受

在本书的写作过程中，有几个深切感受：

第一，惶恐。笔者自工作以来即经常参与旧城内的项目，但真正全面深入旧城是在2004年编制《北京市中心城控制性详细规划》时，旧城作为一个独立的片区被“甩”给了笔者来负责，从此与旧城的工作紧密地绑在了一起。之所以用了“甩”字，是因为当时旧城保护被看成一个难啃的骨头而无人愿意接手，而分配任务时恰好笔者在外学习没在岗。可以说是机缘巧合让笔者更深入地投身到旧城保护的工作中，并逐渐扩展至更广阔的北京名城保护的领域。但随着工作的深入，深感到北京作为一座历史文化名城，其文化底蕴和内涵是如此丰富，而自己从事此项工作多年，却依旧所知皮毛，且一番梳理下来，感到做了不少但成效甚微，故对自己的努力和能力深感惶恐，且有愧对祖先和这份事业之感。

第二，庆幸。正是这种惶恐让自己感到当初的适时缺席实属幸事一桩：既能有机会从事历史文化名城保护这项意义重大的工作，也激起了加强钻研、继续努力的激情。写完此书，即开始新的征程。

第三，忧虑。文中所列的这些问题仅为工作中遇到的少量，由此可见名城保护工作的艰辛与紧迫，故对北京风貌保护和文化继承的未来有些忧虑。

第四，希望。尽管困难重重，但通过对旧城演变动因、保护工作体系的梳理以及自己多年的工作体会，看到了保护理念与保护实践点点滴滴、切切实实的进步，以及全社会保护共识日渐形成，故对未来还是充满了希望。

2. 感谢的人

通常，领奖者、写书者会致感谢词，逐一感谢每位在精神上鼓励、工作上帮助过自己的人，但都会挂一漏万，被感谢到的心领神会，被遗漏的则轻声一叹。本书内容源自平日里的工作，但没有哪项工作是我能自己独立完成的，肯定要借鉴前人的成果，要依赖团队的合作，要仰仗领导的支持，以及同行的协助，因此我要感谢并铭记在心的人很多。为了避免出现感谢不周的局面，我想还是一并感谢为佳。

自然，首先要感谢的是自己的工作单位“北京市城市规划设计研究院”的领导和同事。自我来到这个集体，就感受到友爱开放、积极进取的氛围，至今经历了三任院长——柯焕章、朱嘉广、施卫良，这种感觉有增无减。而每届的领导班子与新老同事对保护工作也都是强力支持。我们或许会为观点不同而争执，但从未影响过感情，而正是同事们的精益求精让我受益匪浅，并不断反思。还有很多院里的老前辈们退而不休，本着认真负责的态度，将自己几十年的经验总结成书稿、文章，且随时提供现场指导，也让我收获良多。

其次，我要感谢北京规划委员会各处室、各分局在保护的征途上与我们携手努力的同事们。规划委员会与规划院既是上下级关系也是前后台的关系，而具体到个人，可以说我们是并肩而行、相互理解、相互扶持的战友。这些年，我深切感受到他们的满腔热情和辛苦付出，尽管面临各种压力有很多无奈，但从未丧失那份热情和敬业之心。在此致敬！

再有，要感谢文物系统、测绘系统的同志们。自始至终我们都是紧密合作的伙伴，他们的专业知识是保护工作最有力的支撑，也是让我们心中有底的定心丸。难忘我们一起在乡间踏勘现场的快乐日子。

还有，要感谢在兄弟规划院、设计院的同行，以及各高校的老师们。每次工作遇到难点或想要有所借鉴时，他们总是无私地付出，运用自己的经验给予切实的咨询指导。同时，与我们分享资讯，进行学术观点的探讨。是我们可以依靠的力量！

我还要感谢一群人，即众多参与保护工作的志愿者。他们完全出于对民族文化遗产的热爱，无私地奉献时间、精力，去呼吁、去监督、去推进，并给我们提供各种信息、建议，他们的精神对我们是一种极大的激励。历史文化保护是大家的事情，要全民参与才有可能成功，而他们正是先行者！

最后，我想郑重地感谢我所在的工作团队——北京市城市规划设计研究院城市设计所。“北京历史文化名城保护”是这个团队的重要工作之一。相对于保护工作而言，这个团队可以分为三股力量。其一是在此领域奋战多年的中坚力量，他们积累了丰富的经验，坚韧执着地面对保护工作的各种难题，持续不断地推进；其二是一股新生力量，即迈入保护工作领域不久的年轻人，他们充满了热情和新的思维，让我这个多年从事相关工作的人从原来的责任使然，到重燃起兴趣；其三，是雄厚的外围力量，即那些虽然没有直接参与到保护的项目，但在这样一个充满了保护能量的集体里，他们亦积极参与，出谋划策，不断贡献着智慧和力量，并时刻准备着在这个领域有所作为！

多年来我们共同协作、苦乐与共，本着对规划事业和对北京这座城市的热爱，努力钻研、积极创新，取得了丰硕的成果。没有大家的辛苦奉献，本书将是无源之水。衷心感谢：

王科、廖正昕、王崇烈、叶楠、吴克捷、桂琳、刘欣、陈珺、陈猛、刘琳琳、赵烨、黄钟、李楠、史亮、周榕、李涛、宋蓓、崔琪、李保奇、邓艳、刘立早、赵幸、袁芳、高超、郭靖、游鸿、赵怡婷、刘长虹、杨梅、刘涛、陈会杰、王晨曦、冯瑞青、古凡凡、吴沫镝、苏琛其。

也许读者会问，怎么没有感谢导师潘公凯先生与陈刚先生呢？当然不会忘记。本人在工作多年之后，是鼓起勇气才重新步入学堂，正是他们二位给了我一个在做学问与做人上都有所提升的机会。潘先生在绘画及艺术理论成就之外还专注于对中国城市特色问题的研究并积极探索实践，使我在拓展思维、视野并收获知识的同时，也增强了自身作为城市规划师的社会责任感。陈先生作为一个主管城市规划建设的领导，从宏观战略层面的指导让我对历史文化名城保护工作的意义和方向有了更深刻的认识。也正是由于两位导师的督促，本人才努力完成了本书的撰写。

同时也感谢中央美术学院的各位老师，在学习过程中他们给予我莫大的帮助。感谢同门师兄弟（姐妹），相伴度过了艰难但快乐的学习时光。

感谢家人给我的关爱和精神支持，以及一份快乐的生活！

3. 倾力推荐

为了让公众能更好地了解北京这座古城，关心她、爱上她、爱护她，设计所里的年轻人注册了微信公众号——“旧城吃喝玩乐地图”。本着寓教于乐的思想，同事们用规划师的视角，采取了文化探访的形式，向大家介绍旧城内有趣的地方，当然其间或插播其他有趣历史文化资源介绍的文章，希望大家能够从中获益。

郑重声明

本书使用的图片除特别注明外，均来自北京市城市规划设计研究院的资料。照片拍摄和图纸绘制来自本人及我的同事。